大学生のための 物理入門

第2版

粕谷俊郎　高岡正憲
成田真二　水島二郎
和田　元　共　著

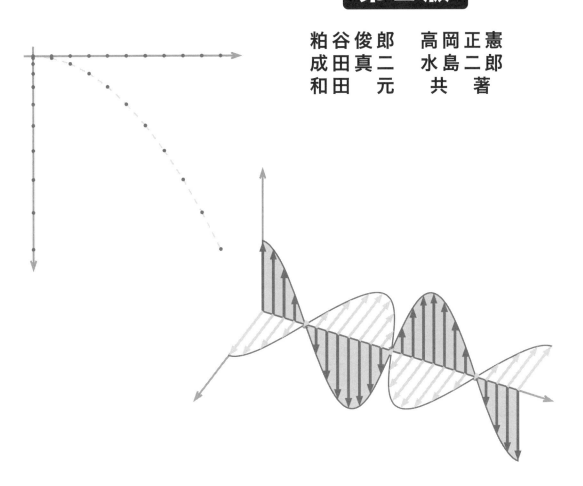

学術図書出版社

まえがき

　現在使われている多くの高校物理学の教科書では，微分や積分などの数学的な取り扱いを極力避けて物理の法則を記述しようとしています．また，いくつかの物理の法則の間にある論理的なつながりを説明することなく，その結論のみを簡潔に記述している点も多くなってきました．その結果，一部の学生諸君は法則の本質を理解できず，いきおい公式として丸暗記してしまおうとする傾向が生じています．しかし，本来の物理学は数学的な記述と不可分な面が多く，数学的に表現することにより，物理現象のもつ意味がより明確となることが多いのです．このため，大学での物理学の講義では物理現象を数学の語句や式で表し，解となる式を求めたり，そこから得られる数値を計算することにより，その現象の具体的なイメージを頭の中に描きながら理解するように説明されています．したがって，大学に入学した当初，高校での物理学と大学での物理学の間にしばしば隔たりを感じる学生も数多く見られるようになりました．この本の目的の1つはこのギャップを埋めることにあります．

　最近は大学入試が多様化したため，理工系学部においても物理学を十分に学習せずに大学に入学する人たちが増えてきました．そのため，学生にとっては大学で行なわれている講義を理解するためにどれだけの物理学や数学の知識が必要とされているのか必ずしも明確ではなくなってきたのです．また，現在の大学教員が過去に高校で学んだときの物理学の内容と現在高校で指導されている内容がかなり異なってきました．したがって，大学の教員は自分の講義を聴いている大学生がどれだけの基礎知識をもって聴いているのかよく理解できていない状況が生まれています．この物理学の基本知識についての学生と教員の認識のギャップを埋めることがこの本のもう1つの目的です．すなわち，大学生が理工系の専門科目を受けるときに最低限知っておくべきことがらがこの本の内容です．また，教師はこの本に書かれている内容であれば，あらためて説明することなく講義で使ってもいいということになります．

　本書で説明する大部分の話題は高校で学ぶ内容ですが，その取り扱いは数学的であり，大学で学ぶ物理学への橋渡しとなっています．同志社大学で物理学を教えてきた著者たちは理工学部の学生に教えるべき物理学の基礎知識について何度も会合を開き検討を重ね，その指導法や説明の方法についても議論を交わしてきました．これらの議論をもとに，学

生たちが大学で物理学を学ぶのに必要な最低限の知識を 1 冊の本にまとめることにしました．それが本書であり，その内容は著者たちが長年にわたり，主に同志社大学で講義を行なった経験を基にして編纂されているだけでなく，講義に参加してくれた学生諸君の意見も反映されています．なお，＊印を付けた節は少し高度な内容を含んでいます．初回にこの本を読むときは飛ばしても結構です．また，本書中で使われている図の作成には同大学の学生諸君にも協力していただきました．これらの学生諸君にも心から感謝いたします．

2008 年 9 月

著者一同

目　　次

第1章
工学・物理で必要な数学基礎

　高校では物理学と数学は別の教科として指導されている．しかし，物理学と数学は本来切り離すことができないものである．大学の物理学では，物理法則を微分方程式を初めとする数学的な式で表現し，その解を求めることにより，現象を定量的に理解する．ただし，数式を用いずに物理現象を理解することも大切であることはいうまでもない．この章では物理学をより深く理解するために必要な数学の基礎を説明する．この章を読んだだけでは不十分なときは，それぞれの分野の数学の本を参照していただきたい．

1.1　複素数

　2乗（自乗）すると -1 となる数を $i\,(=\sqrt{-1})$ と表し，**虚数単位**と呼ぶ．i を用いて演算すると，たとえば，$\sqrt{i}=(1+i)/\sqrt{2}$ のように実数と虚数の和で表される数が生じる．これを**複素数**と呼ぶ．複素数 z を2つの実数 x と y により，$z=x+iy$ と表し，x を実部（実数部分），y を虚部（虚数部分）という．また，複素数 z の実部 x を $\mathrm{Re}\,z$，虚部 y を $\mathrm{Im}\,z$ と表す．$y=0$ のときは実数であるが，これは複素数の特別な場合である．$x=0$ のときも複素数の特別な場合で，純虚数ともいう．

　実数を数直線上の1点で表すのと同様に，横軸に実部 x をとり縦軸に虚部 y をとった2次元平面の点 $\mathrm{P}\,(x,y)$ で複素数 $z=x+iy$ を表すと複素数のイメージを頭に浮かべやすい（図1.1）．この2次元平面を複素平面という．この平面の点 $\mathrm{P}(x,y)$ を平面極座標 (r,θ) で表すと，図1.1より

$$x=r\cos\theta,\quad y=r\sin\theta,\quad r=\sqrt{x^2+y^2},\quad \theta=\arctan\frac{y}{x}\quad(1.1)$$

という関係がある．θ は OP が x 軸となす角であり，**偏角**と呼ぶ．ここで用いた関数 $\arctan x$ は正接 $\tan x$ の逆関数であり，たとえば，$\theta=\arctan x$ の関係は $\tan\theta=x$ と同等である．したがって，複素数は次のようにも書くことができる：

$$z=x+iy=r\cos\theta+ir\sin\theta=r\left(\cos\theta+i\sin\theta\right)\quad(1.2)$$

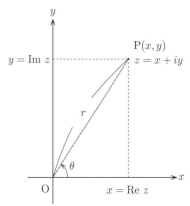

図 1.1 複素平面．$x=\mathrm{Re}\,z$, $y=\mathrm{Im}\,z$. $r=\sqrt{x^2+y^2}$, $\theta=\arctan\frac{y}{x}$.

複素数 z の**絶対値**を $|z|$ と表して，

$$|z| = \sqrt{x^2 + y^2} = r \tag{1.3}$$

で定義する．原点 O から点 P までの距離 r が複素数の絶対値 $|z|$ である．また，複素数 $z = x + iy = r(\cos\theta + i\sin\theta)$ に対して $\bar{z} = x - iy = r(\cos\theta - i\sin\theta)$ を**共役複素数**と呼ぶ．$\bar{z}$ は z^* とも表す．

1.1.1　オイラーの公式

　複素数の計算において最も重要な数学公式の 1 つに，**オイラーの公式**がある．これは，実数 θ に対して，e（$= 2.7182818\ldots$，自然対数の底，ネイピア数）を用いて

$$e^{i\theta} = \cos\theta + i\sin\theta \tag{1.4}$$

と表される．$e^{i\theta}$ を複素平面上で表すと，図 1.1 で $r = 1$ としたときの z にあたる．この公式を用いると，一般の複素数は

$$z = r\left(\cos\theta + i\sin\theta\right) = re^{i\theta} \tag{1.5}$$

と（複素数に拡張した）指数関数で表され，さまざまな計算が非常に簡単になるだけではなく，幾何学的な考察も可能となり大変利用価値のある式である．オイラーの公式 (1.4) の証明は，後の 1.8 節で行なう．

　指数関数についても後の 1.7.2 項にまとめてあるが，ここでは積についての性質 $e^a e^b = e^{a+b}$ を用いる．2 つの複素数 $z_1 = r_1 e^{i\theta_1}$ と $z_2 = r_2 e^{i\theta_2}$ の積 $z_1 z_2$ は

$$z_1 z_2 = r_1 r_2 e^{i(\theta_1 + \theta_2)} \tag{1.6}$$

であり，その絶対値は z_1 の絶対値 r_1 と z_2 の絶対値 r_2 との積である（図 1.2 参照）．また，その偏角は z_1 の偏角 θ_1 と z_2 の偏角 θ_2 との和である．z_1 と z_2（$|z_2| \neq 0$）の商は

$$\frac{z_1}{z_2} = \frac{r_1}{r_2} e^{i(\theta_1 - \theta_2)} \tag{1.7}$$

である．すなわち，商 z_1/z_2 の絶対値は z_1 と z_2 の絶対値の商であり，偏角はそれぞれの偏角の差である．また，複素数 $z = x + iy = re^{i\theta}$ の共役複素数は $\bar{z} = x - iy = re^{-i\theta}$ と表され，$\bar{z}$ の偏角は z の偏角に 逆符号をつけたものであり，複素平面上では z と $\bar{z}$ は x 軸に対して対称な点である．

　オイラーの公式より三角関数の加法定理を導いてみよう．式 (1.6) にオイラーの公式 (1.4) をあてはめると

$$z_1 z_2 = r_1 r_2 e^{i(\theta_1 + \theta_2)} = r_1 r_2 \left\{\cos(\theta_1 + \theta_2) + i\sin(\theta_1 + \theta_2)\right\} \tag{1.8}$$

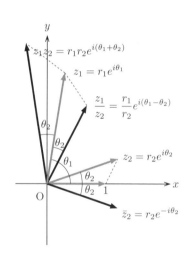

図 1.2　複素平面上での複素数 z_1 と z_2 の積と商および複素共役 $\bar{z}_2$ の表示．

となる．一方，$z_1 = r_1 e^{i\theta_1} = r_1(\cos\theta_1 + i\sin\theta_1)$, $z_2 = r_2 e^{i\theta_2} = r_2(\cos\theta_2 + i\sin\theta_2)$ より，

$$z_1 z_2 = r_1(\cos\theta_1 + i\sin\theta_1)r_2(\cos\theta_2 + i\sin\theta_2)$$
$$= r_1 r_2 \{(\cos\theta_1\cos\theta_2 - \sin\theta_1\sin\theta_2)$$
$$+ i(\sin\theta_1\cos\theta_2 + \cos\theta_1\sin\theta_2)\} \tag{1.9}$$

となる．式 (1.8) と (1.9) の右辺を見比べると，三角形の加法定理

$$\cos(\theta_1 + \theta_2) = \cos\theta_1\cos\theta_2 - \sin\theta_1\sin\theta_2,$$
$$\sin(\theta_1 + \theta_2) = \sin\theta_1\cos\theta_2 + \cos\theta_1\sin\theta_2 \tag{1.10}$$

が得られる．

　実数係数の代数方程式（2次方程式や3次方程式など）の解を実数の範囲で求めるときには，虚数単位がでてくると「解なし」と考える．しかし，解が複素数でもよいとするときは，複素数 z の n 乗根 $\sqrt[n]{z}\,(=z^{\frac{1}{n}})$ を表す方法を知っていると役に立つことが多い．$z = re^{i\theta}$ とするとき，z^n は $r^n e^{in\theta}$ となる．逆に，$\sqrt[n]{z}$ は

$$\sqrt[n]{z} = \sqrt[n]{r}\,e^{i\frac{1}{n}(\theta + 2m\pi)} \tag{1.11}$$

と表される．この式で m は任意の整数である．これは，$re^{i\theta} = re^{i(\theta + 2m\pi)}$ であることによる．それでは，任意の整数 m をどのようにとればよいのだろうか．次の例題を考えてみよう．

【例題1】 実数 1 の 3 乗根 $\sqrt[3]{1}$ を複素数の範囲ですべて求めよ．

解答 $z = 1e^{i0} = 1e^{i2m\pi}$（$m$ は任意の整数）と考えて，式 (1.11) より，

$$\sqrt[3]{1} = e^{i2m\pi/3} = \cos\frac{2m\pi}{3} + i\sin\frac{2m\pi}{3}$$

となるので，この式に $m = 0,\ 1,\ 2$ をそれぞれ代入して，

$$\cos 0 + i\sin 0 = 1,$$
$$\cos\frac{2\pi}{3} + i\sin\frac{2\pi}{3} = -\frac{1}{2} + i\frac{\sqrt{3}}{2},$$
$$\cos\frac{4\pi}{3} + i\sin\frac{4\pi}{3} = -\frac{1}{2} - i\frac{\sqrt{3}}{2}$$

の3根が得られる．これら以外の m の値を代入しても得られる解はここで得られた3根のうちのいずれかと同じである．

問題1 純虚数 $3i$ の 3 乗根 $\sqrt[3]{3i}$ を複素数の範囲ですべて求めよ．

1.2　ベクトルと演算

　物理量には質量，時間，エネルギーなどのように 1 つの数値だけで表されるスカラー量と加速度，力，運動量などのように大きさと向きをもつベクトル量とがある[1]．ベクトル は空間内で大きさと向きをもつ量として定義され，$\boldsymbol{a}$ のように太字で表されたり，文字の上に矢印をつけて $\vec{a}$ のように表される．3 次元空間内で互いに直交する**単位ベクトル** $\boldsymbol{e}_1$，$\boldsymbol{e}_2$ および $\boldsymbol{e}_3$ の向きを定め，3 つの単位ベクトルの方向に $\boldsymbol{a}$ を分解してそれぞれの成分を a_1, a_2 および a_3 とすると，

$$\boldsymbol{a} = a_1\boldsymbol{e}_1 + a_2\boldsymbol{e}_2 + a_3\boldsymbol{e}_3 \tag{1.12}$$

となる．また，$\boldsymbol{a} = (a_1, a_2, a_3)$ とも表される．ベクトル $\boldsymbol{a}$ の成分を用いると，ベクトル $\boldsymbol{a}$ の大きさ $|\boldsymbol{a}|$ は，

$$|\boldsymbol{a}| = \sqrt{a_1{}^2 + a_2{}^2 + a_3{}^2} \tag{1.13}$$

と表される．

　特に，座標軸に沿ってとった単位ベクトルを**基本ベクトル**という．座標の原点 O からある点 P までの矢印で表される量を**位置ベクトル**と呼び，

$$\boldsymbol{r} = \overrightarrow{\mathrm{OP}} \tag{1.14}$$

と表す．ここでは，デカルト座標（直角座標）をとり，3 つの座標軸を x 軸，y 軸，z 軸とし，それぞれの軸に沿ってとった基本ベクトルを $\boldsymbol{i}$，$\boldsymbol{j}$, $\boldsymbol{k}$ とする．点 P の座標を (x, y, z) と表すと，位置ベクトル $\boldsymbol{r}$ は座標と基本ベクトルを用いて

$$\boldsymbol{r} = x\boldsymbol{i} + y\boldsymbol{j} + z\boldsymbol{k} \tag{1.15}$$

と表される．

　2 つのベクトル $\boldsymbol{a}$ と $\boldsymbol{b}$ のなす角を θ とすると，それらの**内積** $\boldsymbol{a} \cdot \boldsymbol{b}$ は

$$\boldsymbol{a} \cdot \boldsymbol{b} = |\boldsymbol{a}||\boldsymbol{b}| \cos\theta \tag{1.16}$$

で定義されるスカラー量である．そのため，スカラー積とも呼ばれる．$\boldsymbol{a} = a_1\boldsymbol{i} + a_2\boldsymbol{j} + a_3\boldsymbol{k}$, $\boldsymbol{b} = b_1\boldsymbol{i} + b_2\boldsymbol{j} + b_3\boldsymbol{k}$ として，内積をこの 2 つのベクトルの成分で表すと，

$$\boldsymbol{a} \cdot \boldsymbol{b} = a_1 b_1 + a_2 b_2 + a_3 b_3 \tag{1.17}$$

となり，これを内積の定義と考えることもできる．式 (1.17) は，基本ベクトル $\boldsymbol{i}$, $\boldsymbol{j}$, $\boldsymbol{k}$ の大きさが 1 で，それらが互いに直交することを用いると簡単に証明できる．図 1.4 を見ながら内積の意味を考えよう．ベクトル $\boldsymbol{b}$ を $\boldsymbol{a}$ の方向に射影した線分の長さは $|\boldsymbol{b}| \cos\theta$ である．これと $\boldsymbol{a}$ の

図 1.3　基本ベクトル $\boldsymbol{i}$, $\boldsymbol{j}$, $\boldsymbol{k}$ による位置ベクトル $\boldsymbol{r}$ の表示.

---

[1] この本で，「大きさ」というときはスカラー量やベクトル量の絶対値を意味する．また，「向き」というときは方向と向きを意味する．

大きさ $|a|$ との積は $|a||b|\cos\theta$ となる．すなわち，2 つのベクトル a と b との内積になる．

2 つのベクトル a と b の**外積** $a \times b$ はベクトルであり，ベクトル積とも呼ばれ，その大きさは

$$|a \times b| = |a||b|\sin\theta \tag{1.18}$$

で，その向きは a と b に垂直で，ベクトル a と b のなす角の小さな角の方向にベクトル a を回転したとき，右ねじが進む向きをもつ（図 1.4）．基本ベクトルにこの関係を適用すると，

$$i \times j = k, \quad j \times k = i, \quad k \times i = j, \tag{1.19}$$

$$j \times i = -k, \quad k \times j = -i, \quad i \times k = -j, \tag{1.20}$$

$$i \times i = 0, \quad j \times j = 0, \quad k \times k = 0 \tag{1.21}$$

であることがわかる．ベクトルの外積を成分で表すと

$$
\begin{aligned}
a \times b &= (a_2 b_3 - a_3 b_2, a_3 b_1 - a_1 b_3, a_1 b_2 - a_2 b_1) \\
&= \begin{vmatrix} a_2 & a_3 \\ b_2 & b_3 \end{vmatrix} i + \begin{vmatrix} a_3 & a_1 \\ b_3 & b_1 \end{vmatrix} j + \begin{vmatrix} a_1 & a_2 \\ b_1 & b_2 \end{vmatrix} k \\
&= \begin{vmatrix} i & j & k \\ a_1 & a_2 & a_3 \\ b_1 & b_2 & b_3 \end{vmatrix}
\end{aligned}
\tag{1.22}
$$

とも定義される．

2 つのベクトル a と b の内積 $a \cdot b$ が 0 であるとき，これらベクトル a と b は直交している．すなわち 2 つのベクトルのなす角は直角 $\pi/2$ である．次の直交関係

$$(a \times b) \cdot a = 0 \tag{1.23}$$

は自明である．なぜなら，$a \times b$ はその定義より a に垂直なベクトルだからである．もちろん，式 (1.23) の左辺について，定義に基づいて各成分を計算してそれぞれが 0 となることを示すこともできる．

3 つのベクトル a, b および c がつくる平行六面体の体積 V は次の 3 つのベクトルの**スカラー 3 重積**

$$V = a \cdot (b \times c) = b \cdot (c \times a) = c \cdot (a \times b) \tag{1.24}$$

で表される．図 1.5 で，平行四辺形の面積 ABFE は $|b \times c|$ であり，この面積と四面体の高さ DP との積が平行四面体の体積になる．ここで，ベクトル a と $b \times c$ とのなす角を α とすると，高さ DP は $|a|\cos\alpha$ で与えられるから，$a \cdot (b \times c) = |a||b \times c|\cos\alpha = V$ であることがわかる．

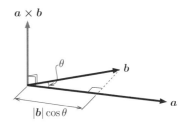

図 1.4　2 つのベクトル a と b との外積 $a \times b$.

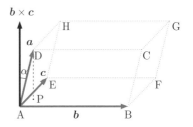

図 1.5　ベクトルのスカラー 3 重積 $a \cdot (b \times c)$ は平行四面体の体積を表す．点 P は D から面 ABFE に下した垂線の足．角 α はベクトル $b \times c$ とベクトル a のなす角．

【例題 2】　三角形 ABC において余弦定理 $\mathrm{AB}^2 = \mathrm{CA}^2 + \mathrm{CB}^2 - 2\mathrm{CA} \cdot \mathrm{CB}\cos(\angle \mathrm{ACB})$ が成り立つことを，内積の定義式を用いて証明せよ．

解答　$\overrightarrow{\mathrm{AB}} = \overrightarrow{\mathrm{CB}} - \overrightarrow{\mathrm{CA}}$ より，$\mathrm{AB}^2 = \overrightarrow{\mathrm{AB}} \cdot \overrightarrow{\mathrm{AB}} = (\overrightarrow{\mathrm{CB}} - \overrightarrow{\mathrm{CA}}) \cdot (\overrightarrow{\mathrm{CB}} - \overrightarrow{\mathrm{CA}}) = \overrightarrow{\mathrm{CB}} \cdot \overrightarrow{\mathrm{CB}} + \overrightarrow{\mathrm{CA}} \cdot \overrightarrow{\mathrm{CA}} - 2\overrightarrow{\mathrm{CB}} \cdot \overrightarrow{\mathrm{CA}} = \mathrm{CA}^2 + \mathrm{CB}^2 - 2\mathrm{CA} \cdot \mathrm{CB}\cos(\angle \mathrm{ACB})$ となる．

【例題 3】　2 次元平面内に原点と 2 点 P_1 と P_2 をとり，2 点を表す位置ベクトルをそれぞれ $\boldsymbol{a}$ と $\boldsymbol{b}$ とする．この平面内において，P_1 と P_2 の中点を通り，線分 $\mathrm{P}_1\mathrm{P}_2$ に垂直な直線上の任意の点 P を表す位置ベクトル $\boldsymbol{x}$ を求めよ．ただし，$\boldsymbol{a}$ と $\boldsymbol{b}$ は平行ではないものとする．

解答　P_1 と P_2 の中点 $(\boldsymbol{a}+\boldsymbol{b})/2$ から点 P までの矢印で示されるベクトルを $\boldsymbol{x}' = k(\alpha\boldsymbol{a}+\beta\boldsymbol{b})$ と表すことができる．ここで，k は中点から P までの距離に比例するパラメーターであり，α と β の比は $\boldsymbol{x}'$ の方向を決める．この $\boldsymbol{x}'$ が線分 $\mathrm{P}_1\mathrm{P}_2$ に対して垂直になる条件は $(\alpha\boldsymbol{a}+\beta\boldsymbol{b}) \cdot (\boldsymbol{b}-\boldsymbol{a}) = 0$ である．これを変形すると，$\alpha(a^2 - \boldsymbol{a} \cdot \boldsymbol{b}) = \beta(b^2 - \boldsymbol{a} \cdot \boldsymbol{b})$ となる．よって，α と β の比が $\alpha : \beta = (b^2 - \boldsymbol{a} \cdot \boldsymbol{b}) : (a^2 - \boldsymbol{a} \cdot \boldsymbol{b})$ のとき，$\boldsymbol{x}' = k\left[(b^2 - \boldsymbol{a} \cdot \boldsymbol{b})\boldsymbol{a} + (a^2 - \boldsymbol{a} \cdot \boldsymbol{b})\boldsymbol{b}\right]$ は線分 $\mathrm{P}_1\mathrm{P}_2$ に対して垂直になる．したがって，$\boldsymbol{x} = \boldsymbol{x}' + \dfrac{\boldsymbol{a}+\boldsymbol{b}}{2} = k\left[(b^2 - \boldsymbol{a} \cdot \boldsymbol{b})\boldsymbol{a} + (a^2 - \boldsymbol{a} \cdot \boldsymbol{b})\boldsymbol{b}\right] + \dfrac{\boldsymbol{a}+\boldsymbol{b}}{2}$ と求められる．

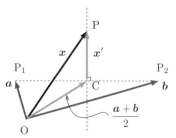

図 1.6　2 次元平面内で，2 点 P_1 と P_2 の中点を通り，線分 $\mathrm{P}_1\mathrm{P}_2$ に垂直な直線上の任意の点 P．

問題 2　2 次元平面内に点 A と点 B が与えられているとき，この平面内において AB を一辺とする正三角形 ABC をつくる．$\overrightarrow{\mathrm{OC}}$ を $\overrightarrow{\mathrm{OA}}$ と $\overrightarrow{\mathrm{OB}}$ を用いて表せ．

問題 3　3 次元空間内の点 A を通り，OA に垂直な平面上の任意の点 P を表すベクトル $\boldsymbol{x}$ を求めよ．ただし，$\overrightarrow{\mathrm{OA}}$ を $\boldsymbol{a}$ とする．

1.3　関数

ある変数 x の値に対して別の変数 y の値がただ 1 つ決まるとき，y は x の**関数**であるといい，

$$y = f(x) \tag{1.25}$$

と表す[2]．このとき，x を**独立変数**と呼び，y を**従属変数**と呼ぶ．また，関数 $f(x)$ が定義されている x の範囲を関数 $f(x)$ の**定義域**，y のとりうる値の範囲を**値域**という．

---

[2] 1 つの x の値に対して 2 つ以上の y の値が決まる関数も認めてそれを**多価関数**と呼ぶこともある．

簡単な関数の例として2次関数

$$y = px^2 + qx + r \tag{1.26}$$

を考える．この式で，係数 p, q, r は定数である．$p = 1$, $q = 0$, $r = 0$ のときは図1.7のようなグラフで表される．このような関数は，放物運動の軌跡やばねの位置エネルギーなどを表すときに現れる．図1.7の場合は $y = x^2$ なので，x の代わりに $-x$ を代入しても関数の形もグラフも変わらない．すなわち，y 軸に対して対称的なグラフである．このように対称的なグラフで表される関数を**偶関数**という．

　一般に，偶関数は

$$f(-x) = f(x) \tag{1.27}$$

という性質をもつ関数のことであり，**奇関数**は

$$f(-x) = -f(x) \tag{1.28}$$

という性質をもつ関数である．奇関数のグラフは原点に対して点対称である．一般の関数 $f(x)$ は偶関数 $f_e(x)$ と奇関数 $f_o(x)$ との和で

$$f(x) = \frac{f(x) + f(-x)}{2} + \frac{f(x) - f(-x)}{2} = f_e(x) + f_o(x) \tag{1.29}$$

のように表される．ここで，

$$f_e(x) = \frac{f(x) + f(-x)}{2}, \quad f_o(x) = \frac{f(x) - f(-x)}{2} \tag{1.30}$$

である．次の例題を解くことにより，関数の性質を考えてみよう．

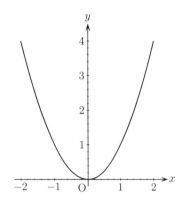

図 1.7　2次関数 $y = x^2$.

【例題 4】　関数 $f(x)$ が任意の実数（勝手に選んだ実数のこと）a について，常に（x の値によらず）$f(ax) = af(x)$ の関係を満たすとき，関数 $f(x)$ は x を用いてどのように表されるか調べよ．

解答　関数 $f(ax) = af(x)$ に $a = 0$ を代入すると，$f(0) = 0$ となり，関数 $y = f(x)$ のグラフは原点 $(0, 0)$ を通っていることがわかる．次に，$a = -1$ を代入すると，$f(-x) = -f(x)$ となり，奇関数である．$x = 1$ を代入すれば，$f(a) = af(1)$ となり，この式で $a = x$ とおくと，$f(x) = cx$ が得られる．ただし，$c = f(1)$ とおいた．このように，関数 $y = f(x) = cx$ は原点を通り，傾きが c の直線である．実際，関数 $f(x) = cx$ が $f(ax) = af(x)$ の関係を満たしていることは，x に ax を代入して確かめることができる．ここで，c は任意の実数である．

問題 4　関数 $f(x)$ が任意の実数 a について，常に $f(ax) = a^2 f(x)$ の関係を満たすとき，関数 $f(x)$ はどのような関数か調べよ．

$y = f(x)$ という関数に対して，x と y とを入れ替えると，$x = f(y)$ と

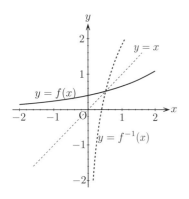

図 1.8 関数 $y = f(x)$ と逆関数 $y = f^{-1}(x)$ との関係. 実線: $y = f(x)$, 破線: $y = f^{-1}(x)$.

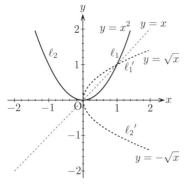

図 1.9 逆関数. 実線: $y = x^2$, 破線: $y = \pm\sqrt{x}$.

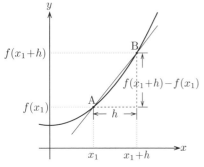

図 1.10 平均変化率 $\dfrac{f(x_1 + h) - f(x_1)}{h}$.

なる. この式を y について解き, $y = g(x)$ と表せたとしよう. このとき $g(x)$ を $f(x)$ の**逆関数**といい, $g(x) = f^{-1}(x)$ と表す. この $f^{-1}(x)$ は $1/f(x)$ の意味ではないことに注意しよう. 図 1.8 のように, 実線で表されている関数 $y = f(x)$ のグラフは, 破線で表されている $y = f^{-1}(x)$ のグラフと直線 $y = x$ に対して対称である.

【例題 5】　　$y = x^2$ の逆関数を求めよ.

解答　$x = y^2$ を y について解くと, $y = \pm\sqrt{x}$ となる. $y = x^2$ の $x > 0$ の領域（図 1.9 の ℓ_1, 第 1 象限）は逆関数 $x = y^2$ の $y > 0$ の領域（図 1.9 の $\ell_1{}'$, 第 1 象限）に対応するので, $y = \sqrt{x}$ となる. $y = x^2$ の $x < 0$ の領域（図 1.9 の ℓ_2, 第 2 象限）は $x = y^2$ の $y < 0$ の領域（図 1.9 の $\ell_2{}'$, 第 4 象限）であるから $y = -\sqrt{x}$ となる.

1.4　関数の微分

　物理学や工学では関数の**微分**と**積分**が重要な役割を果たす. 微分や積分では極限操作という操作が重要になるので, 極限操作について考えてみよう. 微分について極限操作を考える出発点は**平均変化率**である.

　図 1.10 はある関数 $y = f(x)$ のグラフである. 点 A の (x, y) 座標は $(x_1, f(x_1))$ であり, 点 B の座標は $(x_1 + h, f(x_1 + h))$ である. この図では, x の値が x_1 から h だけ変化して $x_1 + h$ になったとき, 関数 $f(x)$ の値は $\Delta f = f(x_1 + h) - f(x_1)$ だけ変化することを表している. このとき, 平均変化率 $\dfrac{\Delta f}{h}$ を

$$\frac{\Delta f}{h} = \frac{f(x_1 + h) - f(x_1)}{h} \tag{1.31}$$

のように定義する. すなわち, 平均変化率というのは図 1.10 で点 A と点 B を結ぶ直線の傾きである.

　関数 $f(x)$ の点 x_1 における**微分係数**あるいは**微分** $\dfrac{\mathrm{d}f}{\mathrm{d}x}(x_1)$ は, 平均変化率 (1.31) において h が非常に小さくなった極限 $\left(\lim\limits_{h \to 0}\right)$ で次のように定義され,

$$\frac{\mathrm{d}f}{\mathrm{d}x}(x_1) = \lim_{h \to 0} \frac{f(x_1 + h) - f(x_1)}{h} \tag{1.32}$$

と表す. これを**瞬間変化率**と呼ぶことにしよう. 図 1.10 では, 微分係数 $\dfrac{\mathrm{d}f}{\mathrm{d}x}(x_1)$ は点 A における曲線の接線の勾配（傾き）を表す.

　極限操作 $\left(\lim\limits_{h \to 0}\right)$ では h が小さくなった極限を考えるが, 実際にどのくらい h が小さければ $h \to 0$ の極限とみなせるのか, 具体例で見てみよう. 図 1.7 で表される関数 $f(x) = x^2$ を例にとり, $x_1 = 1$ とおいて $x = 1$ と $x = 1 + h$ における平均変化率が h の値とともにどのように

変わるか調べる．$h = 0.1$ にとり，平均変化率を式 (1.31) を用いて計算してみると，$\dfrac{\Delta f}{h} = 2.1$ となる．同様にして，$h = 0.01, 0.001$ と小さくして平均変化率を計算すれば，表 1.1 のようになり，h が小さくなると急速に 2.0 に近づいていく．もし，$x = 1$ における瞬間変化率を有効数字 3 桁まで求めるのであれば，$h = 0.001$ として平均変化率を求めれば十分であることがわかる．このように，物理学や工学における極限操作 $\left(\displaystyle\lim_{h \to 0}\right)$ というのは h を適当に小さくして，平均変化率がある程度収束すればそこで操作を終了すると考えればよいのである．ただし，関数 $f(x)$ や点 x_1 の値によって，h を小さくする程度が異なる．

このようにして定義した点 x_1 における関数 $f(x)$ の微分係数 $\dfrac{\mathrm{d}f}{\mathrm{d}x}(x_1)$ において x_1 を 1 つの定数とせずに，変数と考えて，x_1 の代わりに x とすれば，それが関数 $f(x)$ の**微分**（**導関数**ともいう）$\dfrac{\mathrm{d}f}{\mathrm{d}x}(x)$ である．今後はこの微分を簡単に $f'(x)$ とも表す．特に，$x = x_1$ における微分係数を $f'(x_1)$ と表す．たとえば，式 (1.26) で表される関数 $y = f(x) = px^2 + qx + r$ の微分は $\dfrac{\mathrm{d}y}{\mathrm{d}x} = 2px + q$ となる．ここで計算した微分 $\dfrac{\mathrm{d}y}{\mathrm{d}x}$ を新たに関数 $g(x)\ [= 2px + q]$ と考えて，この関数を微分すると $\dfrac{\mathrm{d}g}{\mathrm{d}x} = 2p$ となる．このように 1 回微分した関数をさらにもう 1 回微分するとき，

$$\frac{\mathrm{d}g}{\mathrm{d}x} = \frac{\mathrm{d}}{\mathrm{d}x}\frac{\mathrm{d}f}{\mathrm{d}x} = \frac{\mathrm{d}^2 f}{\mathrm{d}x^2} \tag{1.33}$$

のように書き表して，これを関数 $f(x)$ の 2 階微分という．2 階微分を $f''(x)$ のようにも表す．また，関数 $f(x)$ を n 回微分した関数は $\dfrac{\mathrm{d}^n f}{\mathrm{d}x^n}$ と表し，関数の n 階微分といい，$f^{(n)}(x)$ のようにも表す．

物理学でよく現れる具体的な例で微分の意味を考えてみよう．質点の 1 次元運動を考え，時刻 t における質点の位置を $x(t)$ とする．この運動している質点の時刻 t における速度 $v(t)$ は $x(t)$ の t による微分 $\dfrac{\mathrm{d}x}{\mathrm{d}t}(t)$ で表される．また，加速度 $a(t)$ は速度 $v(t)$ の微分 $\dfrac{\mathrm{d}v}{\mathrm{d}t}(t) = \dfrac{\mathrm{d}^2 x}{\mathrm{d}t^2}(t)$，つまり，位置 $x(t)$ の 2 階微分である．

表 1.1　関数 $f(x) = x^2$ の $x = 1$ と $x = 1 + h$ の間での平均変化率．

h	$f(1)$	$f(1+h)$	$\dfrac{\Delta f}{h}$
0.1	1.0	1.21	2.1
0.01	1.0	1.0201	2.01
0.001	1.0	1.002001	2.001

【**例題 6**】　関数（2 次式）$f(x) = px^2 + qx + r$ の $x = x_1$ における微分係数を定義式 (1.32) に従って求め，これより関数 $f(x)$ の微分を表せ．

解 答　定義式 (1.31) に，$f(x) = px^2 + qx + r$ を代入すると，

$$\frac{\mathrm{d}f}{\mathrm{d}x}(x_1) = \lim_{h \to 0} \frac{f(x_1 + h) - f(x_1)}{h}$$

$$= \lim_{h \to 0} \frac{\{p(x_1 + h)^2 + q(x_1 + h) + r\} - \{px_1^2 + qx_1 + r\}}{h}$$

$$= \lim_{h \to 0} \frac{2px_1 h + ph^2 + qh}{h}$$

$$= \lim_{h \to 0} (2px_1 + q + ph) = 2px_1 + q$$

となる．この式で，x_1 を x に置き換えて，関数 $f(x) = px^2 + qx + r$ の微分 $f'(x) = 2px + q$ が求められる．

　例題 6 のような 2 次式で表される物理現象は数多くあるが，その代表的な例として，地上から初速度 v_0 で真上に物体を投げ上げたときの t 秒後の高さ $x(t)$ を考えよう．地上を原点 $x = 0$ とし，重力加速度の大きさを g とすると，高さは $x(t) = -\dfrac{1}{2}gt^2 + v_0 t$ と表される．高さ $x(t)$ の微分が速度 $v(t)$ であることと，例題 6 の結果から，$v(t) = -gt + v_0$ となる．ここで，物体が到達する最高点の高さ x_1 を求めようとするときは，最高点で物体の速度が 0 となること，すなわち，$v(t) = -gt + v_0 = 0$ より，最高点に達する時刻を $t_1 = \dfrac{v_0}{g}$ と求め，この t_1 を $x(t)$ の式に代入して，$x_1 = -\dfrac{1}{2}g\left(\dfrac{v_0}{g}\right)^2 + v_0\left(\dfrac{v_0}{g}\right) = \dfrac{1}{2}\dfrac{v_0^2}{g}$ を得る．

　一般には，関数の微分を行なうときには，定義式に従って計算することはまれで，いろいろな関数の導関数や微分に関する公式を記憶しておき，それらを適用して微分を求める．

> **問題 5**　関数 $f(x) = px^3 + qx^2 + rx + s$ の $x = x_1$ における微分係数を定義式 (1.32) に従って求め，これより関数 $f(x)$ の微分を表せ．

【例題 7】　偶関数 $f_{\mathrm{e}}(x)$ の微分 $\dfrac{\mathrm{d}f_{\mathrm{e}}(x)}{\mathrm{d}x}$ は奇関数となり，奇関数 $f_{\mathrm{o}}(x)$ の微分 $\dfrac{\mathrm{d}f_{\mathrm{o}}(x)}{\mathrm{d}x}$ は偶関数となることを示せ．

解 答　偶関数 $f_{\mathrm{e}}(x)$ の微分を

$$f_{\mathrm{e}}'(x) = \frac{\mathrm{d}f_{\mathrm{e}}(x)}{\mathrm{d}x}$$

とおく．$f_{\mathrm{e}}'(-x)$ は関数 $f_{\mathrm{e}}'(x)$ の x を $-x$ に置き換えることを意味しているので，微分される関数 $f_{\mathrm{e}}(x)$ の変数 x を $-x$ とするだけでなく，微

分する変数 x も $-x$ に換える必要がある．$\dfrac{\mathrm{d}}{\mathrm{d}(-x)} = -\dfrac{\mathrm{d}}{\mathrm{d}x}$ であること
と $f_\mathrm{e}(-x) = f_\mathrm{e}(x)$ であることを考えると，

$$f_\mathrm{e}{}'(-x) = \frac{\mathrm{d}f_\mathrm{e}(-x)}{\mathrm{d}(-x)} = -\frac{\mathrm{d}f_\mathrm{e}(x)}{\mathrm{d}x} = -f_\mathrm{e}{}'(x)$$

となり，奇関数であることがわかる．このことは偶関数 $y = f_\mathrm{e}(x)$ をグ
ラフに描くと y 軸に対して対称であり，その傾きは y 軸の左右で大きさ
は同じで符号が逆であることを思い浮かべるとよく理解できる．同様に
して，奇関数の微分が偶関数であることも示される．

1.5 関数の積分

　前節では関数の微分を学んだ．微分の逆の演算は**積分**である．この節
では積分の定義と意味を考えよう．図 1.11 のように，区間 $x = [a,b]$
における関数 $f(x)$ と x 軸の間の面積 S を近似的に求めるには，区間
$x = [a,b]$ を N 等分して，$x_i = i\dfrac{(b-a)}{N} + a$ $(i = 0,1,2,\cdot,N)$ とおき，
幅 $\Delta x = \dfrac{(b-a)}{N}$ の N 個の細長い長方形の和を計算する．たとえば，i
番目の長方形の高さは $f(x_{i-1})$ なので，その面積 ΔS は $\dfrac{(b-a)}{N}f(x_{i-1})$
である．面積 S はこれらの面積を N 個足し合わせて，近似的に

$$S \sim \sum_{i=1}^{N} \frac{(b-a)}{N}f(x_{i-1}) \tag{1.34}$$

で表す．面積をこのような方法で求めることを**区分求積法**という．微分
で $h \to 0$ の極限を考えたのと同様に，ここで $N \to \infty$，つまり，$\Delta x \to 0$
の極限を考えて

$$S = \lim_{N\to\infty} \sum_{i=1}^{N} \frac{(b-a)}{N}f(x_{i-1}) \tag{1.35}$$

が存在したとき，S を関数 $f(x)$ の区間 $x = [a,b]$ での**定積分**と呼び，

$$S = \int_a^b f(x)\,\mathrm{d}x \tag{1.36}$$

と表す．なお，上の説明では区間 $[a,b]$ を便宜上等分割したが，一般に
は幅 $\Delta x_i = x_i - x_{i-1}$ は，i によってそれぞれ異なっていてもよい．

　微分の場合に極限操作 $\left(\lim_{h\to 0}\right)$ を具体的に数値を入れて考えたよう
に，ここでも具体例を考えよう．図 1.7 で表される関数 $f(x) = x^2$ の
$x = 0$ と $x = 1$ の間の面積が N の値とともにどのように変わるか調べ
る．$N = 10, 100, 1000$ ととり，区分求積法で面積を式 (1.34) を用い
て計算してみると，表 1.2 のようになり，N が大きくなると急速に $1/3$
$(= 0.333333)$ に近づいていく．面積を有効数字 3 桁まで求めるのであ
れば，$N = 1000$ ととれば十分である．

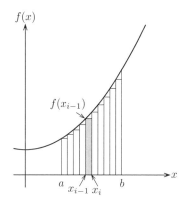

図 1.11 区分求積法：積分
$\int_a^b f(x)\,\mathrm{d}x$ の近似．

表 1.2 区分求積法による関数 $f(x) = x^2$ の区間 $x = [0,1]$ における定積分の近似（真値は $S = 1/3$）．

N	Δx	S
10	0.1	0.285000
100	0.01	0.328350
1000	0.001	0.332833

　　定積分の定義から明らかなように，適当な実数 c を $a < c < b$ となるように選べば

$$S = \int_a^b f(x)\,\mathrm{d}x = \int_a^c f(x)\,\mathrm{d}x + \int_c^b f(x)\,\mathrm{d}x \tag{1.37}$$

となる．しかし，ここで

$$\int_a^b f(x)\,\mathrm{d}x = -\int_b^a f(x)\,\mathrm{d}x \tag{1.38}$$

と定義をしておけば，c が区間 $x = [a,b]$ の間にないときでも，式 (1.37) は成り立ち，

$$S = \int_a^b f(x)\,\mathrm{d}x = \int_c^b f(x)\,\mathrm{d}x - \int_c^a f(x)\,\mathrm{d}x \tag{1.39}$$

のように表すことができる．したがって，ここで関数 $F(x)$ を

$$F(x) = \int_c^x f(\xi)\,\mathrm{d}\xi \tag{1.40}$$

と定義すれば，式 (1.39) は

$$S = F(b) - F(a) \tag{1.41}$$

と表される．こうして定義した $F(x)$ を関数 $f(x)$ の**原始関数**あるいは**積分**と呼ぶ．式 (1.40) で c の選び方は任意だったので，それに対応して原始関数には任意定数が含まれる．その意味で原始関数は**不定積分**とも呼ばれる．

　　逆に，関数 $F(x)$ を微分すると，

$$\begin{aligned}
\frac{\mathrm{d}F}{\mathrm{d}x}(x) &= \lim_{h \to 0} \frac{F(x+h) - F(x)}{h} \\
&= \lim_{h \to 0} \frac{\displaystyle\int_c^{x+h} f(\xi)\,\mathrm{d}\xi - \int_c^x f(\xi)\,\mathrm{d}\xi}{h} \\
&= \lim_{h \to 0} \frac{\displaystyle\int_x^{x+h} f(\xi)\,\mathrm{d}\xi}{h} = \lim_{h \to 0} \frac{f(x)h}{h} = f(x) \tag{1.42}
\end{aligned}$$

のように，関数 $f(x)$ となる．このように，微分と積分は逆の演算になっている．ただし，前に述べたように，原始関数 $F(x)$ には任意の定数が含まれている．このことは，$F(x)$ の代わりに $F(x) + c_1$ を微分しても $f(x)$ となることによって確かめられる．

　　物理学でよく現れる具体的な例を用いて積分の意味を考えてみよう．微分のときと同様に，質点の1次元運動を考え，時刻 $t = 0$ における質点の位置を原点にとり，時刻 t での質点の速度を $v(t)$ とする．このとき，時刻 t での質点の位置 $x(t)$ は $v(t)$ の t による積分 $x(t) = \displaystyle\int_0^t v(\tau)\,\mathrm{d}\tau$

で表し, 速度 $v(t)$ は加速度 $a(t)$ の積分 $v(t) = \displaystyle\int_0^t a(\tau)\,\mathrm{d}\tau + v(0)$ で表すことができる.

【例題 8】 区分求積法の式 (1.35) に従って, 定積分 $S = \displaystyle\int_1^2 px\,\mathrm{d}x$ を求めよ. ただし, p は定数とする.

解答 区間 $x = [1, 2]$ を N 分割し, $x_i = (i/N) + 1$ $(i = 0, 1, 2, \cdots, N)$ とおくと, 定積分 $S = \displaystyle\int_1^2 px\,\mathrm{d}x$ は

$$
\begin{aligned}
S &= \lim_{N\to\infty} \sum_{i=0}^{N-1} \frac{1}{N}\, px_i \\
&= \lim_{N\to\infty} \sum_{i=0}^{N-1} \frac{1}{N}\, p\left(\frac{i}{N} + 1\right) \\
&= \lim_{N\to\infty} \frac{p}{N}\left(\frac{N(N-1)}{2N} + N\right) \\
&= \lim_{N\to\infty} p\left(\frac{1}{2} - \frac{1}{2N} + 1\right) = \frac{3p}{2}
\end{aligned}
$$

となる. ここで, $\displaystyle\sum_{i=0}^{N-1} i = \frac{N(N-1)}{2}$ および $\displaystyle\sum_{i=0}^{N-1} 1 = N$ を用いた.

しかしながら, 例題 8 の解答のように定積分の値を定義式 (1.35) から求める場合は数少ない. むしろ, いろいろな関数の原始関数や積分に関する公式を記憶しておいて, 対応関係により原始関数を探し求めるのが一般的な方法である.

例題 8 では $x = [1, 2]$ の範囲で関数 $f(x) = px$ の定積分を求めたが, この関数の不定積分 $F(x)$ は $F(x) = \dfrac{p}{2}x^2 + c$ である. このことは関数 $F(x)$ を微分すると $\dfrac{\mathrm{d}F}{\mathrm{d}x} = px$ となることにより確かめられる. この不定積分を用いると, 例題 8 の定積分は $S = \displaystyle\int_1^2 px\,\mathrm{d}x = F(2) - F(1) = \left(\dfrac{p}{2}2^2 + c\right) - \left(\dfrac{p}{2}1^2 + c\right) = \dfrac{3p}{2}$ と求められる.

ここでも, 具体例を考えよう. 地上から初速 v_0 で投げ上げた物体には常に鉛直下向きに重力による加速度 $-g$ が働いているので, 時刻 t における物体の速度 $v(t)$ は $v(t) = -gt + v_0$ となる. これを積分を用いて表すと $v(t) = \displaystyle\int_0^t (-g)\,\mathrm{d}t + v_0$ となり, $-g$ は定数なので, その原始関数 (不定積分) は $V(t) = -gt + c$ である. したがって,

$v(t) = V(t) - V(0) + v_0 = (-gt + c) - c + v_0 = -gt + v_0$ が得られる．また，物体の時刻 t での高さ $x(t)$ は速度の時間による積分 $x(t) = \int_0^t v(t)\,\mathrm{d}t + x_0$ で表されるので，例題 8 の結果を用いて，$x(t) = \int_0^t (-gt + v_0)\,\mathrm{d}t + x_0 = \int_0^t (-gt)\,\mathrm{d}t + \int_0^t v_0\,\mathrm{d}t + x_0 = -\dfrac{1}{2}gt^2 + v_0 t + x_0$ となる．ここで，x_0 は $t = 0$ での初期位置（高さ）であるが，地上を $x = 0$ としているので，$x_0 = 0$ である．

> **問題 6**　区分求積法の式 (1.35) に従って，定積分 $S = \int_1^2 (px^2 + qx)\,\mathrm{d}x$ を求めよ．

【例題 9】　半径 r の円周の長さが $2\pi r$ であることを用いて，半径 a の円の面積が πa^2 であることを示せ．

解答　半径 a を N 分割し，$r_i = ia/N\ (i = 1, 2, \cdots, N)$ とおき，円の面積を微小な幅 $\Delta r = a/N$ の円環に分解して足し合わせる．円環の面積は，長さ $2\pi r_i$，幅 Δr の長方形の面積 $2\pi r_i \Delta r$ で近似できる．円の面積 S は

$$S = \lim_{N\to\infty} \sum_{i=1}^N 2\pi r_i \Delta r = \lim_{N\to\infty} \sum_{i=1}^N 2\pi \frac{ia}{N}\frac{a}{N}$$

$$= \lim_{N\to\infty} \frac{2\pi a^2}{N^2} \sum_{i=1}^N i = \lim_{N\to\infty} \frac{2\pi}{N^2}\frac{N(N+1)}{2}a^2$$

$$= \pi a^2$$

> **問題 7**　半径 r の球の表面積が $4\pi r^2$ であることを用いて，半径 a の球の体積が $4\pi a^3/3$ であることを示せ．あるいは，球を薄い円板の足し合わせと考えてもよい．
>
> **問題 8**　一般の関数 $f(x)$ の積分 $S = \int_{-a}^a f(x)\,\mathrm{d}x$ は，関数 $f(x)$ を偶関数と奇関数の和として $f(x) = f_\mathrm{e}(x) + f_\mathrm{o}(x)$ と表したとき，偶関数部分のみの積分で $S = \int_{-a}^a f_\mathrm{e}(x)\,\mathrm{d}x$ と計算できることを示せ．

1.6　ベクトルの微分と積分

位置や速度などの物理量はベクトルとして表される．「運動」とは，これらのベクトル量が時間の関数であることに相当する．時間 t の（スカ

ラー）関数を $f(t)$ と書くように，ベクトル $\boldsymbol{A}$ が時間の関数であるとき

$$\boldsymbol{A} = \boldsymbol{A}(t) = (A_x(t), A_y(t), A_z(t)) \tag{1.43}$$

と書く．つまり，ベクトルの各成分が（スカラー）関数ということである．ベクトルの微分や積分は各成分について微分や積分をすればよい[3]．

1.4 節の式 (1.32) と同様にベクトルの微分の定義式を書くと

$$\frac{\mathrm{d}\boldsymbol{A}}{\mathrm{d}t}(t) = \lim_{h \to 0} \frac{\boldsymbol{A}(t+h) - \boldsymbol{A}(t)}{h}$$

$$= \lim_{h \to 0} \left(\frac{A_x(t+h) - A_x(t)}{h}, \frac{A_y(t+h) - A_y(t)}{h}, \frac{A_z(t+h) - A_z(t)}{h} \right)$$

$$= \left(\frac{\mathrm{d}A_x}{\mathrm{d}t}(t), \frac{\mathrm{d}A_y}{\mathrm{d}t}(t), \frac{\mathrm{d}A_z}{\mathrm{d}t}(t) \right) \tag{1.44}$$

と表す．また，積分も同様に定義すればよく，区間 $[a, b]$ での定積分は

$$\int_a^b \boldsymbol{A}(t)\,\mathrm{d}t = \left(\int_a^b A_x(t)\,\mathrm{d}t, \int_a^b A_y(t)\,\mathrm{d}t, \int_a^b A_z(t)\,\mathrm{d}t \right) \tag{1.45}$$

で定義される．

【例題 10】　位置 $\boldsymbol{r}$ が時間の関数として $\boldsymbol{r}(t) = (\cos(\omega t), \sin(\omega t), 0)$ と表されるときの速度と加速度を求めよ．

解答　位置を時間で微分したものは速度 $\boldsymbol{v}$ であり，定義式 (1.44) の $\boldsymbol{A}(t)$ に $\boldsymbol{r}(t)$ を代入すると，

$$\boldsymbol{v} = \frac{\mathrm{d}\boldsymbol{r}}{\mathrm{d}t}(t) = \left(\frac{\mathrm{d}\cos(\omega t)}{\mathrm{d}t}, \frac{\mathrm{d}\sin(\omega t)}{\mathrm{d}t}, \frac{\mathrm{d}0}{\mathrm{d}t} \right) = (-\omega \sin(\omega t), \omega \cos(\omega t), 0)$$

となる．さらに，速度を時間で微分したものは加速度 $\boldsymbol{a}$ であり，定義式 (1.44) の $\boldsymbol{A}(t)$ に $\boldsymbol{v} = \dfrac{\mathrm{d}\boldsymbol{r}(t)}{\mathrm{d}t}$ を代入すると，

$$\boldsymbol{a} = \frac{\mathrm{d}\boldsymbol{v}}{\mathrm{d}t}(t) = \left(-\frac{\mathrm{d}\,\omega \sin(\omega t)}{\mathrm{d}t}, \frac{\mathrm{d}\,\omega \cos(\omega t)}{\mathrm{d}t}, \frac{\mathrm{d}0}{\mathrm{d}t} \right)$$

$$= \left(-\omega^2 \cos(\omega t), -\omega^2 \sin(\omega t), 0 \right) = -\omega^2 \boldsymbol{r}(t)$$

となる．

問題 9　位置 $\boldsymbol{r}$ が時間の関数として $\boldsymbol{r}(t) = \left(at, bt, h + ct - \dfrac{1}{2}gt^2 \right)$ と表されるときの速度と加速度を求めよ．また，加速度を積分し速度を求め，$\boldsymbol{r}(t)$ を微分して計算した速度と比較して積分定数の意味を考えよ．

---

[3] ただし，デカルト座標系（直角座標系）で表した場合には成分の微分や積分がベクトルの微分や積分と一致するが，極座標系などの他の座標系では一般にはそうはならないことに注意する必要がある．

1.7 初等関数

1.7.1 多項式とべき関数

多項式，三角関数，指数関数，対数関数などは初等関数と呼ばれる．多項式はべき関数 x^k $(k = 0, 1, 2, \ldots)$ の和であり，各べき x^k の係数を a^k とすると，

$$y = f(x) = \sum_{k=0}^{n} a_k x^k = a_0 + a_1 x + a_2 x^2 \ldots + a_n x^n \tag{1.46}$$

のように表される．多項式 $f(x)$ を偶関数 $f_e(x)$ と奇関数 $f_o(x)$ に分けると，$f_e(x)$ は k が偶数次のべき関数の和であり，f_o は奇数次のべき関数の和である．べき関数 x^n は n が 0 のときや負の整数のときにも考えることができるが，少し注意する必要がある．たとえば，

$$y = x^{-1} = \frac{1}{x} \tag{1.47}$$

は $x = 0$ のときは値が決まらない．これは，1 を 0 で割ることができないからである[4]．

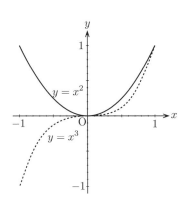

図 **1.12** べき関数．実線: $y = x^2$, 破線: $y = x^3$.

べき関数 x^n は n が正の整数の場合だけでなく，0 や負の整数の場合にも定義できることがわかったが，整数以外の実数 α でもよい．べき関数 $f(x) = x^\alpha$ の微分 $\frac{\mathrm{d}f}{\mathrm{d}x}$ は，

$$\frac{\mathrm{d}f}{\mathrm{d}x} = \lim_{h \to 0} \frac{(x+h)^\alpha - x^\alpha}{h} = \lim_{h \to 0} \frac{\alpha x^{\alpha-1}h + \alpha(\alpha-1)/2 \cdot x^{\alpha-2}h^2 + \cdots}{h}$$
$$= \alpha x^{\alpha-1} \tag{1.48}$$

である．式 (1.48) では，1.8 節で説明するテイラー展開を用いた．べき関数 $f(x) = x^\alpha$ の積分，すなわち原始関数 $F(x)$ は $\alpha \neq -1$ のときは

$$F(x) = \int_c^x \xi^\alpha \, \mathrm{d}\xi = \frac{1}{\alpha+1} x^{\alpha+1} + c_1 \tag{1.49}$$

となる．ここで，$c_1 \left(= -\frac{1}{\alpha+1} c^{\alpha+1} \right)$ は積分定数である．ただし，$\alpha = -1$ のときは

$$F(x) = \int_c^x \frac{1}{\xi} \, \mathrm{d}\xi = \log|x| + c_1 \tag{1.50}$$

となる．

微分 $\frac{\mathrm{d}y}{\mathrm{d}x}$ が x の多項式で

$$\frac{\mathrm{d}y}{\mathrm{d}x} = \sum_{k=0}^{n} a_k x^k \tag{1.51}$$

---

[4] 一般に 0 や 0 でない数を 0 で割ることは定義されていない．すなわち，2 つの数 a と b の比は $\frac{a}{b}$ と表すが，このとき，$b = 0$ の場合は含まれていない．

のように与えられるとき，その積分も多項式で表すことができ，積分定数を c とすると，

$$y = \sum_{k=0}^{n} \frac{1}{k+1} a_k x^{k+1} + c \tag{1.52}$$

となる．容易にわかるように，2 階微分 $\dfrac{\mathrm{d}^2 y}{\mathrm{d}x^2}$ が多項式で表されるときもこれを 2 回積分すると多項式となる．

【例題 11】　　関数 $F(x) = \log|x| + c_1$ [式 (1.50)] の偶奇性を調べよ．

解答　関数 $F(x) = \log|x| + c_1$ の x の代わりに $-x$ を代入しても，元と同じ関数となる．したがって，

$$F(x) = F(-x)$$

が満たされているので，定義により偶関数である．

> **問題 10**　式 (1.52) で表される関数 $y(x)$ が奇関数であるとわかったとき，奇関数である条件を取り入れると関数はどのように表されるか．

1.7.2　指数関数と対数関数

正の実数を a とするとき，関数 $f(x) = a^x$ を**指数関数**と呼ぶ．このとき，x を指数，a を底という．底として e（ネイピア数）がよく用いられる（1.1.1 節参照）．この e は

$$e = \lim_{N \to \infty} \left(1 + \frac{1}{N} \right)^N \tag{1.53}$$

によって定義されている．式 (1.53) で，$h = 1/N$ とおいて変形すると，$\displaystyle\lim_{h \to 0} \frac{e^h - 1}{h} = 1$ と表すことができる．すなわち，e を底とする指数関数 e^x は $x = 0$ における傾き（微分の値）が 1 である．この式を e の定義と考えてもよい．

物理学でも a^x の代わりに底が e である指数関数 e^{kx} がよく用いられる[5]．ただし，$k = \log_e a$ である．底が e の指数関数は微分してもまったく同じ関数のままである．すなわち，

$$\frac{\mathrm{d}e^x}{\mathrm{d}x} = \lim_{h \to 0} \frac{e^{x+h} - e^x}{h} = e^x \lim_{h \to 0} \frac{e^h - 1}{h} = e^x \tag{1.54}$$

である．k および c が定数であるとき，$y = c\,e^{kx}$ の微分は $\dfrac{\mathrm{d}y}{\mathrm{d}x} = kc\,e^{kx}$ であるから

$$\frac{\mathrm{d}y}{\mathrm{d}x} = ky \tag{1.55}$$

---

[5] e^x は $\exp(x)$ と表すこともある

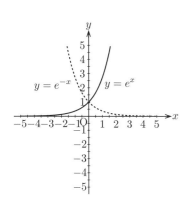

図 1.13　指数関数．実線: $y = e^x$，破線: $y = e^{-x}$．

の関係が成り立つ．この式を未知関数 y についての微分方程式と考えると，関数 $y = c\,e^{kx}$ はこの微分方程式の解になっているとみなすことができる．式 (1.54) で x を時間 t とみなすと，物理量 $y(t)$ が変化する割合 $\dfrac{\mathrm{d}y}{\mathrm{d}t}$ がその物理量 y に比例していることを表しており，バクテリアの増殖や核分裂の連鎖反応における中性子の増加を表したり，k が負のときは放射性物質の崩壊など，式 (1.55) は物理学だけでなく幅広い現象を表す微分方程式である．

　関数 $y = e^x$ のグラフは図 1.13 の実線で表されるように，$x = 0$ では $y = 1$ であり，x が 0 から大きくなると y は急激に大きくなる．x が非常に大きくなると，どのように n が大きいべき関数 x^n よりも大きい値になる．また，$x < 0$ では x の絶対値が大きくなると急激に小さくなる．関数 $y = e^{-x}$ のグラフは破線で表されているように，$y = e^x$ のグラフを y 軸に対称に折り返して描いたグラフである．これらの関数値 y は常に正 $(y > 0)$ であることに注意しておく必要がある．

　指数関数 $y = e^x$ を偶関数と奇関数の和で表すために，式 (1.29) に $f(x) = e^x$ を代入して，

$$e^x = \frac{e^x + e^{-x}}{2} + \frac{e^x - e^{-x}}{2} \tag{1.56}$$

とおけば，右辺第 1 項は偶関数 $f_\mathrm{e}(x)$ であり，第 2 項は奇関数 $f_\mathrm{o}(x)$ である．これらの関数を

$$\cosh x = \frac{e^x + e^{-x}}{2}, \quad \sinh x = \frac{e^x - e^{-x}}{2} \tag{1.57}$$

と表し，$\cosh x$ を双曲線余弦関数（ハイパボリックコサイン）と呼び，$\sinh x$ を双曲線正弦関数（ハイパボリックサイン）と呼ぶ．これらの関数は次節で説明する三角関数と対応した性質をもつ．たとえば，双曲線正接関数（ハイパボリックタンジェント）$\tanh x$ は次のように定義される．

$$\tanh x = \frac{\sinh x}{\cosh x}. \tag{1.58}$$

また，三角関数の $\sin^2 x + \cos^2 x = 1$ に対応する式として

$$\cosh^2 x - \sinh^2 x = 1 \tag{1.59}$$

が成り立つ．これらの他にも，微分や積分も含め三角関数と類似の多くの関係式を導くことができるが，それらは読者の演習問題として残しておこう．

　変数 y が x の指数関数 $y = a^x$ であるとき，x と y を交換すると $x = a^y$ となる．この式を y について表すとき，$y = \log_a x$ と書く．$f(x) = \log_a x$ を**対数関数**と呼び，a を対数の底という．すなわち，対数関数の逆関数は指数関数であり，指数関数の逆関数は対数関数である．

指数関数 $f(x) = a^x$ には

$$a^{x+y} = a^x \times a^y \tag{1.60}$$

の関係があり，対数関数には

$$\log_a(x \times y) = \log_a x + \log_a y \tag{1.61}$$

の関係がある．底が e である対数関数を単に $\log x$ または $\ln x$ と書き，自然対数と呼ぶ．また，底が 10 の対数関数 $\log_{10} x$ を常用対数という．

　対数関数 $\log x$ のグラフは図 1.14 の実線で表されるように，$x > 0$ の範囲でのみ値をもつ．これは指数関数 e^x が常に $y > 0$ であったことに対応している．また，対数関数のグラフ $y = \log x$ と指数関数のグラフ $y = e^x$ は，点線で表されている直線 $y = x$ について対称である．前にも説明したように，これらの関数は，x と y を交換すると互いに移り変わるという逆関数の関係にあるので，この対称性があることは当然である．

　対数関数 $y = \log x$ の微分（導関数）を求めるために $x = e^y$ と表し，この式の両辺を x について微分する．その結果，

$$1 = e^y \frac{\mathrm{d}y}{\mathrm{d}x} \tag{1.62}$$

が得られる．ここで，合成関数 $f(y(x)) = e^{y(x)}$ の微分（1.9 節参照）は

$$\frac{\mathrm{d}f}{\mathrm{d}x} = \frac{\mathrm{d}f}{\mathrm{d}y}\frac{\mathrm{d}y}{\mathrm{d}x} \tag{1.63}$$

であることと，式 (1.54) を用いている．式 (1.62) を $\mathrm{d}y/\mathrm{d}x$ について書きあらためると，

$$\frac{\mathrm{d}y}{\mathrm{d}x} = \frac{1}{x} \tag{1.64}$$

となる．式 (1.64) は $1/x$ の原始関数が $\log x$ であることを表している．これより，a と c を定数とするとき，関数

$$y = a \log |x| + c \tag{1.65}$$

は

$$\frac{\mathrm{d}y}{\mathrm{d}x} = \frac{a}{x} \tag{1.66}$$

の関係式（微分方程式，1.10 節参照）を満たす．つまり，式 (1.65) で表される y は微分方程式 (1.66) の解である．また，式 (1.65) の右辺で $\log |x|$ と書いたのは，$x < 0$ のときでも，x の代わりに，$-x$ とおけば，式 (1.66) を満たすからである．

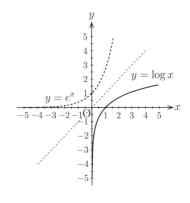

図 1.14　対数関数．実線: $y = \log x$，破線: $y = e^x$．

【例題 12】　関数 $f(x) = 2^x$ と $g(x) = e^x$ との関係を調べよ．

　解 答　関数 $f(x) = 2^x$ を対数を用いて表すと，

$$f(x) = 2^x = e^{\log 2^x} = e^{x \log 2}$$

となる．したがって，$y = x \log 2$ とおくと，

$$f(x) = e^{y(x)} = g(y) = g(x \log 2)$$

が得られる．すなわち，グラフで考えれば，$f(x)$ のグラフを x 軸方向に $\log 2$ 倍（$\fallingdotseq 0.69$ 倍）に縮小したグラフが $g(x)$ のグラフとなる．

> **問題 11**　新聞紙（厚さおよそ 0.2 mm）を 20 回折り畳むとその厚さ（高さ）はおよそいくらくらいとなるか調べよ．

1.7.3　三角関数

　正弦関数 $\sin x$，余弦関数 $\cos x$，正接関数 $\tan x$ などは**三角関数**と呼ばれる．これらの三角関数の図形的意味を考えるために，図 1.15 のように半径 1 の円を描く．この図において $x = \angle \mathrm{POQ}$ とすると，正弦関数 $\sin x$ は OR の長さで表され，余弦関数 $\cos x$ は OQ の長さである．また，正接関数 $\tan x$ は辺 OR と OQ の比 OR/OQ である．

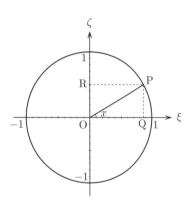

図 1.15　三角関数の図形的意味．

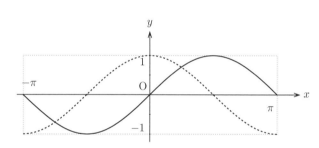

図 1.16　正弦関数 $\sin x$ と余弦関数 $\cos x$ の概形．

　図 1.16 において，正弦関数 $\sin x$ を実線で表し，余弦関数 $\cos x$ を破線で表す．正弦関数は奇関数（$\sin(-x) = -\sin x$）であり，余弦関数は偶関数（$\cos(-x) = \cos x$）である．

　正弦関数も余弦関数もいずれも周期 2π をもつ周期関数である．すなわち，任意の x について

$$\sin(x + 2\pi) = \sin x, \quad \cos(x + 2\pi) = \cos x,$$

$$\sin(x + \pi) = -\sin x, \quad \cos(x + \pi) = -\cos x \tag{1.67}$$

が成り立つ．また，正弦関数と余弦関数の間には

$$\sin\left(\frac{\pi}{2} - x\right) = \cos x, \quad \cos\left(\frac{\pi}{2} - x\right) = \sin x \tag{1.68}$$

の関係がある．これらの関係 (1.67) と (1.68) より

$$\sin\left(x + \frac{\pi}{2}\right) = \cos x, \quad \cos\left(x + \frac{\pi}{2}\right) = -\sin x \tag{1.69}$$

も導かれる．正弦関数や余弦関数はしばしば振動や波動を式で表すために使われる．そのときは，独立変数 x を「位相」と呼ぶこともある．関

係式 (1.69) は正弦関数の位相を $\pi/2$ 進めると余弦関数となり,余弦関数の位相を $\pi/2$ 進めると正弦関数に負号をつけたものとなることを示している[6].

正接関数 $\tan x$ は図 1.17 の実線で描かれているように,周期が π の奇関数である.$\tan x$ は n が奇数であるとき,$x = n\pi/2$ については定義されていない.あるいは $x = n\pi/2$ の点で,$\tan x$ の値は $\pm\infty$ であるということもある.

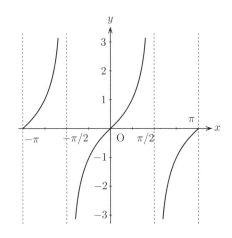

図 1.17 正接関数 $\tan x$ の概形.

ところで,式 (1.57) で指数関数 e^x を偶関数と奇関数の和で表すと双曲線余弦関数と双曲線正弦関数の和となることを示した.少し難しくなるが,指数関数と三角関数の関係について考えておこう.指数関数 e^x において実数 x の代わりに純虚数 ix を代入して,複素関数 e^{ix} を考えると,**オイラーの公式**によって

$$e^{ix} = \cos x + i\sin x \tag{1.70}$$

であることがわかっている.この式の x に $-x$ を代入して

$$e^{-ix} = \cos x - i\sin x \tag{1.71}$$

が得られる.式 (1.70) と (1.71) の和をとると,

$$\cos x = \frac{e^{ix} + e^{-ix}}{2} \tag{1.72}$$

が導かれ,同様に式 (1.70) と (1.71) の差をとると,

$$\sin x = \frac{e^{ix} - e^{-ix}}{2i} \tag{1.73}$$

---

[6] ここで,位相を $\pi/2$ 進めるとは,三角関数の位相を大きくすることを意味する.たとえば,$\sin x$ について $\sin(x + \pi/2)$ を考えることをいう.

が得られる．式 (1.72) と (1.73) を式 (1.70) に代入すると

$$e^{ix} = \frac{e^{ix} + e^{-ix}}{2} + i\frac{e^{ix} - e^{-ix}}{2i} \tag{1.74}$$

となり，オイラーの公式 (1.70) は e^{ix} を偶関数と奇関数に分解すると，それぞれ $\cos x$ と $i\sin x$ になることを示している[7]．式 (1.72) および式 (1.73) を式 (1.57) と見比べてみるとよく似ていることがわかるだろう．

三角関数には次のような公式がある．

$$\sin^2 x + \cos^2 x = 1, \quad \tan x = \frac{\sin x}{\cos x}, \tag{1.75}$$

$$\sin(x \pm y) = \sin x \cos y \pm \cos x \sin y,[8] \tag{1.76}$$

$$\cos(x \pm y) = \cos x \cos y \mp \sin x \sin y, \tag{1.77}$$

$$\sin 2x = 2\sin x \cos x, \quad \cos 2x = \cos^2 x - \sin^2 x, \tag{1.78}$$

$$\sin^2 \frac{x}{2} = \frac{1 - \cos x}{2}, \quad \cos^2 \frac{x}{2} = \frac{1 + \cos x}{2}, \tag{1.79}$$

$$\sin x \pm \sin y = 2\sin \frac{x \pm y}{2} \cos \frac{x \mp y}{2}, \tag{1.80}$$

$$\cos x + \cos y = 2\cos \frac{x + y}{2} \cos \frac{x - y}{2},$$
$$\cos x - \cos y = -2\sin \frac{x + y}{2} \sin \frac{x - y}{2}. \tag{1.81}$$

三角関数 $\sin x$ と $\cos x$ の微分はそれぞれ

$$\begin{aligned}
\frac{\mathrm{d}\sin x}{\mathrm{d}x} &= \lim_{h \to 0} \frac{\sin(x + h) - \sin x}{h} \\
&= \lim_{h \to 0} \frac{\sin x \cos h + \cos x \sin h - \sin x}{h} = \cos x,
\end{aligned} \tag{1.82}$$

$$\begin{aligned}
\frac{\mathrm{d}\cos x}{\mathrm{d}x} &= \lim_{h \to 0} \frac{\cos(x + h) - \cos x}{h} \\
&= \lim_{h \to 0} \frac{\cos x \cos h - \sin x \sin h - \cos x}{h} = -\sin x.
\end{aligned}$$

となる．式 (1.69)，すなわち $\cos x = \sin\left(x + \frac{\pi}{2}\right)$ と $-\sin x = \cos\left(x + \frac{\pi}{2}\right)$ より，これらの式 (1.82) は正弦関数 $\sin x$ も余弦関数 $\cos x$ も微分すると「位相」が $\pi/2$ だけ進むことを表している．また，$\tan x$ の微分は

$$\frac{\mathrm{d}\tan x}{\mathrm{d}x} = \frac{1}{\cos^2 x} = \sec^2 x \tag{1.83}$$

---

[7] ここで，この式の右辺の第2項では，$\sin x$ の定義に合わせるため，虚数単位 i を掛けて i で割っていることに注意すること．

[8] 符号 $\pm$ は符号 $+$ の下に符号 $-$ を同時に書いたものであり，同様に $\mp$ も $-$ の下に $+$ を書いた符号である．この式では，両辺のそれぞれで上に書かれた符号のみをとっても式が成り立ち，下の符号のみをとっても式が成り立つことを表している（複号同順）．

となる. ここで, $\sec x$ は $\sec x = \dfrac{1}{\cos x}$ で定義された関数である. 他に, $\cot x = \dfrac{1}{\tan x} = \dfrac{\cos x}{\sin x}$ や, $\csc x = \dfrac{1}{\sin x}$ などもよく使われる.

　三角関数 $\sin x$ と $\cos x$ の 2 階微分はそれぞれ

$$\frac{\mathrm{d}^2 \sin x}{\mathrm{d}x^2} = -\sin x, \quad \frac{\mathrm{d}^2 \cos x}{\mathrm{d}x^2} = -\cos x \qquad (1.84)$$

となるから, k を定数として, $y = \sin kx$ または $\cos kx$ とおくと, 式 (1.84) より

$$\frac{\mathrm{d}^2 y}{\mathrm{d}x^2} = -k^2 y \qquad (1.85)$$

という関係が成り立つ. 式 (1.85) は, 関数 $y(x)$ とその 2 階微分 $\mathrm{d}^2 y/\mathrm{d}x^2$ との関係を表す微分方程式であり, 正弦関数 $\sin kx$ と余弦関数 $y = \cos kx$ は複素関数 e^{ikx} と同様に, 微分方程式 (1.85) を満たすので, この微分方程式の解となっていることを記憶しておくことが大切である.

【例題 13】　　正弦関数 $\sin 3x$ を $\sin x$ だけを用いて表せ.

解答　関数 $\sin 3x$ を式 (1.75)-式 (1.78) を使って書きあらためると,

$$\begin{aligned}
\sin 3x &= \sin(2x + x) = \sin 2x \cos x + \cos 2x \sin x \quad [式 (1.76) より] \\
&= 2\sin x \cos^2 x + (\cos^2 x - \sin^2 x)\sin x \quad [式 (1.78) より] \\
&= 3\sin x \cos^2 x - \sin^3 x \\
&= 3\sin x(1 - \sin^2 x) - \sin^3 x \quad [式 (1.75) より] \\
&= 3\sin x - 4\sin^3 x
\end{aligned}$$

となる.

　問題 12　　余弦関数 $\cos 3x$ を $\cos x$ だけを用いて表せ.

　問題 13　　式 (1.83) の右辺を $y = \tan x$ を用いて y で表すことにより, 正接関数 $\tan x$ が満たす微分方程式を求めよ.

　問題 14　　関数 $\cot x$, $\sec x$, $\csc x$ の微分を求めよ.

1.8　関数の近似（＊[9]）

　関数 $f(x)$ がある点 x_0 の近傍で無限回微分可能であれば, この x_0 に近い x における関数値 $f(x)$ を $(x - x_0)$ のべき級数として表すことができる. これが**テイラー展開**（テイラーの公式）である. テイラー展開に

---

[9] ＊印を付けた節は少し高度な内容を含んでいる.

おいて $(x - x_0)^k$ $(k = 0, 1, \cdots, n)$ のべきと剰余項とに分けて表すと，

$$f(x) = f(x_0) + f'(x_0)(x - x_0) + \frac{1}{2!}f''(x_0)(x - x_0)^2 + \cdots$$

$$+ \frac{1}{n!}f^{(n)}(x_0)(x - x_0)^n + O(|x - x_0|^{n+1}) \quad (1.86)$$

となる．式 (1.86) で，値 $f(x_0)$ とその n 階微分係数 $f^{(n)}(x_0)$ $(n = 1, 2, \ldots)$ までわかっているときには，剰余項 $O(|x - x_0|^{n+1})$ を無視して，関数値 $f(x)$ を近似的に表すことができる．この式では，$|x - x_0|$ は 1 に比べて小さいと仮定している．剰余項に現れた記号 O は，たとえば $O(|x - x_0|^3)$ は $f(x)$ を右辺 3 項までで近似したときにその誤差が $|x - x_0|^3$ と同じ程度の大きさあるいはそれよりも小さいことを表している．もう少し正確に説明すれば，小さな数 ε が変化すると考えたとき，$O(\varepsilon)$ は ε と同じような変化をすることを表している．すなわち，ε の値を 1/2 倍にすれば，$O(\varepsilon)$ も 1/2 倍程度あるいはそれ以下になることを示している．

いくつかの初等関数のテイラー展開の具体例を次に示しておこう．ただし，ここでは，　$x_0 = 0, |x| \ll 1$　とする．

$$(1 + x)^n = 1 + nx + \frac{1}{2}n(n - 1)x^2 + O(x^3), \quad (1.87)$$

$$e^x = 1 + x + \frac{1}{2}x^2 + \frac{1}{6}x^3 + O(x^4), \quad (1.88)$$

$$\sin x = x - \frac{1}{6}x^3 + O(x^5), \quad (1.89)$$

$$\cos x = 1 - \frac{1}{2}x^2 + O(x^4), \quad (1.90)$$

$$\log(1 + x) = x - \frac{1}{2}x^2 + O(x^3). \quad (1.91)$$

これらの式を確かめるにはそれぞれの関数 $f(x)$ を微分して，$x = x_0 = 0$ での微分係数 $f^{(k)}(0)$, $(k = 0, 1, 2, \ldots)$ を計算すればよい．

次に，テイラー展開はどの程度よい近似を与えるのか，実際にグラフを描いて調べてみよう．例として，式 (1.89) の正弦関数 $\sin x$ を調べるために，右辺第 1 項だけで近似した $y = x$ のグラフを点線で，第 2 項までで近似した $y = x - x^3/6$ のグラフを破線で描き，元の $\sin x$ のグラフと比較すると図 1.18 のようになる．このグラフから，第 2 項までとればおよそ $x = [-\pi/6, \pi/6]$ 程度の範囲までよく近似していると見ることができる．

テイラー展開は，1 点 x_0 における関数 $f(x)$ の値とその微分から関数を近似したが，関数 $f(x)$ の値のみが何点かでわかっているときには**ラグランジュの補間法**という近似を使うことができる．たとえば，2 点

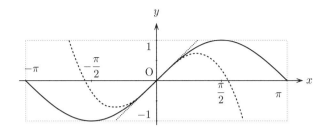

図 1.18 テイラー展開による正弦関数 $\sin x$ の近似. 実線: $\sin x$, 点線: x, 破線: $x - \dfrac{x^3}{6}$.

(x_1, y_1) と (x_2, y_2) を通る直線は

$$y = f(x) = \frac{y_2 - y_1}{x_2 - x_1}(x - x_1) + y_1 \tag{1.92}$$

と表される. この式は図を描いて考えるとすぐに導くことができるが, 3 点 (x_1, y_1), (x_2, y_2), (x_3, y_3) を通る 2 次曲線

$$y = f(x) = \frac{(x - x_2)(x - x_3)}{(x_1 - x_2)(x_1 - x_3)}y_1 + \frac{(x - x_1)(x - x_3)}{(x_2 - x_1)(x_2 - x_3)}y_2$$

$$+ \frac{(x - x_1)(x - x_2)}{(x_3 - x_1)(x_3 - x_2)}y_3 \tag{1.93}$$

を求めるのには少し複雑な計算が必要となる. しかし, この式を確かめるのは非常に簡単である. たとえば, $x = x_1$ を代入してみると, 右辺第 2 項と第 3 項は 0 となり, 第 1 項は y_1 となる. したがって, 式 (1.93) のグラフは点 (x_1, y_1) を通ることが確かめられ, あとの 2 点についても同様に確かめられる.

　ここでも, ラグランジュの補間 (1.93) がどの程度良く関数を近似しているのか調べてみよう. 図 1.19 は, 正弦関数 $y = \sin x$ をラグランジュの補間により近似した例を描いてある. 関数 $y = \sin x$ は点 $(x_1, y_1) = (0, 0)$, $(x_2, y_2) = (\pi/2, 1)$, $(x_3, y_3) = (\pi, 0)$ を通る. これら 3 点を用いたラグランジュの補間法による 2 次曲線（破線）と $y = \sin x$ とが示されている.

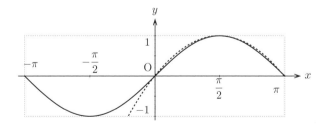

図 1.19 ラグランジュの補間による正弦関数 $\sin x$ の近似. 実線: $\sin x$, 破線: $\dfrac{4}{\pi^2}x(\pi - x)$.

【例題 14】　指数関数 e^x を偶関数と奇関数に分けると，それぞれは双曲線関数 $\cosh x$ と $\sinh x$ とに対応することを用いて，指数関数のテイラー展開 (1.88) から $\cosh x$ と $\sinh x$ のテイラー展開を求めよ．

解答　指数関数 e^x のテイラー展開は式 (1.88) より，

$$e^x = 1 + x + \frac{1}{2}x^2 + \frac{1}{6}x^3 + O(x^4)$$

である．一方，指数関数は双曲線関数 $\cosh x$ と $\sinh x$ との和で表されるので，e^x のテイラー展開を偶関数と奇関数に分けると，

$$e^x = \left[1 + \frac{1}{2}x^2 + O(x^3) \right] + \left[x + \frac{1}{6}x^3 + O(x^5) \right]$$

$$= \cosh x + \sinh x$$

となる．上式の第 1 式右辺と第 2 式右辺の偶関数部分と奇関数部分とはそれぞれが等しいから，

$$\cosh x = 1 + \frac{1}{2}x^2 + O(x^4), \quad \sinh x = x + \frac{1}{6}x^3 + O(x^5)$$

を得る．

問題 15　式 (1.88) において x を すべて ix で置き換えて，複素関数 e^{ix} のテイラー展開を導き，式 (1.89) および式 (1.90) とを見比べることによって，オイラーの公式 $e^{ix} = \cos x + i \sin x$ が得られることを示せ．

問題 16　3 つの x の値 $x_1 = 0$, $x_2 = \pi/4$, $x_3 = \pi/2$ での余弦関数 $\cos x$ の値はそれぞれ $y_1 = \cos(0) = 1$, $y_2 = \cos(\pi/4) = \sqrt{2}/2$, $y_3 = \cos(\pi/2) = 0$ であることを用いて余弦関数 $\cos x$ の $x = [0, \pi/2]$ でのラグランジュの補間公式を求め，グラフに表して $\cos x$ のグラフと比較せよ．

1.9　偏微分と合成関数の微分 （＊）

　これまでは独立変数を x と表し，従属変数を y と表す関数 $y = f(x)$ を考えてきた．その場合，変数 x が無限小の微小量 $\mathrm{d}x$ だけ変化すると，従属変数は

$$\mathrm{d}y = f(x + \mathrm{d}x) - f(x) \tag{1.94}$$

だけ変化する．関数の微分とはこれらの変数の変化量の比 $\dfrac{\mathrm{d}y}{\mathrm{d}x}$ であった．この比は関数 $f(x)$ の勾配（傾き）ともいう．この微分は後に述べる偏微分と区別するとき常微分と呼ばれる．

　この節では独立変数が複数個ある関数を考える．その例として独立変数を x および y と表し，従属変数を z と表す 2 変数関数 $z = f(x, y)$ を考えよう．たとえば，2 次元平面 (x, y) 上の各点で値が定められてい

るとき，その値 $f(x,y)$ は 2 変数関数である．この場合，変数がそれぞれ $\mathrm{d}x$ および $\mathrm{d}y$ だけ変化すると，従属変数は

$$\mathrm{d}z = f(x+\mathrm{d}x, y+\mathrm{d}y) - f(x,y) \tag{1.95}$$

だけ変化する．関数 $z = f(x,y)$ は 2 次元平面 (x,y) 上の曲面で表され，その勾配は x 方向と y 方向とでは異なる．x 方向の勾配は，変数 x が $\mathrm{d}x$ だけ変化するときの関数の変化量 $f(x+\mathrm{d}x,y) - f(x,y)$ と $\mathrm{d}x$ との比であり，それは y を定数とみなして関数 $f(x,y)$ を x で微分した値になる．同様に，y 方向の勾配は変数 y が $\mathrm{d}y$ だけ変化するときの関数の変化量 $f(x,y+\mathrm{d}y) - f(x,y)$ と $\mathrm{d}y$ との比であり，それは x を定数とみなして関数 $f(x,y)$ を y で微分した値になる．

　このように，y を定数とみなして x で微分することを関数 $f(x,y)$ の x による**偏微分**といい，$\partial f/\partial x$ と表す．その定義は

$$\frac{\partial f(x,y)}{\partial x} = \lim_{h\to 0}\frac{f(x+h,y) - f(x,y)}{h} \tag{1.96}$$

である．同様に，関数 $f(x,y)$ の y による偏微分は

$$\frac{\partial f(x,y)}{\partial y} = \lim_{h\to 0}\frac{f(x,y+h) - f(x,y)}{h} \tag{1.97}$$

で定義される．たとえば，関数 $f(x,y) = x^2 y$ の x または y による偏微分はそれぞれ，

$$\frac{\partial f(x,y)}{\partial x} = 2xy, \quad \frac{\partial f(x,y)}{\partial y} = x^2$$

となる．

　合成関数 $u = f(y(x))$ を x で微分するときには，微分 $\dfrac{\mathrm{d}u}{\mathrm{d}x}$ は次のようにして求められる．

$$\frac{\mathrm{d}u}{\mathrm{d}x} = \frac{\mathrm{d}u}{\mathrm{d}y} \times \frac{\mathrm{d}y}{\mathrm{d}x}. \tag{1.98}$$

たとえば，e^{x^2} を合成関数 $u = e^y$，$y = x^2$ とみなして，x で微分すると

$$\frac{\mathrm{d}u}{\mathrm{d}x} = \frac{\mathrm{d}e^{x^2}}{\mathrm{d}x} = \frac{\mathrm{d}e^y}{\mathrm{d}y} \times \frac{\mathrm{d}y}{\mathrm{d}x} = e^y \times 2x = 2xe^{x^2}$$

となる．$\log f(x)$ の微分は $\dfrac{1}{f}\dfrac{\mathrm{d}f}{\mathrm{d}x}$ であり，$\displaystyle\int \frac{f'}{f}\,\mathrm{d}x = \log|f|$ は記憶しておくべき積分公式である．

　また，関数 $u = f(y(x), z(x))$ を x で微分するときには，

$$\frac{\mathrm{d}u}{\mathrm{d}x} = \frac{\partial u}{\partial y}\frac{\mathrm{d}y}{\mathrm{d}x} + \frac{\partial u}{\partial z}\frac{\mathrm{d}z}{\mathrm{d}x} \tag{1.99}$$

のように計算する．ただし，微分 $\dfrac{\mathrm{d}y}{\mathrm{d}x}$ と $\dfrac{\mathrm{d}z}{\mathrm{d}x}$ が存在することを仮定している．同様に，合成関数 $u = f(x, y(x), z(x))$ を x で微分すると，

$$\frac{\mathrm{d}u}{\mathrm{d}x} = \frac{\partial u}{\partial x} + \frac{\partial u}{\partial y}\frac{\mathrm{d}y}{\mathrm{d}x} + \frac{\partial u}{\partial z}\frac{\mathrm{d}z}{\mathrm{d}x} \tag{1.100}$$

となる．例として，$u = 2x + 3x^3 + 5x^6$ を合成関数 $u = f(x, y, z) = 2x + 3xy + 5yz$ $(y = x^2,\ z = x^4)$ と考えて，x で微分することを考えよう．式 (1.99) より，

$$\frac{\mathrm{d}(2x + 3x^3 + 5x^6)}{\mathrm{d}x} = (2+3y)+(3x+5z)\times 2x + 5y\times 4x^3 = 2 + 9x^2 + 30x^5$$
(1.101)

となる．

【例題 15】　　関数 $u = t\sin t^2$ の微分 $\dfrac{\mathrm{d}u}{\mathrm{d}t}$ と 2 階微分 $\dfrac{\mathrm{d}^2 u}{\mathrm{d}t^2}$ を求めよ．

解答　$x = t^2$ と考えて，$u = t\sin x$ を t で微分すると，

$$\frac{\mathrm{d}u}{\mathrm{d}t} = \frac{\partial u}{\partial t} + \frac{\partial u}{\partial x}\frac{\mathrm{d}x}{\mathrm{d}t}$$

$$= \sin x + t\cos x \times 2t$$

$$= \sin t^2 + 2t^2 \cos t^2$$

が得られる．$\dfrac{\mathrm{d}u}{\mathrm{d}t}$ をもう 1 度 t で微分して次のように $\dfrac{\mathrm{d}^2 u}{\mathrm{d}t^2}$ を求める．

$$\frac{\mathrm{d}^2 u}{\mathrm{d}t^2} = \frac{\partial}{\partial t}\frac{\mathrm{d}u}{\mathrm{d}t} + \left(\frac{\partial}{\partial x}\frac{\mathrm{d}u}{\mathrm{d}t}\right)\frac{\mathrm{d}x}{\mathrm{d}t}$$

$$= 2t\cos x + 4t\cos x - 2t^2 \sin x \times 2t$$

$$= 6t\cos t^2 - 4t^3 \sin t^2.$$

問題 17　関数 $u = e^{-x}\cos x^2$ の微分 $\dfrac{\mathrm{d}u}{\mathrm{d}x}$ と 2 階微分 $\dfrac{\mathrm{d}^2 u}{\mathrm{d}x^2}$ を求めよ．

問題 18　関数 $\log(\log x)$ および x^x の微分を求めよ．

1.10　微分方程式（＊）

　物理学の法則は微分方程式の形で表されることが多い．その微分方程式を解いて，その解から物理現象を解釈したり，新しい現象を予測する．変数 y が変数 x の関数であるが，その関数形が未知で，y の n 階微分 $\mathrm{d}^n y/\mathrm{d}x^n$ と，$n-1$ 階までの微分および y や x との間に関数関係

$$\frac{\mathrm{d}^n y}{\mathrm{d}x^n} = F\left(x, y, \frac{\mathrm{d}y}{\mathrm{d}x}, \cdots, \frac{\mathrm{d}^{n-1}y}{\mathrm{d}x^{n-1}}\right)$$
(1.102)

があるとき，この式を n 階微分方程式という[10]．この関係から未知の関数 $y = f(x)$ を求めることを，微分方程式を解くという．また，その関数を微分方程式の解という．

　n 階微分方程式の解には n 個の積分定数が含まれる．この積分定数は物理的な条件（初期条件や境界条件）を適用して決める．物理学では 1 階の微分方程式と 2 階の微分方程式が現れることが多い．

1.10.1　変数分離形

　微分方程式の中で基本となる形の 1 つに **変数分離形** と呼ばれる方程式形がある．1 階の微分方程式は $\dfrac{\mathrm{d}y}{\mathrm{d}x} = F(x, y)$ と表されるが，特に

$$\frac{\mathrm{d}y}{\mathrm{d}x} = u(x)v(y) \tag{1.103}$$

の形で表されるとき，変数分離形の微分方程式という．この形の場合，両辺を $v(y)$ で割り，$\mathrm{d}x$ を掛けると，

$$\frac{\mathrm{d}y}{v(y)} = u(x)\,\mathrm{d}x \tag{1.104}$$

となり，左辺は y のみ，右辺は x のみで表され，左辺と右辺に変数を分離することができる．両辺をそれぞれ積分すると，

$$\int_{y(c)}^{y(x)} \frac{\mathrm{d}y}{v(y)} = \int_c^x u(x)\,\mathrm{d}x \tag{1.105}$$

となる．この積分を計算して $y = f(x)$ の形にすれば，微分方程式が解けたことになる．

　具体例を解いてみよう．1 階の微分方程式の最も簡単な例の 1 つは

$$\frac{\mathrm{d}y}{\mathrm{d}x} = a \tag{1.106}$$

である．ここで，a は定数である．両辺に $\mathrm{d}x$ を掛けると，

$$\mathrm{d}y = a\,\mathrm{d}x \tag{1.107}$$

となる．両辺をそれぞれ積分すると，

$$\int_{y(c)}^{y(x)} \mathrm{d}y = \int_c^x a\,\mathrm{d}x, \quad \therefore\ y(x) - y(c) = ax - ac \tag{1.108}$$

となる．したがって，この微分方程式の解は

$$y(x) = ax + C \tag{1.109}$$

となる．ここで，$C = y(c) - ac$ は積分定数である．実際に解 (1.109) が微分方程式 (1.106) を満たしていることは，この解を x で微分すると $\dfrac{\mathrm{d}y}{\mathrm{d}x} = a$ となることから確かめることができる．

---

[10] 式 (1.102) のように n 階微分方程式が最高階の微分 $\mathrm{d}^n y/\mathrm{d}x^n$ について表されているとき，これを正規形 n 階微分方程式という．一般には，n 階微分方程式は，$G(x, y, \mathrm{d}y/\mathrm{d}x, \cdots, \mathrm{d}^n y/\mathrm{d}x^n)$ と表される．

> **問題 19**　微分方程式 $\dfrac{\mathrm{d}y}{\mathrm{d}x} = ax + b$ の解は，a と b が定数のとき，$y = ax^2/2 + bx + c$ となることを示せ.

　次に，関数 $y(x)$ の微分 $\dfrac{\mathrm{d}y}{\mathrm{d}x}$ が y を用いて表されている場合を解いてみよう. たとえば，a を定数として，

$$\frac{\mathrm{d}y}{\mathrm{d}x} = ay \tag{1.110}$$

と表される微分方程式を考える. この場合も，両辺に $\mathrm{d}x/y$ を掛けると，

$$\frac{\mathrm{d}y}{y} = a\,\mathrm{d}x \tag{1.111}$$

と変数分離形となり，両辺をそれぞれ積分すると，

$$\int_{y(c}^{y(x)} \frac{1}{y}\,\mathrm{d}y = \int_c^x a\,\mathrm{d}x,$$

となり，

$$\log|y(x)| - \log|y(c)| = ax - ac \tag{1.112}$$

が得られる. この式を書き換えると，$y(x)/y(c) = \pm e^{ax-ac}$ となる. したがって，$C = \pm y(c)e^{-ac}$ とおけば，この微分方程式の解は

$$y(x) = Ce^{ax} \tag{1.113}$$

となる. ここで，C は積分定数である. この微分方程式の場合，解は多項式ではなく指数関数で表されている.

　一般に，微分方程式の解法は 1 通りではなく，式 (1.110) の解法として積分因子と呼ばれるものを利用する方法もある. 微分方程式を $\dfrac{\mathrm{d}y}{\mathrm{d}x} - ay = 0$ のように表し，天下り的ではあるが，この場合の積分因子 e^{-ax} を掛けて整理すると

$$e^{-ax}\frac{\mathrm{d}y}{\mathrm{d}x} - e^{-ax}ay = \frac{\mathrm{d}}{\mathrm{d}x}\left(ye^{-ax}\right) = 0 \tag{1.114}$$

となり，微分方程式 (1.106) の $a = 0$ に相当し，その解は $y(x)e^{-ax} = C$ である. したがって，この方法でも解 (1.113) が求まる. 解 (1.113) が微分方程式 (1.110) を満たしていることは，解 $y = Ce^{ax}$ を微分して，$\dfrac{\mathrm{d}y}{\mathrm{d}x} = aCe^{ax} = ay$ となることより確かめられる. 積分定数 C の値はある x の値のときに y の値が既知であれば求められる. たとえば，$x = 0$ のとき $y = y_0$ であれば $C = y_0$ である.

> **問題 20**　微分方程式 $\dfrac{\mathrm{d}y}{\mathrm{d}x} = \dfrac{x}{y}$ の解を求めよ.

1.10.2　2階の定数係数線形微分方程式

2階微分方程式は物体の運動を調べるときによく現れる．その中で，次の形をもつ定数係数線形同次微分方程式と呼ばれる式

$$\frac{\mathrm{d}^2 y}{\mathrm{d}x^2} + a_1 \frac{\mathrm{d}y}{\mathrm{d}x} + a_2 y = 0 \tag{1.115}$$

を考えよう．ここで，a_1 と a_2 は定数である．この方程式の解法として代表的な，推定法について説明しよう．

変数分離形である1階の微分方程式 (1.110) の解が (1.113) のように指数関数で表されたことをヒントに，微分方程式 (1.115) の解が

$$y(x) = ce^{\lambda x} \tag{1.116}$$

のような指数関数で表されると推定してみる．式 (1.116) を (1.115) に代入して整理すると，

$$(\lambda^2 + a_1 \lambda + a_2)ce^{\lambda x} = 0 \tag{1.117}$$

となる．ここで，$ce^{\lambda x}$ は 0 とはならないので，

$$\lambda^2 + a_1 \lambda + a_2 = 0 \tag{1.118}$$

という λ の多項式が得られる．この式を微分方程式 (1.115) の**特性方程式**と呼ぶ．つまり，2階の線形微分方程式が2次の代数方程式に帰着されたことになる．

2次方程式の解は一般に2個ある．特性方程式 (1.118) の解を λ_1 と λ_2 とすると，

$$\lambda_1 = \frac{-a_1 + \sqrt{a_1{}^2 - 4a_2}}{2}, \quad \lambda_2 = \frac{-a_1 - \sqrt{a_1{}^2 - 4a_2}}{2} \tag{1.119}$$

となる．これを式 (1.116) に代入すると，微分方程式 (1.115) の解として，

$$y_1(x) = e^{\lambda_1 x}, \quad y_2(x) = e^{\lambda_2 x} \tag{1.120}$$

の2つの関数が得られる．さらに，これらの解の重ね合わせ

$$y = c_1 y_1 + c_2 y_2 \tag{1.121}$$

もまた解となる[11]．この解は，2個の任意定数 c_1 と c_2 を含んでいるので，微分方程式 (1.115) の一般解ということができる[12]．$y(x)$ や $\dfrac{\mathrm{d}y(x)}{\mathrm{d}x}$ に対して2個の条件が与えられれば，2個の任意定数 c_1 と c_2 が定まる．

具体例を考えてみよう．y の2階微分 $\dfrac{\mathrm{d}^2 y}{\mathrm{d}x^2}$ が y を用いて表される次の微分方程式の形は，ばねや振り子，電気回路などの単振動を生じる系

---

[11] 解の重ね合わせもまた解であるという性質は，今考えている微分方程式が線形で，かつ同次方程式であることによる．

[12] 2階の微分方程式を解くには，原理的には積分を2回すればよい．積分を1回するごとに1個の積分定数という任意定数が現れる．

で現れる:

$$\frac{\mathrm{d}^2 y}{\mathrm{d}x^2} = -a^2 y. \tag{1.122}$$

ここで，a は定数である．この場合，$\lambda_1 = ia$, $\lambda_2 = -ia$ となり，一般解は

$$y(x) = c_1 e^{iax} + c_2 e^{-iax} \tag{1.123}$$

と表される（4.6節参照）．ここで，c_1 と c_2 は一般的には複素数の定数である．式 (1.123) の左辺が実数であることと，オイラーの公式を用いると，この微分方程式の解は

$$y(x) = C_1 \cos ax + C_2 \sin ax \tag{1.124}$$

とも表される．ここで，$C_1 = c_1 + c_2$ および $C_2 = i(c_1 - c_2)$ は実数値をもつ2個の任意定数である．式 (1.123) や式 (1.124) を2度微分すれば，確かに微分方程式 (1.122) の解であることがわかる．ここで，たとえば初期条件として $x = 0$ で $y(0) = y_0$ と $\dfrac{\mathrm{d}y}{\mathrm{d}x}(0) = 0$ とすると，2個の任意定数はそれぞれ $c_1 = c_2 = \dfrac{y_0}{2}$ あるいは $C_1 = y_0$, $C_2 = 0$ と定まり，どちらにしても解は

$$y(x) = y_0 \cos ax \tag{1.125}$$

となる．

また，微分方程式 (1.122) の両辺に $\dfrac{\mathrm{d}y}{\mathrm{d}x}$ を掛けると

$$\frac{\mathrm{d}y}{\mathrm{d}x}\frac{\mathrm{d}^2 y}{\mathrm{d}x^2} = -a^2 y \frac{\mathrm{d}y}{\mathrm{d}x},$$

となる．この式を書き換えると，

$$\frac{\mathrm{d}}{\mathrm{d}x}\frac{1}{2}\left(\frac{\mathrm{d}y}{\mathrm{d}x}\right)^2 = -a^2 \frac{\mathrm{d}}{\mathrm{d}x}\frac{1}{2}y^2 \tag{1.126}$$

となる．式 (1.126) の両辺を x で積分すると，

$$\left(\frac{\mathrm{d}y}{\mathrm{d}x}\right)^2 = -a^2 y^2 + C_1,$$

が得られ，この式は

$$\left(\frac{\mathrm{d}y}{\mathrm{d}x}\right)^2 + a^2 y^2 = C_1 \tag{1.127}$$

となって，左辺で表される式が不変量であることを示している．

問題 21 初期条件が $x = 0$ で $y(0) = 0$ および $\dfrac{\mathrm{d}y}{\mathrm{d}x}(0) = u_0$ であるとき，微分方程式 (1.122) の解を求めよ．

問題 22 ばね定数 k のばねにつながれた質量 m の質点の運動は，時刻 t におけるつり合いの位置からの質点の変位を $x(t)$ とすると，微分方程式 $m\dfrac{\mathrm{d}^2 x}{\mathrm{d}t^2} = -kx$ で表される．この微分方程式の一般解を求めよ．

　ここで，2 次方程式の解はいつも異なる 2 個であるとは限らないこと
に注意しておこう．係数の間にある特別な関係があると，解は 1 個だけ
（重根または重解という）になる．したがって，このままでは式 (1.123)
のような任意定数を 2 個含む一般解を表すことができない．

　そのような微分方程式として，

$$\frac{\mathrm{d}^2 y}{\mathrm{d}x^2} + 2a\frac{\mathrm{d}y}{\mathrm{d}x} + a^2 y = 0 \tag{1.128}$$

を考えてみよう．この微分方程式の特性方程式は

$$\lambda^2 + 2a\lambda + a^2 = 0 \tag{1.129}$$

であり，その解は $\lambda = -a$ となる．したがって，微分方程式 (1.128) の
解は $y(x) = ce^{-ax}$ となり，任意定数は 1 個，c を含むのみとなる．こ
れでは一般解にならないので，天下り的ではあるが，この c を定数では
なく x の関数と考えて，

$$y(x) = c(x)e^{-ax} \tag{1.130}$$

の形の一般解を推定してみる．式 (1.130) を微分方程式 (1.128) に代入
し整理すると，

$$\frac{\mathrm{d}^2 c(x)}{\mathrm{d}x^2} = 0 \tag{1.131}$$

が得られる．ただし，ここでも e^{-ax} が 0 とならないことを用いてい
る．c について式 (1.131) が成り立てば，式 (1.130) は式 (1.128) の解と
なっている．c についての微分方程式 (1.131) の解は，C_1 と C_2 を積分
定数として，

$$c(x) = C_1 x + C_2 \tag{1.132}$$

と表される．したがって，微分方程式 (1.128) の一般解は

$$y(x) = (C_1 x + C_2)e^{-ax} \tag{1.133}$$

と求められる．

　このように，微分方程式の解に現れる定数を x の関数とみなして，別
の解を求める方法を**定数変化法**という．

―――――――――――― 第 1 章　演習問題 ――――――――――――

1. 2 次元平面上の点 A を考え，その位置ベクトルを $\boldsymbol{a}$ とするとき，点 A を
　中心とする半径 R の円周上の任意の点 P を表す位置ベクトル $\boldsymbol{x}$ が満たす式
　を求めよ．

2. 関数 $f(x) = xe^{-x}$ を偶関数 $f_{\mathrm{e}}(x)$ と奇関数 $f_{\mathrm{o}}(x)$ の和で表せ．

3. 地面から初速度 v_0，仰角 θ でボールを投げ上げる．ボールを投げる地点を
　原点 O として水平方向（ボールを投げた向き）に x 軸をとり，鉛直上方に
　y 軸をとると，ボールの軌跡は $y = -\dfrac{g}{2v_0{}^2 \cos^2 \theta}x^2 + \tan\theta \cdot x$ と表される．

ボールが到達する最高点の真下の地面の位置を新たな原点 O' とする水平方向座標 x' を用い，このボールの軌跡 y が x' の偶関数となるように書きあらためよ（ヒント：右辺を完全平方の形にする）.

4. 炭素の同位元素 ^{14}C は β 崩壊をして窒素 ^{14}N となる．この β 崩壊による ^{14}C の個数 N の変化は時間 t を年単位にとると，$dN/dt = -aN$ と表される．ここで，$a = 1.2 \times 10^{-4}$ [1/年] であることがわかっている．このベータ崩壊の半減期（個数 N が初期の $1/2$ になるまでの時間 [年数]）を求めよ．

5. $x = [-\pi, \pi]$ の範囲で，関数 $\sin x/x$ のグラフの概形を描け．ただし，原点 $x = 0$ 近傍での振る舞いを調べ（関数 $\sin x/x$ を $x = 0$ のまわりでテイラー展開する），関数の値が 0 となる点 x も求めること.

6. テイラー展開とラグランジュの補間の 2 つの方法で，関数 $\cos x$ を $x = [-\pi/2, \pi/2]$ の範囲で近似する 2 次多項式を求め，それぞれの近似式について，$x = \pi/4$ における関数値の誤差の絶対値を求めよ．ただし，ラグランジュの補間においては，$x_1 = -\pi/2$，$x_2 = 0$，$x_3 = \pi/2$ の 3 点を用いること.

7. 1 階の微分方程式 $\dfrac{df(x)}{dx} = if(x)$ $(i = \sqrt{-1})$ を初期条件 $f(0) = 1$ のもとで解け.

第2章

運 動 と 力

　物体の運動や物体に働く力については物理学で学ぶだけでなく，日常生活の中でもいろいろな経験を通して体験的に知っている．物理学ではこれらの運動や力の働きなどの現象の中にある法則性を見つけ，体系化することを目指してきた．物理学において体験や実験を行なうことは大切であるが，体系化された知識を基に，物体の運動を予測したり，物体の運動を説明することが可能となることも多い．この章では，「速度」・「力」・「運動量」など日常的に用いられる言葉を物理学の用語として明確に定義し，日常生活で体験するさまざまな力学現象や物体の運動を正確に記述する方法を学ぶ．

2.1　物体の位置と性質

　この章では，物体に「力」が作用したとき，物体が受ける影響について考える．われわれの日常体験から考えると，物体に力が働くと静止していた物体が動き出したり，運動の方向が変化したり，あるときには形が変形したり，こわれてしまうこともある．

　物体（固体）の運動は2つに分けて考えることができる．1つは，物体のどの部分もそろって同じ運動の仕方をする**並進運動**である．もう1つは物体の中心点のまわりに物体が回転する**自転運動**である．一般には，これら2つの運動が同時に起こるので，物体の各点はらせん運動のような複雑な運動をすることが多い．しかし，中心点だけは常に並進運動のみで比較的簡単な運動をする．図 2.1 (a) は物体が並進運動のみをしている例であり，中心点 O も任意の点 P も同じ動き方をしているので，OP の角度は変わらない．一方，図 2.1 (b) は，物体が並進運動をすると同時に，中心点 O のまわりに自転運動をしている例であり，OP の角度が時間とともに変化している．ただし，この章では物体の並進運動すなわち中心点 O の運動のみを取り扱い，物体の大きさや自転運動を無視する．この中心点 O を物体の**質量中心**または**重心**と呼ぶ．物体の並進運動のみを問題にするときは，物体の質量と重心の位置のみで物体の

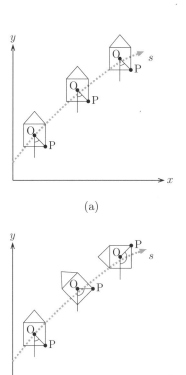

図 **2.1**　並進運動と自転運動.

運動が取り扱われる．このようにあたかも大きさをもたない点のように物体を取り扱うとき，その物体は**質点**と呼ばれる．質点というと小さい物体のように思えるが，砂粒のように小さい物体でも坂道を転がっていく運動では回転がその運動に大きい影響を与え，点の運動として扱えない場合もある．一方，地球のように巨大な物体でもその重心の運動（公転運動）を議論するときは，地球は質点である．したがって，物体を質点として扱うかどうかはその物体の大小によって決まるわけではない[1]．

　多くの場合，静止物体に働く力のつり合いを考えるときにはその大きさも考慮に入れる必要がある．大きさをもつ物体は3通りに分けられる．力を加えても物体が変形しないとき（あるいはその変形を無視できるとき），その物体を**剛体**と呼ぶ．また，力を加えると変形する物体には，力を取り去るとその変形がなくなる**弾性体**と力を取り去っても変形が残る**塑性体**とがある[2]．この章では剛体に働く力のつり合いを取り扱う．剛体にいくつかの力が働き，それらがつり合うのは力の合力が0であるだけでなく，任意の点のまわりの力のモーメントが0となるときである．これらについては2.7節で詳しく説明する．

2.2　速度と加速度

2.2.1　速度

　まず，「速度」や「加速度」という運動の用語を定義しよう．質点を考えるので，物体の位置は1つの点で代表される．物体が時間 T の間に距離 X だけ進んだとき，物体の**平均の速さ**は $\bar{v} = X/T$ と表される．物理学では通常，時間の単位には秒 [s]，距離の単位にはメートル [m]（MKS 単位系）を用いるので，速さの単位はメートル毎秒 [m/s] となる．日常生活でも風速などは秒速何メートルというように [m/s] で表すが，自動車や飛行機あるいは野球ボールの速さなどは時速何キロメートルというように，キロメートル毎時 [km/h] で表す場合も多い．

　一般に物理学で**速さ**といえば，このような平均の速さではなく，ある時刻における**瞬間の速さ**をいう．最初に，物体が直線上を運動している場合を考えよう．直線上の一点を原点として，この直線上を運動する物体の位置の座標を x とする．運動する物体の位置 x は時間とともに変わるから，位置は時間の関数であり，たとえば，図 2.2 のようなグラフで描くことができる．この図で，時刻 t_1 における位置は x_1 であり，

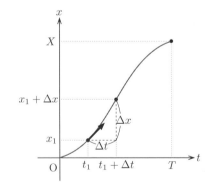

図 2.2 位置 $x(t)$ と速度 $v(t)$ の関係．

---

[1] 物体の運動を考えるとき，質点とみなせるかどうかについては，物体の重心まわりの回転運動についての議論をする必要がある．これは剛体の運動や質点系の運動と呼ばれる分野であり，この本の範囲を越えているので，詳しい議論は力学の教科書を参考にすること．

[2] これらの分類は物体の物性により決まるのではなく，その物体の運動や物体に働く力のつり合いを考えるときに用いることができる理想化の概念を表している．

$t_1 + \Delta t$ では $x_1 + \Delta x$ である. ここで, **速度**と速さの違いについて明確にしておこう. 速度は向きと大きさをもつベクトル量であり, 3つの方向成分をもつ. 速さは速度ベクトルの大きさであり, 常に正の値をもつ. 今は直線上の運動を考えているので, 速度はその直線方向の成分である x 成分のみをもち, $\boldsymbol{v} = (v, 0, 0)$ のように表せる. ここで, v は速度 $\boldsymbol{v}$ の x 成分であるが, 単に速度と呼ぶ. したがって, 時刻 t_1 から $t_1 + \Delta t$ の間における物体の平均速度は

$$\bar{v} = \frac{\Delta x}{\Delta t} \tag{2.1}$$

であり, 時刻 t_1 における瞬間の速度 $v(t_1)$ は Δt を小さくした極限として,

$$v(t_1) = \lim_{\Delta t \to 0} \frac{x(t_1 + \Delta t) - x(t_1)}{\Delta t} = \left(\frac{dx}{dt}\right)_{t=t_1} \tag{2.2}$$

で定義される. $v(t_1)$ は図 2.2 で矢印で表されているように, x のグラフの時刻 t_1 での接線の傾き, すなわち位置 $x(t)$ の時間微分であり, 物体の速さはその絶対値である. 図 2.2 で描かれている $x(t)$ のグラフの傾きの変化を見れば, この図では物体の速度は常に正であり, $t = 0$ では遅いがやがて速さを増し, $t = T$ に近づくにつれて減速していることがわかる. 式 (2.2) では $t = t_1$ における速度を定義したが, t_1 を t と置き換えて, 任意の時刻における速度の定義とする. たとえば, 自動車のスピードメータは各瞬間の自動車の速さを示している.

式 (2.2) で t_1 を t とおいて, t で積分すると,

$$x(t) = \int_0^t v(\tau)\, d\tau + x(0) \tag{2.3}$$

となり, 速度 $v(t)$ を積分すると位置 $x(t)$ が求められる. ここで, 積分は $t = [0, t]$ の範囲で行ない, $t = 0$ での物体の位置を $x(0)$ とおいた. たとえば, ある高さから質点を静かにはなすと質点の速度は鉛直下向きを正として,

$$v(t) = gt \tag{2.4}$$

と表され, 時間に比例して大きくなる. ここで, 重力加速度の大きさを g とおいている. 時刻 t での質点の位置は x 座標を鉛直下向きにとり, 手をはなした点を原点 $(x(0) = 0)$ とすれば,

$$x(t) = \int_0^t v(\tau)\, d\tau = \frac{1}{2} g t^2 \tag{2.5}$$

となる. 距離 s だけ落下するのに要する時間 T は $T = \sqrt{2s/g}$ であり, 時刻 T での物体の速度は $V = \sqrt{2gs}$ である. 一方, 距離 s 落下するときの平均落下速度 $\bar{v}$ は $\bar{v} = s/T = \sqrt{sg/2} = V/2$ であり, 時刻 T における速度の $1/2$ である.

【例題 1】　物体の速度 v [m/s] が時間 t [s] の関数として，正定数 c [m/s^3] を用いて $v(t) = ct^2$ と表されるとき，時刻 0 [s] から t_1 [s] までの平均速度と時刻 t_1 [s] における速度を計算し，それらの関係を求めよ．

解答　時刻 0 [s] での物体の位置を $x(0) = 0$ とすると，時刻 t_1 [s] での物体の位置は，$v(t)$ を t で積分したのち t に t_1 を代入して，$x(t_1) = \dfrac{1}{3}ct_1{}^3$ [m] となる．したがって，時刻 0 から時刻 t_1 までの平均速度 $\bar{v}$ は，$\bar{v} = \dfrac{x(t_1) - x(0)}{t_1 - 0} = \dfrac{1}{3}ct_1{}^2$ [m/s] となる．一方，時刻 t_1 における速度 V は $V = ct_1{}^2$ [m/s] であり，$V = 3\bar{v}$ の関係がある．

> **問題 1**　物体の位置 x [m] が時間 t [s] の関数として，正定数 ℓ [m] および T [s] を用いて $x(t) = \ell \sin(2\pi t/T)$ と表されるとき，時刻 0 [s] から $T/4$ [s] までの平均の速度と時刻 $T/4$ [s] における速度を求めよ．
>
> **問題 2**　物体の速度 v [m/s] が時間 t [s] の関数として，正定数 c [m/s] を用いて $v(t) = c \sin(2\pi t/T)$（$0 \leq t \leq T/2$）と表されるとき，時刻 0 [s] から $T/2$ [s] までの平均の速度を求めよ．

　物体の運動はいつも直線運動であるとは限らず，一般には空間内を曲線を描いて進み，時間とともに速さだけでなく運動の向きも変化する．したがって，より一般的な運動を表すため，空間のある一点を座標の原点に選び，原点から物体の位置までの距離と向きを表すベクトルを物体の**位置ベクトル**と呼び，太字の $\boldsymbol{r}$ で表す．物体の位置ベクトル $\boldsymbol{r}$ は時間の関数であり，時刻 t における物体の位置は $\boldsymbol{r}(t)$ と表され，時刻 $t + \Delta t$ における物体の位置は $\boldsymbol{r}(t + \Delta t)$ と表される．この位置の差 $\Delta \boldsymbol{r} = \boldsymbol{r}(t + \Delta t) - \boldsymbol{r}(t)$ を物体の**変位ベクトル**と呼ぶ．

　位置ベクトル $\boldsymbol{r}$ は原点の選び方によって変わる量であるが，変位ベクトル $\Delta \boldsymbol{r}$ は原点の選び方に依存しない量である．変位ベクトルの大きさは，ある時刻での物体の位置からその後の別の時刻での位置までの直線距離の長さであるから，物体がその時間内に実際に移動する曲線の長さとは一般には異なることに注意しよう．

　速度は速さと向きをもつベクトル量である．時刻 t から $t + \Delta t$ までの間の物体の**平均速度**は $\bar{\boldsymbol{v}} = \dfrac{\boldsymbol{r}(t + \Delta t) - \boldsymbol{r}(t)}{\Delta t}$ と表される．また，時刻 t における物体の**瞬間の速度**は，

$$\boldsymbol{v}(t) = \lim_{\Delta t \to 0} \frac{\boldsymbol{r}(t + \Delta t) - \boldsymbol{r}(t)}{\Delta t} = \left(\frac{\mathrm{d}\boldsymbol{r}}{\mathrm{d}t}\right)_t = \frac{\mathrm{d}\boldsymbol{r}}{\mathrm{d}t}(t) \qquad (2.6)$$

で定義される．単に速度という場合は瞬間の速度を意味する．

これまでは，物体の一般の運動を位置ベクトル r を用いて説明してきた．また，ベクトルを時間で微分することの意味については 1.6 節で説明した．ここでは，速度ベクトルについてわかりやすく説明するために，図 2.3 のような 2 次元運動を考えて，直角座標（デカルト座標）を導入する．物体は時刻 t_1 にこの図の点 P_1 にあって，時刻 t_2 には点 P_2 に移動したとする．また，点 P_1 の座標を (x_1, y_1)，点 P_2 の座標を (x_2, y_2) とする．時間 $\Delta t = t_2 - t_1$ の間に変位ベクトル $\Delta r = (\Delta x, \Delta y)$ だけ移動したので，この間の平均の速度 $\bar{v}$ の x 成分と y 成分をそれぞれ $\bar{v}_x$ と $\bar{v}_y$ とすれば，

$$\bar{v}_x = \frac{\Delta x}{\Delta t}, \quad \bar{v}_y = \frac{\Delta y}{\Delta t} \tag{2.7}$$

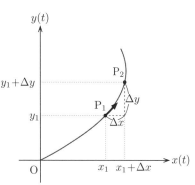

図 **2.3** 質点の軌跡 (x, y) と速度ベクトル $v(t)$ の関係.

と表される．このときの平均の速さ $|\bar{v}|$ はベクトル $\bar{v} = (\bar{v}_x, \bar{v}_y)$ の大きさなので，$|\bar{v}| = \sqrt{\bar{v}_x{}^2 + \bar{v}_y{}^2}$ である．また，時刻 t における物体の**瞬間の速度** $v(t)$ を成分で表して，$(v_x(t), v_y(t))$ とすると，

$$v_x(t) = \lim_{\Delta t \to 0} \frac{x(t + \Delta t) - x(t)}{\Delta t} = \left(\frac{\mathrm{d}x}{\mathrm{d}t}\right)_t = \frac{\mathrm{d}x}{\mathrm{d}t}(t),$$

$$v_y(t) = \lim_{\Delta t \to 0} \frac{y(t + \Delta t) - y(t)}{\Delta t} = \left(\frac{\mathrm{d}y}{\mathrm{d}t}\right)_t = \frac{\mathrm{d}y}{\mathrm{d}t}(t) \tag{2.8}$$

となる．このように，直角座標を導入すると，速度の各成分はそれぞれの座標成分を時間で微分した量で表されることになる．物体の 3 次元運動についても同じことが成り立つので，3 次元座標を (x, y, z) とすれば，z 方向の速度成分 v_z は $v_z = \mathrm{d}z/\mathrm{d}t$ と表せる．逆に速度の各方向成分を時間で積分するとそれぞれの座標成分が求められる．すなわち，

$$x(t) = \int_0^t v_x(\tau)\,\mathrm{d}\tau + x(0),$$

$$y(t) = \int_0^t v_y(\tau)\,\mathrm{d}\tau + y(0), \tag{2.9}$$

$$z(t) = \int_0^t v_z(\tau)\,\mathrm{d}\tau + z(0)$$

が成り立つ.

【例題 2】 物体を水平面から θ の角度の方向に速さ v_0 [m/s] で投げ上げたとき，投げ上げた点を原点として水平方向に x 軸をとり，鉛直上向きに y 軸をとると，時刻 t [s] における物体の位置は，$x(t) = v_0(\cos\theta)t$，$y(t) = v_0(\sin\theta)t - gt^2/2$ と表される．時刻 t における物体の速度を求めよ．また，物体の速さが最も小さくなるときの時刻 t_1 を求めよ．

解答 時刻 t における物体の速度を (v_x, v_y) とすれば，$v_x = \mathrm{d}x(t)/\mathrm{d}t =$

$v_0 \cos\theta$, $v_y = \mathrm{d}y(t)/\mathrm{d}t = v_0 \sin\theta - gt$ となる．また，物体の速さ $v(t) = \sqrt{v_x{}^2 + v_y{}^2}$ を計算すると，$v(t)^2 = v_0{}^2 \cos^2\theta + (v_0 \sin\theta - gt)^2$ となるが，この式の右辺第 1 項は正の定数で，第 2 項も正なので，第 2 項が 0 となる時刻，すなわち $t_1 = v_0 \sin\theta/g$ において速さは最も小さく，$v(t_1) = v_0 \cos\theta$ である．

> **問題 3**　原点を中心とする半径 R の円周上を，角速度 ω で等速円運動する物体の位置を (x, y) で表すと，$\boldsymbol{r}(t) = (x(t), y(t)) = (R\cos\omega t, R\sin\omega t)$ となる．時刻 t における物体の速度と速さを求めよ．

2.2.2　加速度

　物体の速度が時間的に変化するとき，物体の運動に**加速度**が生じているという．単位時間あたりの物体の位置の変化を速度と定義したように，単位時間あたりの速度の変化を加速度と定義する．速度はベクトルで表されるから，加速度も大きさと向きをもつベクトル量である．図 2.4 (a) のように，物体が時刻 t において点 P_1 にあってその速度が $\boldsymbol{v}(t)$ であり，時刻 $t + \Delta t$ では点 P_2 に移動してその速度が $\boldsymbol{v}(t + \Delta t)$ になったとする，時刻 t から時刻 $t + \Delta t$ までの間に速度は $\Delta\boldsymbol{v} = \boldsymbol{v}(t + \Delta t) - \boldsymbol{v}(t)$ だけ変化したことになる．このとき，物体の**平均加速度**は $\bar{\boldsymbol{a}} = \dfrac{\boldsymbol{v}(t + \Delta t) - \boldsymbol{v}(t)}{\Delta t} = \dfrac{\Delta\boldsymbol{v}}{\Delta t}$ と表される．また，時刻 t における物体の（瞬間）加速度は，

$$\boldsymbol{a}(t) = \lim_{\Delta t \to 0} \frac{\boldsymbol{v}(t + \Delta t) - \boldsymbol{v}(t)}{\Delta t} = \lim_{\Delta t \to 0} \frac{\Delta\boldsymbol{v}}{\Delta t} = \left(\frac{\mathrm{d}\boldsymbol{v}}{\mathrm{d}t}\right)_t = \frac{\mathrm{d}\boldsymbol{v}}{\mathrm{d}t}(t) \tag{2.10}$$

と定義される．加速度の単位は $[\mathrm{m/s^2}]$ である．単に加速度という場合は瞬間の加速度を意味する．

　物体の速度は常に運動の軌跡の接線の方向をもつが，加速度の向きは図 2.4 (b) からわかるように，必ずしも運動の軌跡の接線方向ではない．加速度 $\boldsymbol{a}$ を運動の軌跡の**接線方向** $\boldsymbol{a}_\parallel$ と**法線方向** $\boldsymbol{a}_\perp$ に分解すると，$\boldsymbol{a}_\parallel$ は物体の運動の方向と一致しており，その点での速度 $\boldsymbol{v}$ と同じ向きのとき，物体の速さは増加し，逆向きのとき物体の速さは減少する．速さが増加しているとき，物体は**加速**しているといい，速さが減少しているときは**減速**しているという．一方，**法線加速度** $\boldsymbol{a}_\perp$ は速度ベクトルと直交しているので，速さを変えることはなく，速度の方向を変える役割をする．より正確に説明すれば，法線方向とは，運動する物体が短い時間に描く曲線を円の一部であると近似したときの円の中心方向である．

　接線加速度 $\boldsymbol{a}_\parallel$ は物体の速さ $v(t)$ の時間的変化率 $\mathrm{d}v/\mathrm{d}t$ と接線方向の単位ベクトル $\boldsymbol{e}_\parallel$ との積 $(\mathrm{d}v/\mathrm{d}t)\,\boldsymbol{e}_\parallel$ で表され，直線運動の場合の加

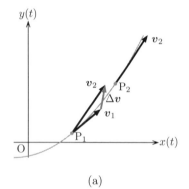

(a)

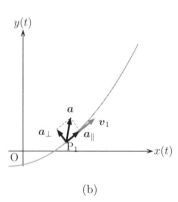

(b)

図 2.4　速度ベクトル $\boldsymbol{v}(t)$ と加速度ベクトル $\boldsymbol{a}(t)$ の関係.

速度と等しい．一方，法線加速度 $\boldsymbol{a}_\perp$ は等速円運動（2.6.3 項参照）の加速度と似ている．等速円運動をする物体の速さを v とし，円の半径を r とすると，等速円運動の加速度の大きさは v^2/r（式 (2.33)）と表される．また加速度の向きは円の中心方向（運動の法線方向）を向いているので，**向心加速度**とも呼ばれる．

　一般の曲線運動の場合も，曲線のごく微小な部分だけを見ると，それはある半径 r の円の一部であるとみなすことができる．すなわち一般の曲線運動は，円の中心の位置が時間とともに移動し，同時に半径も時間とともに変化するような円運動の連続であるとみなすことができる．したがって，後の 2.6.3 項で説明するように，法線加速度の大きさはその瞬間の速さ v とその瞬間の円運動の半径 r（**曲率半径**という）を用いて，v^2/r と表される．

　加速度を直角座標で，$\boldsymbol{a} = (a_x, a_y, a_z)$ のように表したとき，速度 $\boldsymbol{v} = (v_x, v_y, v_z)$ の各成分は

$$v_x(t) = \int_0^t a_x(\tau)\,\mathrm{d}\tau + v_x(0), \quad v_y(t) = \int_0^t a_y(\tau)\,\mathrm{d}\tau + v_y(0),$$

$$v_z(t) = \int_0^t a_z(\tau)\,\mathrm{d}\tau + v_z(0) \tag{2.11}$$

のように表される．この式は位置ベクトルと速度との関係 (2.9) と同じ形をしている．この式を式 (2.9) に代入すれば，

$$x(t) = \int_0^t v_x(\tau)\,\mathrm{d}\tau + x(0) = \int_0^t \int_0^\tau a_x(\tau_1)\,\mathrm{d}\tau_1\,\mathrm{d}\tau + v_x(0)t + x(0),$$

$$y(t) = \int_0^t v_y(\tau)\,\mathrm{d}\tau + y(0) = \int_0^t \int_0^\tau a_y(\tau_1)\,\mathrm{d}\tau_1\,\mathrm{d}\tau + v_y(0)t + y(0),$$

$$z(t) = \int_0^t v_z(\tau)\,\mathrm{d}\tau + z(0) = \int_0^t \int_0^\tau a_z(\tau_1)\,\mathrm{d}\tau_1\,\mathrm{d}\tau + v_z(0)t + z(0)$$

$$\tag{2.12}$$

という関係式が得られる．

【例題 3】　物体を水平面から初速度 v_0 [m/s] で真上に投げ上げたとき，物体の運動の加速度は一定で重力加速度 g に等しく鉛直下向きである．これより，時刻 t における物体の高さ z を求めよ．また，物体が到達する最高点の高さはいくらか．

解答　物体の加速度は $-g$ で一定である．式 (2.11) より時刻 t での速度は $v_z(t) = \int_0^t (-g)\,\mathrm{d}\tau + v_0 = -gt + v_0$ である．これを式 (2.12) に代入して t で積分すれば，$z(t) = -(1/2)gt^2 + v_0 t$ を得る．物体が到達

する最高点の高さでは $v_z = 0$ となるので，その時刻は $t = v_0/g$ である．これを $z(t)$ の式に代入して，高さ $z = \dfrac{v_0{}^2}{2g}$ と求められる．

> **問題 4** 原点を中心とする半径 R の円周上を角速度 ω で等速円運動をする物体の位置座標 (x, y) は，$\boldsymbol{r}(t) = (R\cos(\omega t), R\sin(\omega t))$ と表される．時刻 t における加速度の大きさと向きを求めよ．

2.3 慣性運動

2.3.1 速度の相対性

紀元前4世紀の大哲学者アリストテレスは物体の運動について誤った説を広めた．彼は物体は本来静止するものだと考えた．力の作用を受けると物体は一時的に運動するが，力の作用がなくなると，物体は本来の静止状態に戻っていくのだと説いた．われわれが日常に経験する運動には，摩擦力や空気の抵抗などを受けて，やがて止まってしまう物体運動が多いので，このアリストテレスの説は経験的には受け入れやすい考えであった．ここで，静止とはどういう状態か考え直してみよう．日常生活では，われわれは物体の動きを大地に対して動いているか止まっているかで判断している．しかし，実際には地球は空気の音速の何十倍もの速さで太陽のまわりを回っていて，大地は決して静止していない．また，太陽自体も高速で宇宙の中を運動している．したがって，地上で静止している物体は，実際には宇宙の中を秒速何百 km という高速で運動しているのである．

ガリレイは地球が動いていることを知って地動説を唱えたとき，静止とはどういうことかを考えただろう．船が水の上を進んでいるとき，大地と船とを比べてどちらが本当に動いているといえるだろうか．この問いに対する答えは，「どちらが動いていると考えてもよい」というのが正解である．宇宙における物体の絶対速度はどんな実験や観測でも知ることはできない．物体と他の物体との速度差だけが自然現象に関与している．物体の速度とは本来相対的なものである．これを**ガリレイの相対性原理**と呼ぶ．

2.3.2 慣性の法則（力学の第1法則）

物体の運動に関する第1の法則は「静止している質点は，周囲から何の作用も加えられないときは静止し続ける」というものである．動き出すには何らかの原因がなければならない．ここで漠然と作用と呼んだ「原因」は，次節で厳密に「力」として定義されることになる．この法則

は経験的には受け入れやすい．しかし，ここでいう質点はあらゆる物体を指し，駆動力を有する自動車，あるいは生命体ですら例外ではない．「車や人は他の物体から力を加えられなくても，自力で動くことができるではないか」と考えがちであるが，そうではない．火薬は自力で爆発する．人は自力で手を動かす．しかし車や人や火薬の「中心点」（重心）は自力だけでは動き出すことはできないのである．

　ところで，静止しているか動いているかの区別は相対的なことであると考えると，この第1の法則は「動いている質点は，何の作用も加えられないとき，速さを変えず真っすぐに動き続ける」と言い換えることができる．アリストテレスの「力が加えられなければ物体は静止する」という主張は間違っているのである．この第1の法則を**慣性の法則**あるいは**運動の第1法則**という．このように，物体には本来，静止し続けたり，動き続けたりする性質，すなわち速度を一定に保つ性質が備わっていると考えられ，この性質を**慣性**と呼び，等速度で動き続ける運動を**慣性運動**という．慣性運動をしている物体は一定の速度をもつので，速度 $\bm{v} = (v_x, v_y, v_z)$ は3つの定数 c_1, c_2, c_3 を用いて

$$v_x(t) = c_1, \quad v_y(t) = c_2, \quad v_z(t) = c_3 \tag{2.13}$$

と表される．このときの，物体の位置ベクトルを $\bm{r} = (x(t), y(t), z(t))$ とすれば，

$$x(t) = c_1 t + x(0), \quad y(t) = c_2 t + y(0), \quad z(t) = c_3 t + z(0) \tag{2.14}$$

となる．

　慣性の法則は氷の上を滑るアイススケートやカーリング・ストーンを思い起こせば理解しやすい．摩擦の少ない平面上を滑る物体は，ひとたび速度を与えられると，その後は力を加え続けなくてもその速度をほぼ保ったまま運動を続ける．ガリレイはこの慣性の法則を実際の実験と**思考実験**（頭の中での想像実験）とによって次のように説明した．よく磨いた球を滑らかな下り坂の台上で転がすと，どんどん加速する．下り坂の先に上り坂の台を置くと，球は上り始めるが次第に減速して，転がし始めたときの台の高さ付近まで上がるとようやく止まる．そこで次のように思考実験を行なう．下り坂の先に滑らかで水平な台が続いているとどうなるだろうか．下り坂の台なら球は加速し，上り坂の台なら減速する．水平な台の上の球の運動は加速と減速の中間にあたる．すなわち，「加速も減速もせず等速で動き続ける慣性運動になる」と説明した．

2.4　力の作用

2.4.1　運動の法則（力学の第 2 法則）

アリストテレスは物体が動いている原因は力によると考えたが，それは間違いであった．物体が動いているのは慣性によるものであり，原因は力が働かないことである．それでは，力は何を引き起こす原因となるのだろうか．この大問題を解決したのがニュートンである．力は質点の速度を変化させる原因であることをニュートンは見抜いた．

ニュートンが発見したことは，(1) 質点の加速度は力を加えた向きに生じる　(2) 加速度の大きさは加えた力の大きさに比例する　(3) その比例定数は個々の質点によって値が異なる，という 3 点であった．比例定数が大きい質点は，同じ大きさの力を加えても発生する加速度が大きいから，比例定数はその質点の速度の変わりやすさを示している．この比例定数を $1/m$ とおくと，m はその質点の速度の変わりにくさ，すなわち速度を一定に保とうとする慣性の大きさを示すから，**慣性質量**と呼ばれる．

これらの発見を式で表すと，加える力を $\boldsymbol{F}$ とし，生じる加速度を $\boldsymbol{a}$ として，

$$\boldsymbol{a} = \frac{1}{m} \times \boldsymbol{F} \tag{2.15}$$

と表される．この式を質点の**運動方程式**といい，この法則を**ニュートンの運動の法則**あるいは**力学の第 2 法則**という．力の単位として，質量 1 kg の質点に大きさ 1 m/s^2 の加速度を生じさせる力の大きさをとり，1 ニュートン [N] と呼ぶ．すなわち，[N]=[kg·m/s^2] である．

質点が速度 $\boldsymbol{v}$ で運動しているとき，質点に加える力 $\boldsymbol{F}$ の向きは一般には任意で，どの向きに加えることも可能である．したがって，この力によって質点に生じる加速度の向きは，一般には速度の向きとは異なる．もちろん，力の方向と加速度の方向は同じである．力には外力と内力がある．外力はある物体と他の物体の間に働く力であり，内力は物体のある部分と他の部分の間に働く力である．式 (2.15) の右辺の力 $\boldsymbol{F}$ は物体の重心の（運動）速度を変える作用であり，外力である．

デカルト座標（直角座標）を導入して，式 (2.15) を各成分ごとに表すと，

$$a_x = \frac{F_x}{m}, \quad a_y = \frac{F_y}{m}, \quad a_z = \frac{F_z}{m} \tag{2.16}$$

となって，直角座標では各方向に働く力さえわかればその方向の運動がわかることになる．ただし，ある点のまわりの円運動のように，極座標を導入する方が問題と解を単純に表すことになる場合もある．

【例題 4】 ある水平面から θ の角度で質量 m の物体を投げたとき，時刻 t における物体の位置 $\boldsymbol{r} = (x(t), y(t), z(t))$ の各成分は $x(t) = v_0(\cos\theta)t + x(0)$, $y(t) = y(0)$, $z(t) = -gt^2/2 + v_0(\sin\theta)t + z(0)$ で表される．このとき，物体に働く力を求めよ．

解答 位置ベクトルのそれぞれの成分を時間で 2 回微分すると加速度の各成分が求められる．したがって，$a_x = \mathrm{d}^2x/\mathrm{d}t^2 = 0$, $a_y = \mathrm{d}^2y/\mathrm{d}t^2 = 0$, $a_z = \mathrm{d}^2z/\mathrm{d}t^2 = -g$ となる．式 (2.16) にこれらを代入して，物体に働く力 $\boldsymbol{F} = (0, 0, -mg)$ が求められる．すなわち，z 方向（鉛直下向き）に大きさ mg の力が物体に働いている．

運動方程式 (2.15) は「力」と「加速度」という 2 つの物理量が単純な比例関係にあることを示している．この単純さゆえに力学が高度に発展し，幅広く用いられることになったともいえる．また，ここで比例定数として導入された慣性質量は，2.6.1 項で述べる万有引力を発生する源として定義された**重力質量**と一致する．この式は実に奥の深い式である．

【例題 5】 車に乗って一定の速さで S 字カーブを走っているとき，体が左右に揺さぶられる力が働くように感じる．これはなぜか．また，車にはどのような力が働いているか．

解答 速さが一定であるから，車の接線方向の加速度は 0 である．カーブが車の進む向きに対して左側に曲がっているときは，ハンドルを左に切ることにより車は左に曲がっていく．車の法線方向の加速度の向きは等速円運動の場合の向心加速度（2.6.3 項参照）の向きと同様であるから，車が左に曲がるときの法線加速度は進む向きに対して左向きである．摩擦力がこの加速度を生じる原因であるから，地面から車に加えられる摩擦力の向きはやはり車の進む向きに対して左向きである．

車に乗っている人には真っすぐに進み続けようとする慣性があるが，左に曲がる車から人に対して左向きに力が加えられるために，人はやはり車とともに左に曲がる．しかし，人が車から受ける力が時間的に遅れたり弱かったりすると，左に曲がる割合が人と車とでは少し異なり，その結果，車に対していくらか右側にずれることになる．このとき，人は錯覚を起こし，車が自分に左方に力を加えて押しているのではなく，自分が右方に**遠心力**と呼ばれる**見かけの力**を受けて，車に対して右方にずれるのだと感じる．

まとめると，S 字カーブを走るときに体が揺さぶられるのは，車から

人に左右に力が加えられるためである．しかし，車に対する人の相対的なずれにのみ着目すると，人に働く実際の力の向きとは逆向きにずれるため，見かけの力である遠心力が働いて，車に対して揺さぶられるのだと感じる．

2.4.2　運動量

　質点が運動しているときの運動の勢いという量を表すためには，どのような量が適当であろうか．まず思いつくのは速度 $\boldsymbol{v}$ である．速度が大きいほど運動の勢いは大きい．しかし同じ速度で動いていても，ゴムボールと鉄製の砲丸とを比べると，速度を一定に保とうとする慣性質量 m の大きさが異なるから，衝突した際の衝撃の強さは大きく異なる．したがって，運動の勢いを表す量としては慣性の大きさを考慮して，$\boldsymbol{p} = m\boldsymbol{v}$ とするのが適当である．この量 $\boldsymbol{p}$ を質点の**運動量**と呼ぶ．

　運動量という観点で見直すと，慣性の法則は「動いている質点は，何の作用も加えられないとき，運動量を不変に保つ」と表される．質点に力の作用が加えられると，速度が変わり，運動量も変わる．運動量の観点で運動の法則を見直すと，式 (2.15) より $m\boldsymbol{a} = m(\mathrm{d}\boldsymbol{v}/\mathrm{d}t) = \mathrm{d}(m\boldsymbol{v})/\mathrm{d}t = \boldsymbol{F}$ であることを用いて，

$$\frac{\mathrm{d}\boldsymbol{p}}{\mathrm{d}t} = \boldsymbol{F} \tag{2.17}$$

と表され，この式も運動方程式と呼ばれる．ただし，ここでは質量は時間的に変化しない $(\mathrm{d}m/\mathrm{d}t = 0)$ ことを仮定した．この式は，力とは運動量を変化させる作用であり，力は単位時間あたりの運動量の変化に等しいことを示している．式 (2.17) は

$$\frac{\mathrm{d}m}{\mathrm{d}t}\boldsymbol{v} + m\frac{\mathrm{d}\boldsymbol{v}}{\mathrm{d}t} = \boldsymbol{F} \tag{2.18}$$

と書ける．この式を式 (2.15) と見比べると，$(\mathrm{d}m/\mathrm{d}t)\boldsymbol{v}$ だけ異なっていることがわかる．どちらが正しいのだろうか．実は，厳密に正しいのは式 (2.17) であって，式 (2.15) は質量が一定とみなされる日常現象において適用できるのである．

【例題 6】　質量 m の物体が速度 v_0 で等速直線運動をしている．この物体に，後方からその運動の方向に一定の力 F を時間 Δt の間だけ加えるとき，Δt 後の物体の速度を求めよ．

解答　力を加え始める時刻を $t = 0$ とする．$t = 0$ で物体がもっている運動量 $p(0)$ は mv_0 である．式 (2.17) で，物体の運動方向の成分の

みを考えると，時刻 t での物体の運動量 $p(t)$ は微分方程式

$$\frac{\mathrm{d}p}{\mathrm{d}t} = F$$

を満たす．F は一定なので，この式を t について簡単に積分することができて，$p(t) = p(0) + Ft$ となる．ここで，$p(0) = mv_0$ と $t = \Delta t$ を代入して，$p(\Delta t) = mv_0 + F\Delta t$ となる．したがって，時刻 Δt 後の物体の速度 $v(\Delta t)$ は $v(\Delta t) = p(\Delta t)/m = v_0 + F\Delta t/m$ と求められる．同じことを，式 (2.15) を使って調べてみよう．式 (2.15) で，物体の運動方向のみを考えて，

$$m\frac{\mathrm{d}v}{\mathrm{d}t} = F$$

である．この式を t について積分すると，$v(t) = v_0 + Ft/m$ が得られる．この式に $t = \Delta t$ を代入すると，$v(\Delta t) = mv_0 + F\Delta t/m$ となり，この場合は物体の質量 m が一定なので，運動量についての微分方程式を解いた結果と一致する．

2.4.3　力のつり合い

力は大きさと向きとをもち，矢印で表されるベクトルの性質を備えている．図 2.5 のように，力が物体に加えられる点を力の**作用点**といい，力の矢印を含む直線を力の**作用線**と呼ぶ．力の働きは，大きさ・向き・作用線の 3 つで決まるので，これらを**力の 3 要素**という[3]．

1 つの質点にいくつかの力が同時に作用するとき，それらの力を合わせた働きをする 1 つの力を**合力**といい，合力を求めることを力の合成という．図 2.6 のように，異なる向きに作用する 2 つの力 $\boldsymbol{F}_1$ と $\boldsymbol{F}_2$ の合力 $\boldsymbol{F}$ は，$\boldsymbol{F}_1$ と $\boldsymbol{F}_2$ を隣り合う 2 辺とする平行四辺形の対角線の矢印に一致する．これを平行四辺形の法則といい

$$\boldsymbol{F} = \boldsymbol{F}_1 + \boldsymbol{F}_2 \tag{2.19}$$

と表す．3 つ以上の力の合力を求めるには，まずそのうちの 2 つの力の合力を求め，その合力と残りのうちの他の 1 つの合力を求め，このような操作を繰り返してすべての力の合力を求めることができる．逆に，1 つの力を，それと同じ働きをするいくつかの力の組に分けることを力の分解といい，分けられたそれぞれの力を**分力**という．図 2.6 中の $\boldsymbol{F}_1$ と $\boldsymbol{F}_2$ は，力 $\boldsymbol{F}$ を OA と OB の 2 つの方向に分解したときの分力である．2 力の合力は 1 通りに決まるが，分力は 2 方向の選び方によって幾通りにも表される．

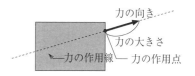

図 2.5　力の表し方．

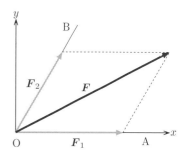

図 2.6　力の合成と分解．

---

[3] 物体が剛体であるときには作用線に沿って力を移動しても物体に及ぼす力の影響は変わらない．これを力の移動法則という．このことを理解するには力のモーメント（2.7 節）について学ぶ必要がある．

【例題 7】　　図2.6の2つの力 $\boldsymbol{F}_1$ と $\boldsymbol{F}_2$ がともに xy 平面内にあるとき，これらの2つの力をそれぞれ x 方向と y 方向の2つの向きに分解し，これらの合力である力 $\boldsymbol{F}$ を同様にして x 方向と y 方向に分解せよ．このとき，2つの力 $\boldsymbol{F}_1$ と $\boldsymbol{F}_2$ の x 方向および y 方向の分力と，合力 $\boldsymbol{F}$ の分力との間には，どのような関係があるか説明せよ．

解答　OA 方向を x 方向とし，それに垂直な方向を y 方向とする．2つの力 $\boldsymbol{F}_1$ と $\boldsymbol{F}_2$ および合力 $\boldsymbol{F}$ の x 方向の成分をそれぞれ，F_{1x}, F_{2x} および F_x とし，y 方向の成分をそれぞれ，F_{1y}, F_{2y} および F_y とすると，これらの成分の間には，それぞれ，$F_{1x} + F_{2x} = F_x$ と $F_{1y} + F_{2y} = F_y$ の関係が成り立つ．ただし OA 方向を x 方向としたため，$F_{1y} = 0$ である．

　1つの質点に複数の力が同時に作用し，その合力が0となるとき，質点は**力のつり合いの状態**，あるいは**力の平衡状態**にあるという．2力がつり合っているとき，2つの力は大きさが等しく向きが互いに逆である．また，3力がつり合っているとき，そのうちの2力の合力と3つ目の力とは「2力のつり合いの関係」にある．

　質点に複数の力が作用して運動するとき，運動方程式 (2.15) の右辺の $\boldsymbol{F}$ にはそれらの力の合力をとる．すなわち質点の運動は合力によって決まり，個々の力の大きさや向きには影響されない．したがって，質点に働く力がつり合って合力が0となるとき，力が作用していない場合と同様に，質点は等速度で慣性運動を行なう．

　なお，質点の運動方程式 (2.15) の右辺の力はベクトル量である．ベクトルは大きさと向きだけで決まり，ベクトルを平行移動してもその性質は変わらない．したがって，力のベクトルを平行移動させても，力のベクトルの性質は変わらず，質点の運動は変わらない．すなわち，質点に作用する力の作用線や作用点がどこにあっても，同じ $\boldsymbol{F}$ であれば質点の運動は同じになる．

　ただし，物体の大きさを考慮に入れるときには注意が必要である．物体に力が作用するとき，物体の中心点の運動は力の作用線がどこにあるかには無関係であるが，2.7 節で述べるように，作用線がどこにあるかによって物体の自転運動は異なった結果になる．これは，物体を自転させる作用が，力ではなく**力のモーメント**と呼ばれる量によって決定されるためであり，力が同じ大きさと向きであっても力の作用線が異なると，

力のモーメントは異なる値になるからである.

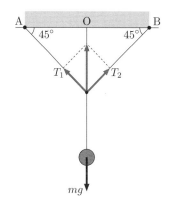

図 2.7 物体を 2 本のひもで天井からつり下げたときにひもに働く張力 T_1 と T_2.

【例題 8】 図 2.7 のように質量 m の物体が天井に固定された 2 本のひもによってつり下げられている. 2 本のひもが天井となす角度が $45°$ であるとき, それぞれのひもに働く張力の大きさ T_1 と T_2 を求めよ.

解 答 幾何学的な対称性から $T_1 = T_2$ である. T_1 と T_2 は鉛直上向きの大きさ mg をもつ力を 2 つのひもの方向に分解した力なので, それらの大きさは正方形の対角線と 1 辺の関係から $T_1 = T_2 = mg/\sqrt{2}$ である.

> **問題 5** 質量 m の物体が図 2.8 のように, 天井に固定された 2 本のひもによってつり下げられているとき, それぞれのひもに働く張力の大きさ T_1 と T_2 を求めよ.

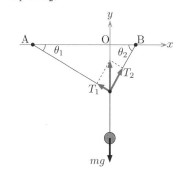

図 2.8 2 本のひもで天井からつり下げられた物体.

2.5 力の性質

2.5.1 作用・反作用の法則(力学の第 3 法則)

力は物体と物体との間で作用する. 物体間に働く力は, 2 つの物体が接触して作用する**近接力**(接触力ともいう)の場合もあれば, 互いに遠く離れていて作用する**遠隔力**の場合もある. いずれの場合にも, ある物体が他の物体に一方的に力を及ぼすことはない. すなわち, 力は単独では存在せず, 必ず相互に作用し合う一対の力として現れる. このため, 力の別名を**相互作用**ということがある. たとえば万有引力を重力相互作用と呼び, 電磁力を電磁相互作用と呼ぶ.

物体 A が物体 B に及ぼす力 $\boldsymbol{F}_{A \to B}$ を作用と呼ぶと, 物体 A が物体 B から受ける力 $\boldsymbol{F}_{B \to A}$ を**反作用**と呼ぶことができる(図 2.9). この一対の力は大きさが等しく互いに逆向きである. すなわち力には,

$$\boldsymbol{F}_{A \to B} = -\boldsymbol{F}_{B \to A} \tag{2.20}$$

という一般的な関係があり, これを**作用・反作用の法則**あるいは**力学の第 3 法則**という. ただし, 一対の力のうち, どちらの力が作用でどちらの力が反作用であるというような区別はなく, 一方の力が原因で, 他方が結果であるという関係も存在しない. また, 作用と反作用の一対の力はそれぞれ異なる物体に働くので, 作用と反作用がつり合うことはない. 図 2.9 では, $\boldsymbol{F}_{A \to B}$ は物体 B に働く力であり, $\boldsymbol{F}_{B \to A}$ は物体 A に働く力である. これらの 2 つの力が作用と反作用の関係にある.

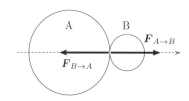

図 2.9 作用と反作用. $\boldsymbol{F}_{A \to B}$: A が B に及ぼす力. $\boldsymbol{F}_{B \to A}$: B が A に及ぼす力.

【例題 9】　　水平面より角 θ だけ傾いた平板の上で，直方体の物体 A（質量 M）が静止し，物体 A の上に直方体の物体 B（質量 m）が載って静止している．地上の物体に働く重力と物体の質量との比を重力加速度と呼び，その大きさを g とする．物体 A および B のそれぞれに作用するすべての力の大きさを示せ．また，それらの力のうちで，作用・反作用の関係にあるものと力のつり合いの関係にあるものを示せ．

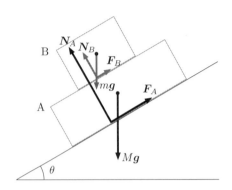

図 2.10　物体 A に働く力（黒色矢印）と物体 B に働く力（灰色矢印）．

解答　物体 B が受ける力は，地球からの重力（大きさ mg），物体 A からの垂直抗力（大きさ $N_B = mg\cos\theta$）と静止摩擦力（大きさ $F_B = mg\sin\theta$）である．物体 A は地球から重力（大きさ Mg），台から垂直抗力（大きさ $N_A = (M+m)g\cos\theta$）と静止摩擦力（大きさ $F_A = (M+m)g\sin\theta$），物体 B から垂直抗力（大きさ $N_B = mg\cos\theta$）と静止摩擦力（大きさ $F_B = mg\sin\theta$）を受けている．

物体 B と物体 A との間に働いている垂直抗力（$\boldsymbol{N}_B$ と $-\boldsymbol{N}_B$）と静止摩擦力（$\boldsymbol{F}_B$ と $-\boldsymbol{F}_B$）は，それぞれ作用・反作用の一対の力である．また，物体 B に働く 3 つの力，および物体 A に働く 5 つの力は，それぞれ力のつり合いの関係にある．もちろん，物体 A と物体 B の間にも万有引力は働いているが，非常に小さいので，通常は無視する．

2.5.2　全運動量保存則

なぜ作用・反作用の法則が成り立つのだろうか．たとえば，地球はその 30 万倍もの質量をもつ太陽から強大な引力で引っ張られて，太陽のまわりを回っている．しかし，地球も太陽から受ける力と同じ大きさの引力で太陽を引っ張っている．どうして小さいものが大きいものと同じ強さの力を発揮できるのだろうか．

運動方程式 (2.15) によれば，力は運動量を変える働きをし，物体 B は物体 A から力を受けて，微小時間 $\mathrm{d}t$ の間に運動量が $\mathrm{d}\boldsymbol{p} = \boldsymbol{F}_{\mathrm{A}\to\mathrm{B}}\,\mathrm{d}t$ だけ変化する．一方，作用・反作用の法則によれば，同時に物体 A は物体 B から力を受けて，微小時間 $\mathrm{d}t$ の間に運動量が $-\mathrm{d}\boldsymbol{p}$ だけ変化する．したがって，物体 A と物体 B の運動量はそれぞれ変化するが，両者の運動量の総和は力が作用する前後で不変に保たれている．すなわち，力とは物体同士の間で**運動量をやりとりする作用**であり，その際に両者の運動量の総和は必ず保存され，力によって運動量が発生したり消滅したりして総量が変化することは決してない．これを**全運動量保存則**という．質量が非常に異なる物体間でも，同じ大きさの一対の力が働くのは，力とは物体間で運動量をやりとりする作用であり，運動量を発生・消滅させる作用ではないことを示している．

なお，力がつり合う状態は作用・反作用の法則とはまったく無関係であることに注意しよう．ある1つの物体に2つ以上の異なる力が働いて，その合力が 0 になっている場合を力のつり合い状態というのに対し，作用・反作用の法則は，異なる2つの物体の間で同じ大きさの一対の力が作用し合うという，力の本質的な性質を示している．また，遠心力や慣性力などの見かけの力は，相互作用でもなければ真の力でもない．

> **問題 6**　太陽は地球に万有引力を及ぼし，その結果地球は太陽のまわりを回っている．作用・反作用の法則によれば，地球は太陽と同じ大きさの引力で太陽を引っ張っているのに，なぜ太陽は地球のまわりを回らないのか．また，大人が幼児を引きずって歩いているとき，幼児は大人と同じ大きさの力で大人を逆向きに引っ張っているのに，なぜ幼児は大人を引きずっていくことができないのか．これらについて説明せよ．
>
> **問題 7**　軽いばねを挟んで質量 m_1 の物体 A と質量 m_2 の物体 B を押しつけるとばねは縮んで2つの物体の間に力が働く．2つの物体を押す手をはなすと物体 A は速度 v_1 でばねから離れていった．このとき，物体 B の速さを求めよ．

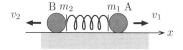

図 2.11　2つの物体間に働く力．

2.6　簡単な運動

この節では，物体に力が働くときの運動について，具体的に調べる．ここで取り上げる例はこれまでにも断片的に説明を行なってきた非常に簡単な例であるが，ここで整理をしておこう．これらの例で明らかとなる力と加速度の関係や，加速度と速度と位置の関係は最も基礎的な知識であり，複雑な問題にも適用できるので十分理解しておく必要がある．

2.6.1 等加速度直線運動

地上の物体は地球が及ぼす重力によって鉛直下方に引っ張られている．その重力の大きさを物体の**重さ**あるいは**重量**と呼ぶ．物体の重さを天秤を用いて測り，基準の分銅の重さと比較して定めた物体の質量を**重力質量**という．

アリストテレスは，落下する物体は重い物体ほど速く落ちると主張したが，間違っていた．これに対し，ガリレイは物体の重さに関係なく物体は同じ速さで落下すると予想し，ピサの斜塔から大きな砲弾と小さな弾とを同時に落として確かめたという逸話は有名である．「すべての物体は（空気の抵抗を無視すると）同じ速さで落下する」というガリレイが発見した事実を**落体の法則**と呼ぶ．

落体の法則は一見すると不思議な法則である．重い物体は強い重力で引っ張られているから，速く落ちても良さそうなものである．それにもかかわらず同じ速さで落ちるということは，重い物体はその重さに比例して慣性も大きく，そのため加速度が生じにくいことになる．つまり，力の1つの種類である万有引力に関わる重力質量と，運動の一般法則に関わる慣性質量という本来無関係なはずの2つの量が等価であることになる．これを**等価原理**と呼ぶ．落体の法則は等価原理によって成り立っているのである．今後は重力質量と慣性質量とを区別せず，単に**質量**と呼ぶ．

滑らかな斜面に物体を置いて静かにはなすと，物体は真っすぐに滑り下り始める．この運動の加速度は大きさも向きも一定であり，**等加速度直線運動**と呼ばれる．また，空中で金属球を静かにはなすと，球は真っすぐに落下し始める．空気の抵抗を無視し，重力の作用だけを考慮したこの運動を**自由落下**と呼ぶ．このときの加速度も一定であり，**重力加速度**と呼び，g と表す．自由落下もまた等加速度直線運動である．

速度や加速度などは一般にベクトル量であるが，直線運動では向きが変わらないので，ここでは運動方向のベクトルの方向成分を考えてスカラー量で表す．物体の初期（時刻 $t=0$）の速度 v_0 を**初速度**という．等加速度運動を行なう物体の加速度を a とすると，時間 t の間に速度は at だけ増加するから，時刻 t における速度 v は，

$$v = v_0 + at \tag{2.21}$$

と表される．また，初期時刻 $t=0$ における物体の位置を原点（$z=0$）にとるとき，時刻 t における物体の位置 z は，$\mathrm{d}z = v\,\mathrm{d}t$ の関係から，

$$z = \int_0^t v\,\mathrm{d}t = \int_0^t (v_0 + at)\,\mathrm{d}t = v_0 t + \frac{1}{2}at^2 \tag{2.22}$$

となる. 式 (2.21) と式 (2.22) の 2 つの式から t を消去すると,

$$v^2 - v_0{}^2 = 2az \tag{2.23}$$

が得られる. 両辺に $m/2$ を掛け, 物体の加速度と力 F との間に $a = F/m$ の関係があることを用いると,

$$\frac{1}{2}mv^2 - \frac{1}{2}mv_0{}^2 = Fz \tag{2.24}$$

が得られる. 物体のエネルギーや力が行なう仕事については次章で詳しく述べるが, 式 (2.24) の Fz を力が物体に行なった仕事と呼び, $mv^2/2$ を物体の運動エネルギーと呼ぶ. 式 (2.24) は, 力が行なった仕事の分だけ物体の運動エネルギーが変化することを示している.

自由落下の場合は初期位置を原点 ($z=0$) に, 鉛直上向きを正として z 軸をとり, 初速度を $v_0 = 0$, 加速度を $a = -g$ とおいて, 式 (2.21) と 式 (2.22) および 式 (2.24) を書き直すと, 時間 t での物体の速度 v と高さ z および運動エネルギー $mv^2/2$ はそれぞれ,

$$v = -gt, \tag{2.25}$$

$$z = -\frac{1}{2}gt^2, \tag{2.26}$$

$$\frac{1}{2}mv^2 = \frac{1}{2}m(-gt)^2 = -mgz \tag{2.27}$$

と表される.

【例題 10】 地上から h の高さにある台の上から質量 m の物体を初速度の大きさ v_0 で真上に投げ上げた. 物体が地上に達するまでの時間を求めよ.

解答 時刻 t での物体の高さ z は式 (2.22) で, a に $-g$ を代入し, 右辺に h を加えて, $z = v_0 t - gt^2/2 + h$ となる. この式に $z = 0$ を代入すると, これより, 2 次方程式 $(1/2)gt^2 - v_0 t - h = 0$ が得られ, この式を解くと $t = \sqrt{\frac{v_0{}^2}{g^2} + \frac{2h}{g}} + \frac{v_0}{g}$ が得られる.

問題 8 点 P から物体 A を真上に速さ v_A で投げ上げると同時に, 点 P の真上で P からの高さが h の点 Q から物体 B を速さ v_B で投げ下ろしたところ, A と B は点 P と Q の間で衝突した. 衝突するまでの時間と衝突した位置の点 P からの高さを求めよ.

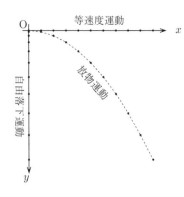

図 2.12 放物運動と等速度運動および自由落下運動.

2.6.2 放物運動

　水平方向あるいは斜め向きに投げ出された物体の運動を**放物運動**と呼ぶ. この場合は，速度の向きと加速度の向きが異なり，時間とともに速度の向きが変わる. 物体が運動する軌跡（経路または軌道）は数学で学んだ 2 次曲線の 1 つである放物線で表される.

　この運動を水平方向と鉛直方向に分解して考えると，水平方向には力が働いていないので等速度運動をし，空気抵抗を無視すれば鉛直方向には重力だけが働いているので，自由落下運動をする. 物体を投げ上げる場合や投げ下ろす場合など，物体が水平方向の初速度だけでなく鉛直方向に初速度をもっている場合も同様に考えることができる.

【例題 11】　　放物運動の実験として「モンキーハンティング」がある. 鉄砲の照準を木にぶら下がった「モンキー」に合わせ，「モンキー」が手を放して静止状態から落下し始めると同時に弾を発射すると，この弾は「モンキー」に命中する. これを説明せよ.

解答　鉄砲の位置を原点とし，水平方向に x 軸をとり，鉛直上向きに y 軸をとる. モンキーの位置を $(x,y) = (L, H)$ とし，モンキーを狙って発射する弾の初速度を (v_{0x}, v_{0y}) とすると，$v_{0y}/v_{0x} = H/L$ である. 時間 $t = 0$ でモンキーが落下し始めると同時に弾を撃つと，時刻 t における弾の位置は $(v_{0x}t, v_{0y}t - gt^2/2)$ と表される. 弾がモンキーの初期位置の鉛直下方に達する時間は，$t_0 = L/v_{0x}$ であるから，$v_{0y}t_0 = H$ となる. そのときの弾の高さは $H - gt_0^2/2$ である. この高さは時間 t_0 でのモンキーの高さに等しいから，弾はモンキーに当たることになる.

　以上のような詳細な計算を行なわずとも，弾が当たることは説明できる. 重力がなければ，モンキーは落ちず，弾は真っすぐ飛んでモンキーに当たる. 重力があるために時間 t ではモンキーは距離 $gt^2/2$ だけ落ちる. 弾も真っすぐ飛ぶときの時間 t での高さと比べて，重力のために距離 $gt^2/2$ だけ落ちる. 重力がないときと比べて落ちる距離が両者で等しいために，弾はモンキーに当たる.

　問題 9　走り幅跳びの選手が地面を蹴って，水平面と 30 度をなす方向に，速さ 12 m/s でジャンプする. 選手を質点とみなして，水平到達距離を求めよ.

2.6.3 等速円運動と向心力

　円運動をしている質点と円の中心とを結ぶ線分を動径という. 動径が単位時間に回転する角度を**角速度**と呼び，その単位は [rad/s] である. 時

間 T [s] の間に動径が角度 Θ [rad] だけ回転したときの**平均の角速度**は，

$$\bar{\omega} = \frac{\Theta}{T} \tag{2.28}$$

で表される.

　ある基準線 OA を定め，時刻 t [s] において基準線から測った質点の位置までの角度を $\theta(t)$ [rad] とする. 図 2.13 の点 P_1 を時刻 t における質点の位置，P_2 を時刻 $t + \Delta t$ での位置とし，そのときの OP_2 が OA となす角を $\theta + \Delta\theta$ とすると，時刻 t における**瞬間の角速度** $\omega(t)$ [rad/s] は，

$$\omega(t) = \lim_{\Delta t \to 0} \frac{\theta(t + \Delta t) - \theta(t)}{\Delta t} = \lim_{\Delta t \to 0} \frac{\Delta\theta}{\Delta t} = \left(\frac{\mathrm{d}\theta}{\mathrm{d}t}\right)_t \tag{2.29}$$

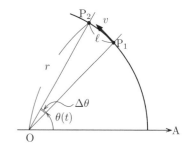

図 2.13 等速度運動における速度と加速度.

で定義される.

　長さ ℓ [m] の円弧とその円弧のなす角度 θ [rad] との間には，円の半径を r [m] として $\theta = \ell/r$ の関係がある. これは角度 [rad] の定義とみなすことができる（$1\,\mathrm{rad} = 180°/\pi = 57.3°$）. 円運動をする質点の（接線）速度は $v = \mathrm{d}\ell/\mathrm{d}t$ [m/s] と表され，$v = \mathrm{d}\ell/\mathrm{d}t = r\,(\mathrm{d}\theta/\mathrm{d}t) = r\omega$ となるので，質点の角速度と質点の速度との間には，

$$\omega = \frac{v}{r} \tag{2.30}$$

の関係がある.

　円周上を一定の速さで動く運動を**等速円運動**という. 半径 r [m] の円周上を反時計まわりに一定の速さ v [m/s] で等速円運動する質点を考える. 質点が1周するのに要する時間 T_0 [s] を**周期**という. 単位時間あたりの回転数を n [1/s] とすると，次の関係式が成り立つ：

$$T_0 = \frac{1}{n} = \frac{2\pi r}{v} = \frac{2\pi}{\omega}. \tag{2.31}$$

日常生活では単位時間を1分とする回転数 [rpm] を用いることがある. この単位の換算は $1\,\mathrm{rpm} \cong 0.105\,\mathrm{rad/s}$ である.

　等速円運動では速さは一定であるが，速度は円の接線方向を向き，絶えず変化しているので，加速度は0ではない. この加速度を求めるために，図 2.14 を参考にして質点の運動を考えよう. 微小時間 Δt の間に質点が位置 P から位置 P′ まで回転し，速度が $\boldsymbol{v}$ から $\boldsymbol{v}'$ へと変化したとする. $\angle\mathrm{POP}' = \Delta\theta$ とおくと，$\boldsymbol{v}$ と $\boldsymbol{v}'$ とのなす角も $\Delta\theta$ である. また，円弧 PP′ の長さは $v\Delta t$ であり，右図の速度ベクトルの矢先が描く円の $\boldsymbol{v}$ から $\boldsymbol{v}'$ までの円弧の長さは，加速度の大きさを a とすると $a\Delta t$ である.

　角度の定義により

$$\Delta\theta = \frac{v\Delta t}{r} = \frac{a\Delta t}{v} \tag{2.32}$$

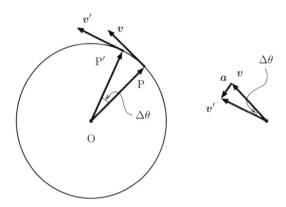

図 2.14　等速円運動における速度と加速度.

であるから，加速度の大きさは

$$a = \frac{v^2}{r} = r\omega^2 \tag{2.33}$$

と表される．ここで，右辺は式 (2.30) を用いた．$\Delta t \to 0$ とすると，$\Delta\theta \to 0$ となり，図 2.14 の右図より，加速度 $\boldsymbol{a}$ の向きは速度 $\boldsymbol{v}$ の向きに垂直であることがわかり，左図より，加速度が円の中心を向いていることがわかる．この加速度を**向心加速度**という．

　円の中心を向く向心加速度があるということは，等速円運動をする質点には円の中心に向かう力が作用していることになる．この力を**向心力**という．質量 m の質点に働く向心力の大きさは，運動方程式より，

$$F = ma = m\frac{v^2}{r} = mr\omega^2 \tag{2.34}$$

と表される．この力は，地球が太陽のまわりを回る場合は万有引力であり，水素原子核のまわりを電子が回る場合はクーロン力，糸の先に結ばれた物体が回転する場合は糸の張力である．

【**例題 12**】　通信や放送に使われている静止衛星は赤道上空を周期 1 日で等速円運動をしている．この円運動の半径と衛星の加速度の大きさを求めよ．

解答　地球の質量を M，万有引力定数を G，円運動の半径を r，衛星の角速度を ω とすると，向心加速度の大きさは $r\omega^2 = GM/r^2$ である．したがって，$r = (GM/\omega^2)^{1/3}$ となる．$M = 5.974 \times 10^{24}$ kg，$G = 6.673 \times 10^{-11}$ m^3 kg^{-1} s^{-2}，$\omega = 2\pi/(24 \times 60^2) = 7.226 \times 10^{-5}$ s^{-1} を代入すると，$r = 4.24 \times 10^4$ km となる．また，向心加速度の大きさは $r\omega^2 = 0.222$ m/s^2 である．

> **問題10** ジェットコースターが半径 20 m の円形ループ最上部を逆さまに
> なって，速さ 90 km/h で通過しようとしている．このコースターの質量は
> 1 ton であるとして，コースターが最上部 A で，レールから受ける力を求
> めよ．ただし，重力加速度の大きさを 9.8 m/s^2 とする．

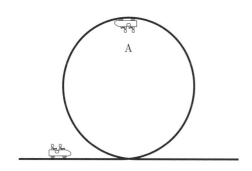

図 2.15 さかさまになったジェットコースター．

2.7 力のモーメントと回転

これまでの節では，物体を質点とみなし，その中心点（重心）の運動
を扱ってきたが，この節では物体内部の点（あるいは物体の外の点）の
まわりの物体自体の回転についての法則について考える．静止している
物体を回転させる原因は力にあるが，回転させる効果は力そのものでは
なく，力のモーメントである．ここでは，力のモーメントについて説明
する[4]．

2.7.1 力のモーメントの作用

物体がある一定の大きさをもち，大きな力を加えても変形・伸縮しな
い定まった形をもつ物体であるとき，この物体を**剛体**と呼ぶ．通常の固
体は剛体とみなされる．また，水面に向けて小石を投げるとき，水面で
小石が反射するような場合には水を剛体とみなすこともある．

ここでは，剛体としての物体自体の回転運動について考えよう．物体
を貫く固定された軸があり，物体がその軸のまわりに回転のみできる場
合や，物体のある1点が固定されていて，その点のまわりの回転だけが
可能な場合は，物体の運動はその固定軸や固定点のまわりに回転する運
動になる．また，そのような固定軸や固定点がない場合の物体の運動で
は，物体の中心点（重心）の運動に加えて，一般には物体の中心点のま

---

[4] この節では，力のモーメントが作用した結果，物体が回転するときの回転速度や回
転加速度については詳しい説明を行なわない．これらの議論は剛体運動と呼ばれ，
このテキストの範囲を越えるので，知りたいときは適切な本を参考にすること．

わりの回転運動が起こる[5]．ある大きさをもつ物体に力が作用するとき，力の大きさと向きが同じ場合でも，力の**作用線**が異なると，物体の中心点の運動は同じであっても，物体自体の回転運動については異なる結果をもたらす[6]．

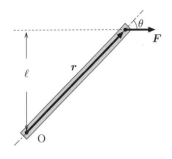

図 2.16 力のモーメント.

図 2.16 のように，点 O を通り紙面に垂直な軸を中心としてそのまわりに回転することができる棒状の物体がある．この棒に力を加えて回転させようとするとき，力を $\boldsymbol{F}$（大きさ $F=|\boldsymbol{F}|$），点 O から力の作用点までの位置ベクトルを $\boldsymbol{r}$（大きさ $r=|\boldsymbol{r}|$）とし，点 O から力の作用線までの距離を ℓ とすると，剛体を回転させようとする作用 $\boldsymbol{N}$（大きさ $N=|\boldsymbol{N}|$）[N·m] は

$$\boldsymbol{N}=\boldsymbol{r}\times\boldsymbol{F}, \quad N=rF\sin\theta=\ell F \tag{2.35}$$

と表される．ここで，θ は $\boldsymbol{r}$ と $\boldsymbol{F}$ のなす角度であり，ℓ は**腕の長さ**と呼ばれる量である．物体の固定軸（あるいは固定点）から遠く離れた点に力を加えるほど ℓ は大きく，物体を回転させる作用は大きいことになる．作用 $\boldsymbol{N}$ は**力のモーメント**または**トルク**と呼ばれる．

力のモーメントを式 (2.35) で定義したが，もう少し一般的に任意のベクトル量 $\boldsymbol{A}$ のモーメントを定義しておこう．図 2.17 のように，点 P を起点とするベクトル量 $\boldsymbol{A}$ があるとき，ある点 O を基準点として，点 P の位置ベクトルを $\boldsymbol{r}$ とすると，ベクトル積 $\boldsymbol{r}\times\boldsymbol{A}$ を点 O のまわりの（あるいは点 O に対する）$\boldsymbol{A}$ の**モーメント**と呼ぶ．$\boldsymbol{A}$ のモーメントはベクトル量であり，その大きさは $\boldsymbol{r}$ と $\boldsymbol{A}$ とのなす角度を θ とすると $|\boldsymbol{r}||\boldsymbol{A}|\sin\theta$ である．またその向きは $\boldsymbol{r}$ と $\boldsymbol{A}$ とに垂直で，$\boldsymbol{r}$ から $\boldsymbol{A}$ に向かって右ねじを回すと，右ねじが進む向きである（1.2 節参照）．

ベクトルのモーメントは，基準点が異なると値が異なるから，どの点のまわりのモーメントであるかを明確にする必要がある．一方，ベクトル $\boldsymbol{A}$ の起点 P が $\boldsymbol{A}$ を含む線（力の場合の作用線に相当）上を移動しても，点 O のまわりの $\boldsymbol{A}$ のモーメントは不変である．すなわち，図 2.17 に描いた $\boldsymbol{r}$ と $\boldsymbol{r}'$ および $\boldsymbol{r}''$ について

$$\boldsymbol{r}\times\boldsymbol{A}=\boldsymbol{r}'\times\boldsymbol{A}=\boldsymbol{r}''\times\boldsymbol{A}, \quad |\boldsymbol{r}\times\boldsymbol{A}|=|\boldsymbol{r}|\sin\theta|\boldsymbol{A}|=h|\boldsymbol{A}| \tag{2.36}$$

が成り立つ．今後，角運動量などを学ぶときにこのようなモーメントの定義を用いることになる．

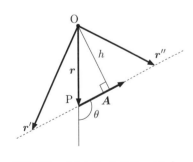

図 2.17 ベクトル $\boldsymbol{A}$ のモーメント.

[5] 物体の重心の定義とその運動については，多質点系の運動または剛体運動として学ぶ項目であり本書の範囲を越えるので，ここでは重心のことを中心点と呼んでおく．
[6] 物体が剛体でなく，変形する弾性体などのときには，同じ作用線に力が働いても作用点が異なれば異なる影響が生じる．

2.7.2　てこの原理

てこ（挺子または梃）と呼ばれる硬い棒と支えでできた道具を使えば，重いものを小さな力で動かすことができる．図 2.18 のように，水平面内で支点 O のまわりに滑らかに回転できる棒を考える．棒上で支点 O から距離 ℓ_1 の位置に棒に垂直に力 F_1 が加えられると，この力は棒を支点 O のまわりに反時計回りの向きに回転しようとする．このとき，力 F_1 と反対側に，支点 O から ℓ_2 の位置に棒を時計回りの向きに回転させる力 F_2 を棒に垂直に加えると，

$$\ell_1 F_1 = \ell_2 F_2 \tag{2.37}$$

の関係を満たせば，棒はどちらの向きにも回転せず静止したままである．この状態は**力のモーメントのつり合い**と呼ばれる[7]．

力 F_2 がわずかでも $(\ell_1/\ell_2)F_1$ より大きければ，力 F_2 の向き，すなわち時計回りの向きに棒は回転し始める．これは**てこの原理**として知られている．これを利用したものとして，天秤・シーソー・釘抜き・つめきり・ハンドル・ペダル・ねじ回しなど数え切れないほど多くの実用的生活用品や遊具などがある．

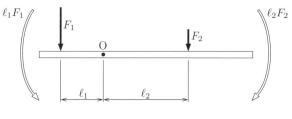

図 2.18　てこと力のモーメント．

【例題 13】　図 2.19 のように，左右の腕の長さが異なる天秤の左の皿に物体を置き，右の皿に質量 m [kg] のおもりを置くとつり合った．次に物体を右の皿に置き，左の皿に質量 m'[kg] のおもりを置くとつり合った．物体の質量は何 kg か．

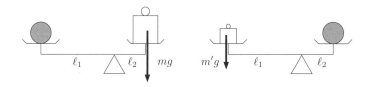

図 2.19　腕の長さの異なるてんびんのつり合い．

---

[7] もともと棒が回転している場合は，角速度を一定に保ったまま棒は回転し続ける．これは質点に働く力がつり合って合力が 0 のとき，質点は速度を一定に保って慣性運動を続けることと同様である

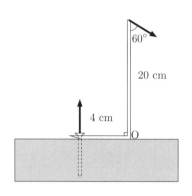

図 **2.20**　釘抜き.

解答 天秤の支点から左右の皿までの距離をそれぞれ ℓ_1 および ℓ_2 とし，物体の質量を M とすると，$\ell_1/\ell_2 = m/M$ および $\ell_1/\ell_2 = M/m'$ が成り立つ．したがって，$m/M = M/m'$ となるから，$M = (mm')^{1/2}$ である．

> **問題 11**　図 2.20 のように，木に打ち込んである釘を直接抜き取るには，50 N の力が必要である．支点 O からの長さが 4 cm と 20 cm の釘抜きを使い，図のように角度 60° の向きに力を加えるとどれだけの力で釘を抜き取れるか．また，力の向きを変えると最小限どれだけの力で抜き取れるか答えよ．

2.7.3　剛体に作用する力のつり合い

　大きさをもつ物体である剛体の運動は，中心点の並進運動に加えて物体自体の回転運動（自転運動）が起こりうる．したがって，物体に複数の力 $\boldsymbol{F}_i$ $(i = 1, 2, \cdots, n)$ が作用していて，それらがつり合っているというのは，作用する力 $\boldsymbol{F}_i$ の和が 0 であること，すなわち，

$$\sum_i \boldsymbol{F}_i = 0, \quad \left(\sum_i F_x = 0, \quad \sum_i F_y = 0, \quad \sum_i F_z = 0 \right) \quad (2.38)$$

であるだけでなく，適当に選んだ点 O のまわりの力のモーメント $\boldsymbol{N}_i \, (= \boldsymbol{r}_i \times \boldsymbol{F}_i)$ の和が 0 であること，すなわち，

$$\sum_i \boldsymbol{N}_i = 0, \quad \left(\sum_i N_x = 0, \quad \sum_i N_y = 0, \quad \sum_i N_z = 0 \right) \quad (2.39)$$

も成り立っていることをいい，この状態を剛体の力学的なつり合い状態（**力学的平衡状態**）という．このとき，物体の中心点は静止しているか等速直線運動をし，その中心点のまわりに物体は等角速度で回転しているか静止しているかのいずれかである．物体の中心点が等速直線運動を続けるのに力やエネルギーを加える必要がないのと同様に，物体がある点のまわりを等角速度で回転し続けるのに力のモーメントやエネルギーを加える必要はない．なお，式 (2.38) が成り立っているときには，モーメントの基準点 O の選び方によらず，式 (2.39) の左辺すなわち力のモーメントは一定である．

　力の和 $\displaystyle\sum_i \boldsymbol{F}_i$ が 0 で，力のモーメントの和 $\displaystyle\sum_i \boldsymbol{N}_i$ が 0 でない場合がありうるが，このときは剛体に働く力を大きさが等しく向きが逆で作用線が異なる 2 つの力によって置き換えることができる．この 2 力を**偶力**と呼ぶ．偶力は物体の中心点のまわりの回転運動の角速度を変える働きをする．このときも，偶力のモーメントは基準点のとり方によらず一定である．

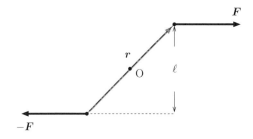

図 2.21 偶力. 力のモーメントを偶力で置き換える.

【例題 14】　水平な床の上に，長さ ℓ の太さが一様ではない木材 AB が置かれている. 一端 A を鉛直方向に持ち上げるのに F_1 の力が必要であり，他端 B を持ち上げるのに F_2 の力が必要である. 重力加速度の大きさを g として，木材の質量と A 端から木材の重心までの距離を求めよ.

解答　木材の質量を M とし，木材の A 端から重心までの距離を $\alpha\ell$ とすると，$F_1 = (1-\alpha)Mg$, $F_2 = \alpha Mg$ となる. したがって，木材の重量は $M = (F_1 + F_2)/g$ であり，A 端から重心までの距離は $\alpha\ell = \ell F_2/(F_1 + F_2)$ である.

問題 12　物体に 2 つの力が平行で同じ向きに加わっている. 力の働きと力のモーメントの働きを考えると，この 2 力を 1 つの合力で表すときの合力の作用線は，元の 2 力の作用線間を力の大きさの逆比に内分する点を通ることを示せ.

問題 13　質量 M の一様な棒の一端 A をちょうつがいで壁に固定し，他端 B に糸をつけ，これを A の真上の点 C に結ぶ. BC は水平とし，AB と水平の傾きが $45°$ であるとき，糸の張力の大きさを求めよ. また，A 端で棒にはたらく力の水平成分と鉛直成分を求めよ.

2.8　力の種類

これまでに，物体に力が作用すると速度や自転角速度などの運動状態が変化することを学んだ. また，力を受けると物体の形が変形することもある. このような力にはいろいろな種類がある. この節では，代表的な力の例について学ぶ.

2.8.1　万有引力

ニュートンは，2 つの物体の間には互いに引力が働き，その大きさは両物体の質量の積に比例し，物体間の距離の 2 乗に反比例することを発

見し，**万有引力**と名づけた．2 つの物体を A と B とし，それらの質量をそれぞれ m_A および m_B とする．また，物体の質量中心の位置をそれぞれ $\boldsymbol{r}_A$ と $\boldsymbol{r}_B$ とし，$\boldsymbol{r} = \boldsymbol{r}_B - \boldsymbol{r}_A$ とおくと，物体 A が B に及ぼす引力 $\boldsymbol{F}_{AB}$ と物体 B が A に及ぼす引力 $\boldsymbol{F}_{BA}$ は

$$\boldsymbol{F}_{AB} = -G\frac{m_A m_B}{r^2}\boldsymbol{e}_r = -G\frac{m_A m_B}{r^3}\boldsymbol{r} = -\boldsymbol{F}_{BA} \tag{2.40}$$

と表される．ここで，$G = 6.67 \times 10^{-11} \mathrm{m^3 kg^{-1} s^{-2}}$ は万有引力定数であり，$\boldsymbol{e}_r = \boldsymbol{r}/r\,(r = |\boldsymbol{r}|)$ は A から B に向かう単位ベクトルである[8]．

　地上の物体に地球が及ぼす万有引力（重力）は，地球の中心を向き，その大きさは地球の質量を M，半径を R とし，物体の質量を m，地表からの物体の高さを h とすると，$GMm/(R+h)^2$ である．

　図 2.22 のように，物体の位置の緯度を θ とする．地上に静止した人から見ると，物体に対して地球の自転角速度 ω による遠心力 $m\omega^2(R+h)\cos\theta$ が，自転軸に垂直で軸から遠ざかる向きに働いているように見える．地球の万有引力と遠心力との合力 $\boldsymbol{F}$ を実効重力と呼ぶ．この実効重力と物体の質量との比 $\boldsymbol{g} = \boldsymbol{F}/m$ を**重力加速度**と呼ぶ．

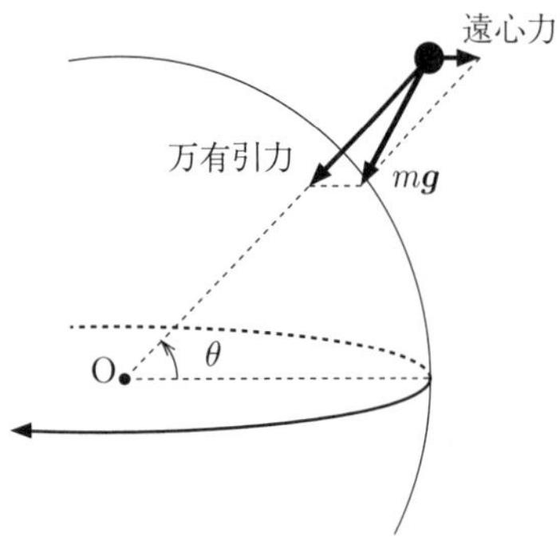

図 2.22　万有引力と遠心力の合力.

> **問題 14**　地球を質量が 6.0×10^{24} kg で，半径が 6.4×10^6 m の球とみなし，万有引力定数 G を 6.67×10^{-11} m^3/(kg·s^2) として，北極における重力加速度の大きさを求めよ．また，赤道において，遠心力の大きさは万有引力の大きさのおよそ何分の 1 であるか答えよ．

2.8.2　静電気力

　電気については第 7 章と第 8 章で詳しく扱うので，ここでは簡単に説明する．質量は 1 種類しかなく，質量は引力を及ぼし合う．一方，電荷には正と負の 2 種類があり，同種の電荷は斥力を及ぼし合い，異種の電荷は引力を及ぼし合う．これは不思議な事実である．静止した電荷の間に働く力を**静電気力**または**クーロン力**という．キャベンディッシュやクーロンは，2 つの電荷の間に働く力の大きさは，両物体の電荷の積に比例し，両物体間の距離の 2 乗に反比例することを発見した．

　2 つの物体を A と B とし，それらの電荷をそれぞれ q_A および q_B とする．また，物体の電荷中心の位置をそれぞれ $\boldsymbol{r}_A$ と $\boldsymbol{r}_B$ とし，$\boldsymbol{r} = \boldsymbol{r}_B - \boldsymbol{r}_A$ とおくと，物体 A が B に及ぼす静電気力 $\boldsymbol{F}_{AB}$ と物体 B が A に及ぼす静電気力 $\boldsymbol{F}_{BA}$ は

$$\boldsymbol{F}_{AB} = k\frac{q_A q_B}{r^2}\boldsymbol{e}_r = k\frac{q_A q_B}{r^3}\boldsymbol{r} = -\boldsymbol{F}_{BA} \tag{2.41}$$

と表される．ここで，比例定数 k の値は $k = 9.0 \times 10^9$ N·m^2/C^2 であ

---

[8] ただし厳密にいうと，この式の表現では物体が球対称形状をしているか，物体の大きさが相対距離と比べて小さいことを仮定している．

り，$e_r = r/r$ は A から B に向かう単位ベクトルである．

電荷 q_B に及ぼす静電気力と電荷 q_B との比 $E_A = F_{AB}/q_B$ を，電荷 q_A がつくる**電場**と呼ぶ．電場とは単位電荷あたりに働く静電気力であるということができる．

【例題 15】　　長さ ℓ の 2 本の糸の上端を同一点に固定し，それぞれの下端に質量 m の小球を吊るす．それぞれの小球に電荷 q を与えたところ，2 本の糸が直角となった．重力加速度の大きさを g とし，クーロンの法則の比例定数を k として，q を表せ．

解答　糸が直角になることから，静電気力と重力の大きさが等しい．すなわち，$kq^2/(\sqrt{2}\ell)^2 = mg$ である．したがって，$q = (2mg/k)^{1/2}\ell$ となる．

問題 15　静止した電荷 Q のまわりを電荷 $-q$ をもつ質量 m の小球が半径 r の等速円運動をしている．小球の速さ v を求めよ．

2.8.3　摩擦力

2 つの物体 A と物体 B とが接触すると，その接触面では，面に垂直な方向に**垂直抗力**が作用し，面に平行な方向に**摩擦力**が作用し合う．垂直抗力と摩擦力の合力を**抗力**という．物体 B が固定され，物体 A が物体 B と接触して静止しているとき，接触面に沿って動かそうとする小さな力 f を物体 A に加えると，それに対抗して物体 B から物体 A に**静止摩擦力** $F = -f$ が作用して物体 A に加わる力を相殺し，物体 B と物体 A との間にずれが生じることを妨げる．

この静止摩擦力にはある最大値があり**最大摩擦力**と呼ばれる．最大摩擦力の大きさ $F_{\max}$ は定数ではなく，2 つの物体間の垂直抗力の大きさ N が増大するとそれに比例して大きくなり，比例定数を μ とおくと，

$$F_{\max} = \mu N \tag{2.42}$$

と表される．定数 μ は**静止摩擦係数**と呼ばれ，物体 A と物体 B の材質や表面状態によって決まる無次元量であり，接触面積の大きさにはほとんど関係しない．

物体 A に最大摩擦力より大きい力を接触面に平行に加えると，物体 A は物体 B との接触面に沿って滑り始める．滑っている間は，物体 B と物体 A との間に大きさが最大摩擦力より数 10% 小さい**動摩擦力**が働く．動摩擦力の大きさ F' も 2 つの物体間の垂直抗力の大きさ N に比

例し，比例定数を μ' とおくと，

$$F' = \mu'N \tag{2.43}$$

と表される．定数 μ' は**動摩擦係数**と呼ばれ，接触面積の大きさにも滑る速さにもほとんど関係しない．物体 A が滑り始めた後は，最大摩擦力より小さくても動摩擦力より大きい力が加われば，物体 A は滑り続ける．

この最大摩擦力と動摩擦力の大きさのギャップは**摩擦振動**と呼ばれる現象を引き起こし，弦楽器の楽音やドアの軋み音などを発生する．

【**例題 16**】　水平な板の上に質量 m の物体を置き，板を徐々に傾けると，傾き角が θ_0 を超えたとき物体は滑り始めた．物体と板との静止摩擦係数 μ と θ_0 （**摩擦角**と呼ばれる）との関係を求めよ．

解答　重力加速度の大きさを g とする．図 2.23 のように，傾き角が $\theta < \theta_0$ のときの物体と板との間の摩擦力の大きさは，物体に働く重力の板に平行な成分（物体を滑らそうとする力）と等しく $mg\sin\theta$ である．また，垂直抗力の大きさは物体に働く重力の板に垂直な成分と等しく $mg\cos\theta$ であり，摩擦力と垂直抗力の大きさの比は，$\sin\theta/\cos\theta = \tan\theta$ となる．この比が μ を超えると物体は滑り始めるから，$\mu = \tan\theta_0$ である．

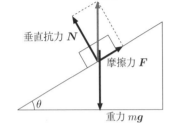

図 2.23　斜面上の物体に働く力．

問題 16　2 枚の軽い板を合わせて立て，両手で左右から押し付けて宙に鉛直に浮かす．2 枚の板の静止摩擦係数を μ とする．2 枚の物体をずらそうとして，板を鉛直にしたまま両手で押しつける力を水平から上下に角度 θ 斜め向きに互いに逆向きになるように加える．徐々にこの力の大きさを強くすると，物体は滑り始めるか．滑らない場合は，どうすれば物体を滑らせることができるか．どのようにしても滑らない場合があるとすれば，その理由は何か説明せよ（ヒント：手が滑ってしまう条件を考えよ）．

2.8.4　ばねの弾性力

ばねの力については 4.1 節で詳しく説明するので，ここではばねの性質について簡単にまとめておく．力を加えないときのばねの長さを**自然長**という．ばねに力を加えるとばねは伸びたり縮んだりする．伸びたり縮んだりしたばねには元の長さに戻ろうとする**弾性力**と呼ばれる復元力が生じ，加えた力を取り去ると，ばねは自然長に戻る．ばねに限らず，一般に物体に力を加えて変形させたとき，元の形に戻ろうとする物体の性質を**弾性**と呼び，その復元力を弾性力と呼ぶ．一方，物体に力を加えて変形させても弾性力を生じず，力を取り去っても元の形に戻らない粘

土のような物体の性質を**塑性**と呼ぶ.

　ばねに生じる弾性力 F はばねの自然長からの伸び x があまり大きくない範囲では，x に比例し，

$$F = -kx \tag{2.44}$$

の関係がある．これを**フックの法則**という．比例定数 k は**ばね定数**（または**弾性係数**）と呼ばれ，ばねの強さ（弾性）を表す.

―――――――――――　第 2 章　演習問題　―――――――――――

1. 前輪駆動式の 4 輪自動車が水平な地面上を真っすぐ進むとき，前輪と後輪が地面から受ける摩擦力はそれぞれどちら向きか．加速する場合，減速する場合および等速で進む場合についてそれぞれ答えよ.

2. 長さ ℓ の 2 本の糸の上端を同一点に固定し，それぞれの下端に質量 m の小球を吊るす．それぞれの小球に電荷 q を与えたところ，2 本の糸の間の角度が直角となって静止した．小球に働く力を図示し，作用反作用の関係にある力と，つり合いの関係にある力を答えよ.

3. 車が正弦曲線で近似される S 字カーブを等速運動している．S 字カーブを図に描き，平均的な進行方向に対して最も左に寄った地点から次の最も左に寄った地点までを 8 等分し，区切った 8 つの地点における速度と加速度の向きを図中に矢印で表せ.

4. スキーのジャンパーがスロープを滑って速さ 30 m/s で水平方向にジャンプ台を飛び出す．着地する斜面はジャンプ台の下方に傾斜角 30° で直線的に広がっている．重力加速度の大きさを g として，ジャンパーが着地するまでに飛行する水平距離および飛行時間を求めよ.

5. 1 辺の長さが a の立方体で質量が m の一様な密度の物体を水平な台の上に置く．物体と台との間の静止摩擦係数を μ とし，重力加速度の大きさを g とする．物体の上面の 1 辺に力を加え，水平方向に引っ張る．このとき，物体が滑り出す以前に傾いてしまう条件を求めよ.

6. 剛体に働く力は，作用線に沿って作用点を移動させても効果が同じであることを示せ.

7. 偶力のモーメントは，任意の点に関して同じ値になることを示せ.

8. 剛体に 3 つの力が働いてつり合うとき，3 力の作用線は 1 点で交わることを示せ.

9. n 個の質点がある．それぞれの質点の質量と位置ベクトルを m_i および $\boldsymbol{r}_i$ とすると，これらの質点全体の重心の位置ベクトル $\boldsymbol{R}$ は

$$\boldsymbol{R} = \frac{\displaystyle\sum_{i=1}^{n} m_i \boldsymbol{r}_i}{\displaystyle\sum_{i=1}^{n} m_i}$$

と表されることを示せ.

第 3 章
運 動 の 保 存 則

　前章では物体に働く力と加速度との関係を学び，力の大きさが一定で
あるときの物体の運動について考えた．物体の運動はニュートンの運動
方程式を解くことによって求められるが，運動には**保存量**（あるいは**不
変量**）と呼ばれる量が存在する．力学における最も普遍的な保存量は，
エネルギー・運動量・角運動量の 3 つである．これらの保存量に着目す
れば，運動方程式を解かなくても，運動の性質を簡単に予測することが
可能になる場合もある．

3.1　運動量と力積

　2.4.2 項では質点が運動しているときの運動の勢いを**運動量**と呼び，運
動量を質点の質量 m と速度 v との積 $p = mv$ として定義した．運動
量は向きと大きさをもつベクトル量であり，物体が他の物体と衝突した
ときに，相手の物体に与える衝撃の大きさと関係する量でもある．物理
学（力学）では速度よりも運動量の方がより本質的な量である．運動量
を用いて運動方程式を表すと，式 (2.17) すなわち，

$$\frac{\mathrm{d}p}{\mathrm{d}t} = F \tag{3.1}$$

と表された．

　この運動方程式を時間について時刻 t_1 から t_2 まで積分すると，

$$p(t_2) - p(t_1) = \int_{t_1}^{t_2} F \, \mathrm{d}t \tag{3.2}$$

となる．式 (3.2) の右辺，すなわち力の時間積分 $\int_{t_1}^{t_2} F(t) \, \mathrm{d}t$ を**力積**と
呼ぶ．式 (3.2) より，「運動量の変化量はその間に加えられた力積に等
しい」ことがわかる．言い換えれば，「力が加わらなければ運動量は保存
される」ことになる．

　これまでは 1 つの物体の運動量について考えたが，2 つの物体が衝突
したり，1 つの物体が 2 つに分裂したりするときには，2 つの物体がも

つ運動量の和は保存されるのだろうか. 結論から先にいえば, 2つの物体間で力が作用し合って互いに運動量をやりとりしていても, これらの物体に対して外からの力が加わらない限り, 2つの物体の運動量の総和は保存される.

　このことを詳しく考えてみよう. 図 3.1 のように, 物体 A と B の衝突前の運動量をそれぞれ $\boldsymbol{p}_a$ および $\boldsymbol{p}_b$ とし, 衝突後の運動量をそれぞれ $\boldsymbol{p}_a{}'$ および $\boldsymbol{p}_b{}'$ とする. 衝突の際に B が A から受ける力を $\boldsymbol{F}$ とすれば, 作用反作用の法則より, A は B から $-\boldsymbol{F}$ の力を受ける. 2つの物体が力を及ぼし合う時間を $t = [t_1, t_2]$ とすると, 式 (3.2) より,

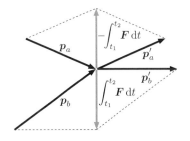

図 3.1 衝突と運動量保存.

$$\boldsymbol{p}_a{}' - \boldsymbol{p}_a = -\int_{t_1}^{t_2} \boldsymbol{F}\, \mathrm{d}t, \qquad (3.3)$$

$$\boldsymbol{p}_b{}' - \boldsymbol{p}_b = \int_{t_1}^{t_2} \boldsymbol{F}\, \mathrm{d}t \qquad (3.4)$$

となり, A と B の受ける力積は大きさが等しく逆向きであることがわかる. したがって, 式 (3.3) と (3.4) から, 次式

$$\boldsymbol{p}_a + \boldsymbol{p}_b = \boldsymbol{p}_a{}' + \boldsymbol{p}_b{}' \qquad (3.5)$$

が得られる. すなわち, 衝突の前後で運動量の和が保存することが導かれる.

　一般に, 着目しているいくつかの物体をまとめて**系**と呼ぶ. 系の外, すなわちそれらの物体以外の物体から及ぼされる力を**外力**と呼び, 着目している物体の間で互いに及ぼし合う力を**内力**と呼ぶ. 作用反作用の法則から, 内力による力積は必ず打ち消し合うので, 「外力（による力積）が加わらないかぎり, 着目している物体の系の全運動量は保存する」.

【**例題 1**】　1つの物体が2つに分裂する場合を考え, 運動量の総和が分裂の前後で保存することを確かめよ.

解答　分裂前の物体の質量を m, 分裂後の2つの物体を A と B と呼び, その質量をそれぞれ m_a および m_b とする. $m = m_a + m_b$ である. 分裂直前の物体の速度を $\boldsymbol{v}$ とすると, 分裂前の物体がもつ運動量は $m\boldsymbol{v} = m_a\boldsymbol{v} + m_b\boldsymbol{v}$ である. 分裂後の A と B の速度を $\boldsymbol{v}_a$ および $\boldsymbol{v}_b$ とすると, 分裂後に2つの物体がもつ運動量の和は $m_a\boldsymbol{v}_a + m_b\boldsymbol{v}_b$ である. A と B は互いに力 $-\boldsymbol{F}$ と $\boldsymbol{F}$ を及ぼし合っているが, それらは内力なので, $m_a\boldsymbol{v}_a - m_a\boldsymbol{v} = -\displaystyle\int_{t_1}^{t_2} \boldsymbol{F}\, \mathrm{d}t$ および $m_b\boldsymbol{v}_b - m_b\boldsymbol{v} = \displaystyle\int_{t_1}^{t_2} \boldsymbol{F}\, \mathrm{d}t$ が成り立ち, 式 (3.5) と同様に, $m_a\boldsymbol{v} + m_b\boldsymbol{v} = m_a\boldsymbol{v}_a + m_b\boldsymbol{v}_b$ となる. したがって, 1つの物体が分裂する場合の運動量の保存則は, もともと2

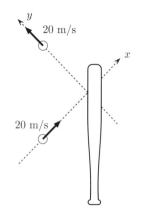

図 3.2　バットでボールを打つ.

つの物体があってそれらが衝突する場合と何ら変わらない. 分裂の際に
分裂片同士が互いに及ぼし合う力積は, 作用反作用の法則により大きさ
が等しく向きが逆であるから, 分裂片の運動量の和は元の 1 つの物体の
運動量に等しいのである.

> **問題 1**　図 3.2 のように速さ 20 m/s で x 軸の正の向きに飛んできた質量
> 0.20 kg のボールが, バットに当たった後, y 軸の正の向きに同じ速さで飛
> んでいった. バットとボールが接触していた時間を 5.0×10^{-3} s とする.
> ボールの運動量はどれだけ変化したか. また, ボールが受けた力積とその力
> の平均の大きさと向きを求めよ.

3.2　運動エネルギー

3.2.1　運動エネルギーと仕事

　動いている物体に力が働いているとき, その力を物体の進行方向と進
行方向に対して垂直な方向とに分解すると, 進行方向の力の成分は, 物
体に対して**仕事**をするという. なぜ仕事をこのように定義するのかその
理由をこの節で考える.

　簡単な例について仕事を計算してみよう. 物体に一定の大きさ F の
力が働いて, その力の方向に物体が距離 x だけ移動したときを考えよ
う. その間に力が物体にした仕事量 W は力の大きさと移動距離との積
$W = Fx$ で表される. 仕事はスカラー量であり, その単位にはジュール
[J]=[N·m] が用いられる. 次に, 図 3.3 のように直線運動をしている物
体に斜め向きに一定の力 $\boldsymbol{F}$ が加わる場合を考える. 力の向きと物体の
進行方向とのなす角度を θ とし, 物体が移動した変位を $\Delta \boldsymbol{r}$ とすると,
その間に力が物体にした仕事は,

$$W = \boldsymbol{F} \cdot \Delta \boldsymbol{r} = F \Delta r \cos \theta \tag{3.6}$$

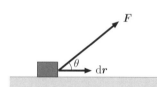

図 3.3　力 $\boldsymbol{F}$ と角 θ の方向へ変位
d$\boldsymbol{r}$ だけ物体を移動する.

と表される. この式に従えば, 物体の進行方向に対して垂直な方向に加
わる力は仕事をしない. また動摩擦力のように物体の運動を妨げる向き
に働く力のする仕事は負になる. また, 物体に 2 つ以上の力が働いてい
るとき, それらの力の合力がする仕事は, それぞれの力のする仕事の和
に等しい.

　物体に働く力の向きや大きさが変化したり, 物体の進行方向が刻々に
変化するような一般の運動の場合は, 力がする仕事は

$$W = \int_{\boldsymbol{r}_1}^{\boldsymbol{r}_2} \boldsymbol{F} \cdot \mathrm{d}\boldsymbol{r} = \int_{t_1}^{t_2} \boldsymbol{F} \cdot \boldsymbol{v}\, \mathrm{d}t \tag{3.7}$$

と表される.

　動滑車やてこなどの道具を使ってある物体を持ち上げたり動かしたり
して, 物体に仕事をするとき, それらの道具の質量や摩擦の影響を無視

できる場合には，仕事の量はどのような道具を使っても道具を使わないときと同じになる．これを**仕事の原理**という．たとえば，てこを使って物体をある高さまで持ち上げるとき，半分の力で持ち上げることができても，てこに力を加える点を倍の距離だけ動かすので，仕事はてこを使わないときと同じになる．

仕事率とは，単位時間あたりに物体にする仕事のことで，おもに機械の性能または能力を表すのによく用いられる．時間 T の間に W の仕事をしたとすると，この間の平均の仕事率は，

$$P = \frac{W}{T} \tag{3.8}$$

である．仕事率の単位としてワット $[\mathrm{W}]=[\mathrm{J/s}]$ が通常用いられるが，他に馬力 $[\mathrm{HP}]$ という単位もある[1]．

物体に力 $\boldsymbol{F}$ を微小時間 Δt の間加えて，物体が $\Delta \boldsymbol{r}$ だけの微小変位をしたとき，力が物体にした微小仕事は $\Delta W = \boldsymbol{F} \cdot \Delta \boldsymbol{r}$ であるから，この間の仕事率 P は物体の速度 $\boldsymbol{v} = \Delta \boldsymbol{r}/\Delta t$ を用いて，

$$P = \frac{\Delta W}{\Delta t} = \boldsymbol{F} \cdot \frac{\Delta \boldsymbol{r}}{\Delta t} = \boldsymbol{F} \cdot \boldsymbol{v} \tag{3.9}$$

と表される．

一方，運動方程式 (3.1) を速度 $\boldsymbol{v}$ を用いて表すと，

$$m\frac{\mathrm{d}\boldsymbol{v}}{\mathrm{d}t} = \boldsymbol{F} \tag{3.10}$$

となる．この式の両辺について速度 $\boldsymbol{v}$ との内積をとると，

$$\boldsymbol{F} \cdot \boldsymbol{v} = \left(m\frac{\mathrm{d}\boldsymbol{v}}{\mathrm{d}t}\right) \cdot \boldsymbol{v} = \frac{\mathrm{d}}{\mathrm{d}t}\left(\frac{1}{2}mv^2\right) \tag{3.11}$$

を得る．ただし，$v = |\boldsymbol{v}|$ である．ここで，**運動エネルギー**

$$K = \frac{1}{2}m(\boldsymbol{v} \cdot \boldsymbol{v}) = \frac{1}{2}mv^2 \tag{3.12}$$

を定義すると，式 (3.11) は次のように表される：

$$\frac{\mathrm{d}K}{\mathrm{d}t} = \boldsymbol{F} \cdot \boldsymbol{v}. \tag{3.13}$$

式 (3.13) と (3.9) より，「運動エネルギーの時間変化率は仕事率に等しい」ことがわかり，運動エネルギーの定義式 (3.12) が妥当であるといえる．式 (3.13) の両辺を時刻 t_1 から t_2 まで積分すると，

$$K(t_2) - K(t_1) = \int_{t_1}^{t_2} \boldsymbol{F} \cdot \boldsymbol{v} \, \mathrm{d}t = \int_{\boldsymbol{r}_1}^{\boldsymbol{r}_2} \boldsymbol{F} \cdot \mathrm{d}\boldsymbol{r} = W \tag{3.14}$$

となる．よって，「運動エネルギーの変化量は，その間に加えられた仕事に等しい」こともわかる．このことから，逆に論理を戻して考えてみよう．この節の初めに，物体に働く力を物体の進行方向とそれに垂直な方

---

[1] 仕事率の単位である $[\mathrm{W}]$ と仕事を表す W（単位 $[\mathrm{J}]$）の記号とを混同しないように気をつけること．

向に分解し，進行方向の力の成分のみが物体に対して仕事をすると説明
したが，式 (3.14) のように，力の進行方向成分は物体の運動エネルギー
を変えるが，垂直成分は運動エネルギーの大きさを変えずに，その運動
の方向を変えるだけである．したがって，力の進行方向成分は物体に対
して仕事をするが，垂直成分は仕事をしないと説明できるのである．物
体の運動方向が変わると運動量が変化することはいうまでもない．

【例題 2】　　質点の運動において，運動エネルギーは保存するが，
運動量は保存しない例をあげ，その理由を説明せよ．

解答 1 つの例は等速円運動である．この運動では物体の速さが一定
であり，運動エネルギーは保存する．しかし，物体の運動量の向きは絶
えず変化していて保存しない．等速円運動を引き起こす向心力の向きは
物体の進行方向に対して常に垂直であるから，向心力は仕事をせず，し
たがって運動エネルギーは保存するが，向心力の作用により運動量は絶
えず変化するのである．

> 問題 2　　水平な粗い床の上に静止している質量 m の物体に，床の水平面と
> 角 θ をなす方向に力 $\boldsymbol{F}$ を加えて引っ張りながら床の上を r だけ動かした．
> この間に力 $\boldsymbol{F}$ が物体にした仕事と r だけ動かした時点で物体がもつ運動エ
> ネルギーの大きさを求めよ．ただし，物体と床との間の動摩擦係数を μ' と
> する．この間に力 $\boldsymbol{F}$ がした仕事と物体が得た運動エネルギーとの差はどこ
> へ行ったのか説明せよ．

3.2.2　衝突と反発係数

　ボールを壁に当てたときにはね返る勢い（速さ）は投げたボールの速
度だけでなくボールや壁の材質によっても異なる．ここでははね返る勢
いの違いを表す量について考えよう．2 つの物体が衝突するとき，衝突
前後でそれらの物体がもつ運動量の和は必ず保存されるが，運動エネル
ギーの和は一般には保存されず減少する．はね返る勢いの違いはこの運
動エネルギーの減少に関わっている．

　図 3.4 のように 2 つの物体 1 と物体 2 がそれぞれ速度 $\boldsymbol{v}_1$ と $\boldsymbol{v}_2$ で衝
突し，$\boldsymbol{v}_1{}'$ と $\boldsymbol{v}_2{}'$ になったとするとき，物体の接触面に平行な方向（接
線方向）の速度成分は衝突前後で不変である．すなわち，速度 $\boldsymbol{v}_1$ と $\boldsymbol{v}_1{}'$
の接線方向成分は等しく $w_1 = w_1{}'$ であり，物体 2 についても $w_2 = w_2{}'$
が成り立つ．一方，接触面に垂直な方向（法線方向）には互いに力を及
ぼすので，法線方向の速度成分は変化する．衝突前の相対的な法線方向
の接近速度 $|u_1 - u_2|$ に対する衝突後に離れる相対速度 $|u_2{}' - u_1{}'|$ の比

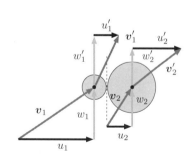

図 3.4　2 つの物体の衝突と速度の
変化．

$$e = -\frac{u_2' - u_1'}{u_2 - u_1} \tag{3.15}$$

を反発係数（はねかえり係数）という．式 (3.15) では絶対値を省略したが，絶対値がなくても $e \geq 0$ となることは明らかである．係数 e は2つの物体の材質だけでほぼ決まり，相対速度や物体の質量・形にはあまり関係しない定数であることが実験で確かめられている．また，e は $0 \leq e \leq 1$ の範囲の値をもち，$e = 1$ の場合を（完全）弾性衝突といい，$e < 1$ の場合を非弾性衝突という．$e = 0$ の場合を特に完全非弾性衝突と呼ぶ．これはたとえば2つの粘土の塊のように衝突後に2つの物体が離れなくなる場合である．

　このように，2つの物体の衝突では接触面に垂直な方向の速度成分だけが衝突前後で変化するので，図 3.5 のように1つの直線上を運動している2つの物体の衝突を考えれば十分である．2つの物体は衝突により力積を及ぼし合っているだけなので，運動量の和は保存する．弾性衝突では運動エネルギーの和は衝突前後で保存するが，非弾性衝突ではエネルギーの和は減少する．

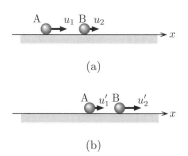

図 3.5　2つの物体の衝突と衝突係数．

【例題 3】　質量がそれぞれ m_1 および m_2 である2つの物体が非弾性衝突をしたときに失われる運動エネルギーを，接近速度 $u_1 - u_2$ と反発係数 e を用いて表せ．ただし，u_1 と u_2 は質量 m_1 および m_2 の物体が衝突前にもつ速度の衝突面に垂直な方向成分の大きさである．

解答　図 3.4 のように2つの物体がもつ速度を表す．衝突の接触面に平行な方向の速度成分は衝突前後で不変なので，垂直方向の速度成分の変化だけを考える．運動量保存則により，

$$m_1 u_1 + m_2 u_2 = m_1 u_1' + m_2 u_2' \tag{3.16}$$

が成り立つから，式 (3.15) と (3.16) より u_1' を求めると，

$$u_1' = \frac{m_1 - e m_2}{m_1 + m_2} u_1 + \frac{(1+e)m_2}{m_1 + m_2} u_2 \tag{3.17}$$

となる．式 (3.17) を用いると，質量 m_1 の物体がもつ運動エネルギーの衝突前後の差を求めることができて，

$$\frac{1}{2} m_1 (u_1{}^2 - u_2{}^2) = \frac{m_1 m_2}{2(m_1 + m_2)^2}(1+e)$$
$$\times \left[\{2m_1 + (1-e)m_2\}u_1{}^2 - (1+e)m_2 u_2{}^2 - 2(m_1 - e m_2)u_1 u_2 \right] \tag{3.18}$$

が得られる．また，式 (3.18) 中で下付き添え字 1 と 2 を入れ換えると，

質量 m_2 の物体のエネルギーの差が求められる．これらの式の和により，衝突前後における，2 つの物体の運動エネルギーの差 Q が求められ，

$$Q = \frac{1}{2}(m_1 u_1{}^2 + m_2 u_2{}^2) - \frac{1}{2}(m_1 u_1{}'^2 + m_2 u_2{}'^2)$$

$$= \left(\frac{1-e^2}{2}\right) \frac{m_1 m_2}{m_1 + m_2}(u_1 - u_2)^2 \tag{3.19}$$

となる．このエネルギー Q は衝突によって発生する熱や衝撃音などのエネルギーになる．

> **問題 3**　質量 m_1 の小球が速度 v_1 で運動しているとき，同じ直線上を質量 m_2 の小球が速度 $v_2\ (> v_1)$ で後方から衝突した．この衝突が完全非弾性衝突 $(e = 0)$ であるとき，衝突後の 2 つの小球の運動を説明せよ．
>
> **問題 4**　物体と床との反発係数を調べるため，物体を高さ h の位置から静かに床に落としたところ，高さ h' まではね返った．反発係数 e を求めよ．

【例題 4】　　質量 m のボールを壁に垂直に投げつける．壁に衝突する前と後のボールの速度をそれぞれ v および v'，運動エネルギーをそれぞれ K および K' とする．ボールと壁の反発係数を e とし，衝突前後にボールがもっているエネルギーの比を ε としたとき，e と ε の関係を求めよ．

解答　壁は静止しているので，式 (2.6) で $v_1 = v, v_1' = v', v_2 = v_2' = 0$ とおくと，$v' = ev$ となる．衝突前にボールがもつ運動エネルギーの大きさ K は $K = (1/2)mv^2$ であり，衝突後は $K' = (1/2)mv'^2 = (1/2)me^2v^2$ となるので，それらの比は $\varepsilon = K'/K = e^2$ である．これより，$e = \sqrt{\varepsilon}$ の関係が求められる．

3.3　角運動量と力積のモーメント

運動方程式 (3.1) はベクトル式であり，$\boldsymbol{r}$ と両辺との外積をとってもやはりベクトル式で，

$$\boldsymbol{r} \times \frac{\mathrm{d}\boldsymbol{p}}{\mathrm{d}t} = \boldsymbol{r} \times \boldsymbol{F} \tag{3.20}$$

となる．式 (3.20) の右辺は力のモーメントである．ここで，**角運動量**（または**運動量のモーメント**）を $\boldsymbol{L} = \boldsymbol{r} \times \boldsymbol{p}$，力のモーメントを $\boldsymbol{N} = \boldsymbol{r} \times \boldsymbol{F}$ と定義すると，式 (3.20) は，

$$\frac{\mathrm{d}\boldsymbol{L}}{\mathrm{d}t} = \boldsymbol{N} \tag{3.21}$$

と表される（例題 5 の解答を参照）．この式は，「角運動量の時間変化率は，加えられる力のモーメントに等しい」ことを示している．この式を

時間で積分すると

$$L(t_2) - L(t_1) = \int_{t_1}^{t_2} N \, \mathrm{d}t \qquad (3.22)$$

となる．右辺の力のモーメント N の時間積分を**力積のモーメント**と呼ぶ．つまり，「角運動量の変化量は，加えられた力積のモーメントに等しい」．言い換えると，「力積のモーメントが加えられない限り角運動量は保存する」ことがわかる．

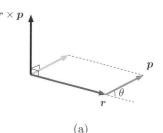

(a)

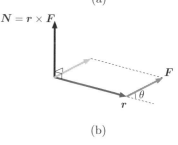

(b)

図 **3.6**　(a) 角運動量 $L = r \times p$ ($|L| = |r||p|\sin\theta$). (b) 力のモーメント $N = r \times F$ ($|N| = |r||F|\sin\theta$).

【**例題 5**】　式 (3.20) から式 (3.21) を導出せよ．

解答　式 (3.20) と (3.21) の右辺は N の定義により等しい．よって両式の左辺が等しいことを示せばよい．式 (3.21) の左辺は

$$\frac{\mathrm{d}L}{\mathrm{d}t} = \frac{\mathrm{d}}{\mathrm{d}t}(r \times p) = \frac{\mathrm{d}r}{\mathrm{d}t} \times p + r \times \frac{\mathrm{d}p}{\mathrm{d}t} \qquad (3.23)$$

となる．上式の右辺第 1 項を書き変えると，$v \times mv$ となり，同じベクトル v どうしの外積は 0 になるから，右辺第 1 項は 0 である．よって，式 (3.20) と式 (3.21) の左辺は等しい．

> **問題 5**　物体に力が加えられるとき，運動量は変化するが角運動量は不変な場合がある．それはどのような力の場合か説明せよ．

3.4　位置エネルギーと保存力

　質点に働く力が質点の速度などとは関係なく，質点の位置 r だけで決まる関数 $F(r)$ であるとする．質点が始点 r_1 から終点 r_2 まで移動する間に，この力が質点にする仕事は

$$W = \int_{r_1}^{r_2} F(r) \cdot \mathrm{d}r \qquad (3.24)$$

と表される．質点が移動する途中で異なった経路を通ると，一般にこの仕事は異なった値になる．

　しかし，力がある特別の性質をもつ場合は，質点がどのような経路を通ろうとも，力のなす仕事が同じ値となり，始点と終点の位置のみで決まる．そのような力は**保存力**と呼ばれる．保存力の場合は，自由に選んだ基準点 r_0 から質点の位置 r まで力を積分した値に負符号をつけた関数

$$U(r) = -\int_{r_0}^{r} F(s) \cdot \mathrm{d}s \qquad (3.25)$$

が，経路（位置 r_0 から r に到る道筋）によらず，位置 r のみの関数となる．この関数 $U(r)$ はエネルギーの次元をもち，**位置エネルギー**（または**ポテンシャル**）と呼ばれる．物体がこの力を受けながら点 r_1 から

点 $\boldsymbol{r}_2$ まで運動するとき，力 $\boldsymbol{F}$ が物体にする仕事 W は位置エネルギー $U(\boldsymbol{r})$ を用いて，

$$W = \int_{\boldsymbol{r}_1}^{\boldsymbol{r}_2} \boldsymbol{F}(\boldsymbol{r}) \cdot \mathrm{d}\boldsymbol{r} = [-U(\boldsymbol{r})]_{\boldsymbol{r}_1}^{\boldsymbol{r}_2} = U(\boldsymbol{r}_1) - U(\boldsymbol{r}_2) \qquad (3.26)$$

と表される．つまり，「力が物体にする仕事＝始点の U −終点の U」である．なお，式 (3.26) では 2 点における位置エネルギー U の差（＝仕事）だけが現れ，基準点 $\boldsymbol{r}_0$ は現れないので，位置エネルギー $U(\boldsymbol{r})$ を決めるときに基準点 $\boldsymbol{r}_0$ をどこに選んでもよい．

物体がある直線上（x 軸）を動く 1 次元運動を考えよう．この物体に働く力 F は物体の位置 x のみの関数であり，物体の速度などにはよらないとする．このような力は保存力であり，ある点 x_0 を基準点として，式 (3.25) で表される位置エネルギーが存在して，

$$U(x) = -\int_{x_0}^{x} F(s)\,\mathrm{d}s \qquad (3.27)$$

と表される．また，式 (3.27) を微分すると，

$$F(x) = -\frac{\mathrm{d}U}{\mathrm{d}x} \qquad (3.28)$$

となるので，位置エネルギー $U(x)$ がわかれば，その傾き（勾配）から物体に働く力がわかる．

位置エネルギーと力の関係を，図 3.7 を用いて説明しよう．この図では位置エネルギーが実線で表されている．位置 x にある物体が受ける力の大きさは $U(x)$ の傾き $\Delta U/\Delta x$ に等しい．図 3.7 ではこの傾きが正であるから，力の向きは x 軸の負の方向であり，$-|F|$ $(F < 0)$ と表される．物体が点 x_1 から点 x_2 まで動く間に力が物体にする仕事は，式 (3.26) で表されるように，$W = U(x_1) - U(x_2)$ であり，この図の場合には $U(x_1) < U(x_2)$ であるから，$W < 0$ である．すなわち，力の向きと物体の運動の向きが逆なので，力が物体にする仕事 W は負である．

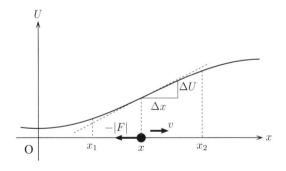

図 3.7 位置エネルギーと力の関係．点 x において物体に働く力は $F = -\mathrm{d}U/\mathrm{d}x$ と表される．

　運動エネルギーと仕事との関係式 (3.14) と (3.26) とから W を消去し，時刻 t_1 および t_2 における物体の位置はそれぞれ $\boldsymbol{r}_1$ および $\boldsymbol{r}_2$ であるから，$K(\boldsymbol{r}_1) = K(t_1)$ および $K(\boldsymbol{r}_2) = K(t_2)$ とおくと，

$$K(\boldsymbol{r}_2) + U(\boldsymbol{r}_2) = K(\boldsymbol{r}_1) + U(\boldsymbol{r}_1) \tag{3.29}$$

となり，運動エネルギーと位置エネルギーの和が保存することが導かれる．この保存量 $E = K(\boldsymbol{r}) + U(\boldsymbol{r})$ を**力学的エネルギー**と呼ぶ．このように，質点が力を受けて運動するとき，力学的エネルギーが保存するような力を保存力と呼んだのである．

　1 次元運動の場合に力学的エネルギーが保存している様子を描くと，図 3.8 のようになる．この図で座標 x の点では，運動エネルギーが $K(x) = mv^2/2$ であり，その点での位置エネルギーが $U(x)$ である．これらの和である力学的エネルギーは物体の位置が異なっても同じ一定の値をもち，運動の保存量である．

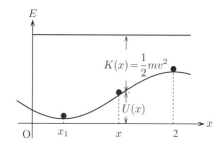

図 3.8　運動エネルギーと位置エネルギーの和は力学的エネルギーであり，保存量である．

【例題 6】　　ばね定数 k のばねを自然長 ℓ から長さ x だけ縮めるのに必要な仕事を求めよ．

解答　このばねは長さ ξ だけ縮んだとき，弾性力 $f = -k\xi$ ($\xi < 0$, $f > 0$) を生じる．この弾性力に抗して長さ x だけ縮めるには仕事 $W = \displaystyle\int_0^x k\xi\, \mathrm{d}\xi = \frac{1}{2}kx^2$ をばねにする必要がある．したがって，x だけ長さが縮んだばねは $U(x) = (1/2)kx^2$ の位置エネルギーをもっていることになる．

問題 6　ばね定数 k のばねの先端に質量 m の質点を取り付けて，滑らかな水平面の上におく．質点に力を加えてばねの長さを x だけ縮めた後に静かに手をはなすと，質点は振動運動をする．この振動運動において，質点がもつ運動エネルギーが最大となるときの条件とそのときの運動エネルギーを求めよ．

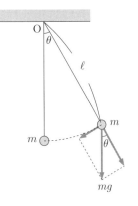

図 3.9 単振り子がもつ位置エネルギー.

【例題 7】　長さ ℓ の軽い糸の先端に質量 m の小球がつけられた振り子がある．この小球を最下点のつり合いの位置から，半径 ℓ の円弧に沿って引っ張り，鉛直方向と糸のなす角度が θ になるまで持ち上げるのに必要な仕事を求めよ．

解答　糸が鉛直方向と角 α をなすときに小球に働く重力の円周方向成分の大きさは重力加速度の大きさを g とすれば，$-mg\sin\alpha$ であり，この力に抗して，円弧に沿って $\ell\theta$ の距離を動かすのに必要な仕事 W は
$$W = \int_0^\theta mg(\sin\alpha)\ell\,\mathrm{d}\alpha = (1-\cos\theta)\ell mg$$
となる．糸が鉛直方向から角度 θ だけ傾いているときには，小球は最下点より $(1-\cos\theta)\ell$ だけ高い位置にある．水平方向に小球を動かすのに必要な仕事は 0 であり，この位置へ小球を持ち上げるのに必要な仕事は $(1-\cos\theta)\ell mg$ なので，ここで求めた仕事は小球がこの点（高さ $z=(1-\cos\theta)\ell$）でもつ位置エネルギー $U(z)=mgz$ に等しい．

問題 7　長さ ℓ の軽い糸の先端に質量 m の小球を取り付けて振り子とし，糸を角度 θ だけ傾けて静かにはなすとき，この小球が最下点でもつ速度の大きさを求めよ．

問題 8　質量 M の太陽から距離 R の位置にある質量 m の地球がもつ位置エネルギー $U(R)$ を求めよ．ただし，位置エネルギーの基準点を無限遠点とする．

【発展的内容（ベクトル解析の知識を必要とする）．】
　一般に，$\boldsymbol{r}=(x,y,z)$ の関数 $U(\boldsymbol{r})$ の**全微分**は，次のように表される：
$$\mathrm{d}U = U(x+\mathrm{d}x, y+\mathrm{d}y, z+\mathrm{d}z) - U(x,y,z)$$
$$= \frac{\partial U}{\partial x}\mathrm{d}x + \frac{\partial U}{\partial y}\mathrm{d}y + \frac{\partial U}{\partial z}\mathrm{d}z = \nabla U \cdot \mathrm{d}\boldsymbol{r}. \tag{3.30}$$
ここで，∇U はベクトルで $(\partial U/\partial x, \partial U/\partial y, \partial U/\partial z)$ を表している．一方，位置エネルギー $U(\boldsymbol{r})$ の定義式（3.25）を用いると，
$$\mathrm{d}U = U(\boldsymbol{r}+\mathrm{d}\boldsymbol{r}) - U(\boldsymbol{r}) = -\int_{\boldsymbol{r}}^{\boldsymbol{r}+\mathrm{d}\boldsymbol{r}} \boldsymbol{F}(\boldsymbol{s})\cdot\mathrm{d}\boldsymbol{s}$$
$$= -\boldsymbol{F}\cdot\mathrm{d}\boldsymbol{r} = -(F_x\,\mathrm{d}x + F_y\,\mathrm{d}y + F_z\,\mathrm{d}z) \tag{3.31}$$
となる．これらの2つの式を比較すると，
$$\boldsymbol{F} = -\nabla U, \quad F_x = -\frac{\partial U}{\partial x},\ F_y = -\frac{\partial U}{\partial y},\ F_z = -\frac{\partial U}{\partial z} \tag{3.32}$$
と表されることがわかる．
　このように，保存力の場合は力と位置エネルギーとの間には1対1の対応関係があり，力が与えられると式（3.25）によって対応する位置エネ

ルギーが得られ，位置エネルギーが与えられると式 (3.32) によって対応する力が得られる．

【例題 8】　　図 3.10 のように水平に x 軸，鉛直上向きに y 軸をとる．この鉛直面内で質量 3.0 kg の質点を原点 O から点 B (4.0 m, 5.0 m) まで運ぶのに，OAB と OCB および OB の 3 経路を考える．重力加速度の大きさを $g=9.8$ m/s^2 として，各経路において重力に逆らってする仕事を求めよ．

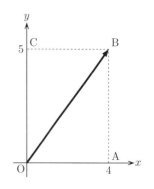

図 3.10　経路と保存力または非保存力．

解答　重力に逆らってする仕事は，重力が行なう仕事の逆符号にあたる．まず経路 OAB に沿って物体を運ぶ場合を考えよう．経路 OA の向きと重力の向きとがなす角は直角であるから，経路 OA では重力は仕事をしない．次に経路 AB の向きは重力に対して逆向きであるから，重力に逆らってする仕事は正の値になり，重力の大きさ 3.0 kg×9.8 m/s^2 と経路 AB の距離 5.0 m との積として求められる．したがって，経路 OAB での仕事量は 3.0 kg×9.8 m/s^2×5.0 m=147 J となる．

経路 OCB に沿って物体を運ぶ場合は，経路 OC で重力に逆らってする仕事は経路 AB での仕事と等しく，また経路 CB では仕事をしないから，経路 OCB での仕事量はやはり 147 J となる．

経路 OB に沿って物体を運ぶ場合は，重力に逆らってする仕事は変位ベクトル $\overrightarrow{\mathrm{OB}}$ と重力との内積の逆符号となる．重力は x 成分がなく y 成分のみだから，力と変位ベクトルの内積は重力の大きさと変位ベクトル $\overrightarrow{\mathrm{OB}}$ の y 成分 5.0 m との積になる．よって，経路 OB での仕事量はやはり 147 J となる．

問題 8　水平な粗い面上に x 軸と y 軸をとる．この面上に置かれた質量 3.0 kg の物体を，原点 O から点 B(4.0 m, 5.0 m) まで OAB と OCB および OB の 3 経路に沿って滑らせて運ぶ（図 3.10 の xy 平面を水平面とみなす）．物体が平面上を滑るときには一定の大きさ F の動摩擦力が働くとして，各経路において動摩擦力に逆らってする仕事を求めよ．

問題 9　位置 $\boldsymbol{r}$ によらず常に一定である力は保存力であることを示せ．また，どのような閉曲線 C に沿って 1 周しても，その間に力がする仕事 $\displaystyle\int_{\mathrm{C}} \boldsymbol{F}\cdot\mathrm{d}\boldsymbol{r}$ が 0 となるとき，その力 $\boldsymbol{F}$ は保存力であることを示せ．

3.5　エネルギーの変換とエネルギーの保存

この章ではこれまで力学的エネルギーについて学んできたが，エネルギーは熱エネルギー・電気エネルギー・化学エネルギーなどに姿を変えることがある．たとえば，物体の間の摩擦や気体の圧縮により力学的エ

ネルギーは熱に変わり，電熱器に電流を流すと電気エネルギーが熱に変わる．逆に，熱機関を使えば熱を力学的エネルギーに変えたり，火力発電のように熱を電気エネルギーに変えることもできる．また，電気モーターのように電気エネルギーを力学的エネルギーに変えたり，水力発電のように力学的エネルギーを電気エネルギーに変えることも可能である．車はガソリンや軽油の化学エネルギーを力学的エネルギーに変換することにより走行する．

　他にも，光や電磁波のエネルギーや原子核エネルギーなど，エネルギーにはいろいろな種類があり，それらは互いに変換できる．しかし，どのような種類のエネルギーに変わっても，エネルギーの総量は保存する．これを**エネルギー保存の法則**という．ただし，第 6 章で学ぶように，熱については他のエネルギーに変換することは自由にはできず，熱の一部分だけを変換することができる．

> **問題 10**　水槽の水をポンプで 15 m 高い位置にあるタンクにくみ上げるために，ポンプのモーターに 50 V の電圧を加えたところ，6.0 A の電流が流れた．このモーターの消費した電力量の 70 ％ が，水を汲み上げるための仕事に使われたものとすると，このモーターが 5.0 分間に消費する電力量はいくらか．また，このポンプは 5.0 分間で何 kg の水をくみ上げることができるか．このモーターの消費した電力量の残り 30 ％ は，モーターのコイルの電気抵抗で熱になるものとすると，電気抵抗はいくらか．ただし，重力加速度の大きさを 9.8 m/s^2 とすること．

────────────────　**第 3 章　演習問題**　────────────────

1. ある時刻 t に質量 m のロケットが速さ v で飛行していた．その後，短い時間 Δt の間に質量 Δm の燃料をロケットに対して相対的な速さ u で後方に噴射したところ，ロケットの速さは $v + \Delta v$ に増大した．Δv を求めよ．

2. 粗い水平な床の上に静止している質量 50 kg の物体に，100 N の力を水平に加えて距離 5 m だけ引っ張った．物体と床との間の動摩擦係数が 0.2 であるとき，加えた力がした仕事と摩擦がした仕事および引っ張り終わったときの物体の運動エネルギーを求めよ．

3. 等速度運動をしている質点の（ある任意の点まわりの）角運動量は不変であることを示せ．

4. 長さ ℓ の軽い棒の一端を回転軸に固定し，他端に質量 m の物体を取り付けて，滑らかな水平面上で回転できるようにする．初めに棒は静止している．時刻 $t = 0$ から，棒の中点に一定の大きさの水平な力 F を常に棒と直角になるように加え続けるとき，時刻 t における棒の回転角速度を求めよ．

5. 質量 m の質点が位置エネルギー $U(x) = -ax^{-6} + bx^{-12}$ （ただし，a と b は正の定数）で表される保存力を受けて正の x 軸上を運動する．この質点が受ける力 $F(x)$ を求め，力が 0 となる平衡点の位置 x_0 を求めよ．この平衡点において質点に微小な運動エネルギーを与えると，質点は微小振動する

（4.2 節参照）．質点が受ける力 $F(x)$ を式 (1.86) に従って平衡点 x_0 において $|x - x_0|$ の 1 次の項までテイラー展開し，平衡点の付近ではこの力がフックの法則（2.8.4 項参照）に従うことを示せ．

6．ガソリン車が走行しているときのエネルギーの変換と保存について説明せよ．

第 4 章

振　　動

われわれの身の回りには，いろいろな振動現象が見られる．よく知られている例では，ばねの先につけられた物体や振り子の運動などが振動運動である．これらの振動は，一定の時間間隔で同じ動きが繰り返される運動である．この他にも，コイルとコンデンサーからなる電気回路では電流の強さが周期的に変化する．このような回路は振動回路と呼ばれる．また，振動によく似た物質の運動に波がある．波と振動はどのような関係にあるのだろうか．あるいは，物体の周期的な運動はすべて振動なのだろうか．この章では，これらの疑問に対する答えを見つけるための基礎となる物理の考え方を学ぶことにする．

4.1　ばねの伸びと弾性力

振動の例としてまず思い浮かぶのはばねの先端につけられた小さな物体の運動である．図 4.1 のように，自然長のばねを引っ張って伸ばすと，ばねは自然長の状態に縮まろうとして小物体を引っ張る．また，自然長のばねを押して縮めると，やはりばねは自然長の状態に伸びようとして小物体を押す．

自然長からのばねの伸び x と，ばねに生じる弾性力（小物体を引っ張る力）F との関係は，ばねの伸びが小さいとき，

$$F = -kx \qquad (4.1)$$

と表され，力 F と x は比例関係にある．ここで，右辺の kx の前に $-$ 符号がついているのは，ばねの弾性力（ばねが小物体に及ぼす力）とばねの伸びが反対の向きを向いていることを表す（$x > 0$ のとき $F < 0$）．k は比例定数であり，ばね定数と呼ばれる．式 (4.1) がベクトル式で書かれておらず，スカラー式となっているのは，物体の 1 次元運動のみを考えているからである．また，式 (4.1) は**フックの法則**と呼ばれる（2.8.4 項参照）．フックの法則は，ばねの伸びが小さいとき，ばねの弾性力と伸びが正比例する範囲が存在するということを表している．

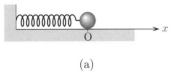

(a)

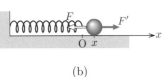

(b)

図 4.1　ばねの伸びとばねに生じる弾性力．(a) 自然長のばね．(b) ばねを x だけ伸ばすとばねには弾性力 F が生じる．

　ここまで，ばねに加えた力が小さいときに限って説明をしたが，次に，この力が大きい場合について考えてみる．ばねを引っ張る力 F' が正（図 4.1 で右向きの力）で大きくなりすぎると，ばねの弾性力 F は伸び x と比例しなくなり，さらに引っ張るとばねは伸びきってある長さ以上には伸びなくなる．ばねを押す力（左向き）が大きくなりすぎても，やはりばねの弾性力 F は縮み x と比例しなくなり，さらに強く押すとこれ以上縮まない長さになる．これをグラフに描いてみると，図 4.2 のようになる．この図では，$x_1 \leq x \leq x_2$ の範囲でばねの弾性力と伸びが比例関係にある．このように，正比例する範囲 $(x_1 \leq x \leq x_2)$ だけを考えることを線形近似といい，この範囲で式 (4.1) が成り立つ．

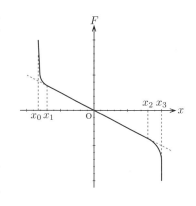

図 4.2　ばねの伸び x とばねに生じる弾性力 F との一般的な関係．

【実験 1】　ばねの一端を固定してばねをつり下げ，ばねの下端にフックを取り付ける．いろいろな質量のおもりをフックに掛けてつり下げ，ばねの伸びを測る．ばねの伸びを横軸にとり，おもりの重さを縦軸にとってグラフを描け．伸びが大きくなったとき，フックの法則からどのようにずれてくるかを確かめよ．場合によっては，ばねは元の長さに戻らなくなることもあることに注意すること．

【例題 1】　ばね定数 k の軽いばねの先端に質量 m の小物体をつけて鉛直に吊るしたとき，静止状態でのばねの自然長からの伸びを求めよ（図 4.3）．

解答　小物体に働く重力とばねの弾性力とのつり合いを考える．小物体に働く重力は重力加速度の大きさを g とすると mg である．一方，ばねの伸びを x とすると弾性力の大きさは kx である．これら 2 つの力を等しいとおくと，$x = mg/k$ が得られる．

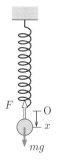

図 4.3　質量 m の小物体をばねの先につけて鉛直に吊るしたときのばねの伸び x．

> **問題 1**　ばね定数 k をもつ自然長 ℓ のばねの先端に質量 m の小物体をつけて鉛直に吊るすとばねの長さは ℓ' となって質点は静止した．小物体をこのつり合いの位置からさらに下方に x だけ引っ張ったとき，ばねの復元力はいくらか．ただし，このときの復元力とは，ばねの弾性力と重力との合力である．

4.2   ばね振り子の単振動

　滑らかな水平面の上に置かれたばね定数 k のばねの先端に質量 m の質点が取り付けられている（図 4.1）．質点に力を加えて x 軸の方向に x_0 だけばねを伸ばして，静かにはなすと質点は振動をする．ばねの伸びが小さくてフックの法則が成り立つとすれば，質点の運動は運動方程式

$$m\frac{\mathrm{d}^2 x}{\mathrm{d}t^2} = -kx \tag{4.2}$$

で表される．ここで，$\omega = \sqrt{k/m}$ とおいて，式 (4.2) を書きあらためると，

$$\frac{\mathrm{d}^2 x}{\mathrm{d}t^2} = -\omega^2 x \tag{4.3}$$

となる．この形の微分方程式を解くと，1.10.2 節で解説したように x は三角関数 $\sin\omega t$ と $\cos\omega t$ にそれぞれ係数を掛けたものの和（線形結合）で表される．これを加法定理 (1.76) を用いて書きあらためると，

$$x(t) = a\sin(\omega t + \phi) \tag{4.4}$$

となる．正弦関数や余弦関数は周期 2π の周期関数であり，式 (4.4) からわかるように，ばねにつけられた質点の運動も周期的な振動運動である．正弦関数あるいは余弦関数で表される振動運動を特に**単振動**という．横軸に ωt をとり，式 (4.4) を $t = [0, 2\pi/\omega]$ の範囲でグラフにすると図 4.4 のようになる．ここで，式 (4.4) の右辺における $(\omega t + \phi)$ を**位相**という．$\omega = \sqrt{k/m}$ は**角振動数**，a は**振幅**であり，ϕ は**初期位相**または**位相定数**と呼ばれる．

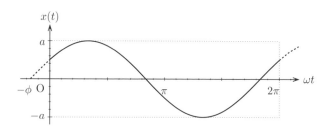

図 4.4　単振動 $x(t) = a\sin(\omega t + \phi)$ のグラフ．

【**例題 2**】　　ばね定数 k のばねの先端に質量 m の小物体をつけて鉛直に吊るしたとき，小物体は振動した．この振動を表す式を求めよ．

解答　小物体の運動方程式は，鉛直上向きに x 軸をとり，式 (4.2) と同様に考えて，

$$m\frac{\mathrm{d}^2 x}{\mathrm{d}t^2} = -k\,x - m\,g \tag{4.5}$$

となる．ここで，式 (4.5) に変数変換

$$X = x + \frac{m\,g}{k} \tag{4.6}$$

を行ない，$\omega = \sqrt{\dfrac{k}{m}}$ とおくと，$\dfrac{mg}{k}$ は定数であり，その時間微分は 0 なので，

$$\frac{\mathrm{d}^2 X}{\mathrm{d}t^2} = -\omega^2 X$$

となる．これは式 (4.3) と同じ形なので，その解も式 (4.4) と同じ形，すなわち，

$$X(t) = a\sin(\omega t + \phi)$$

になる．これを元の変数 x で表すと，

$$x(t) = a\sin(\omega t + \phi) - \frac{m\,g}{k} \tag{4.7}$$

となり，小物体の運動を表す式が得られる．

　質点はなぜ振動運動をするのか考えてみよう．質点を引っ張ってばねを伸ばしたのち手をはなすと，ばねは**復元力**（弾性力）によって元の位置へ戻ろうとする．その後，質点が元のつり合いの位置に戻ったとき，質点は運動量をもっていて，その慣性により，つり合いの位置を通り越してばねを縮める．その結果，再びばねに復元力が生じて質点は引き戻される．このような運動が繰り返し起こることにより，周期的な振動が生じる．このように，振動現象には常に復元力と慣性が関わっているのである．この間にばねの弾性エネルギーと質点の運動エネルギーとの間でエネルギーの交換が行なわれている．このことについては，次の節で詳しく考える．

　振動の速さは，角振動数だけでなく単位時間あたりの往復運動の回数 f で表すことができる．これを**振動数**または**周波数**といい，角振動数 ω と

$$f = \frac{\omega}{2\pi} = \frac{1}{2\pi}\sqrt{\frac{k}{m}} \tag{4.8}$$

の関係にある．また，質点が 1 往復するのに要する時間 T は振動の**周期**と呼ばれ，f あるいは ω と

$$T = \frac{1}{f} = \frac{2\pi}{\omega} = 2\pi\sqrt{\frac{m}{k}} \tag{4.9}$$

の関係がある．振動数や周期は振動の振幅によらず一定であり，これを振動の**等時性**という．等時性については単振り子の節で詳しく説明する．

【例題3】　ばね定数 6 N/m のばねの先端に質量 3 kg の小物体をつけて滑らかな机の上に水平に置き，つり合いの位置から 0.2 m 引っ張った後に静かにはなした．このときの質点の運動を式で表せ．

解答　小物体の運動は式 (4.4)，すなわち，$x(t) = a\sin(\omega t + \phi)$ で表される．また，速度は $v(t) = a\omega\cos(\omega t + \phi)$ である．題意より，$t = 0$ では $x(0) = 0.2$，$v(0) = 0$ である．$v(0) = 0$ より $\phi = \pi/2$ が得られ，$x(0) = 0.2$ より $a = 0.2$ が得られる．また，$\omega = \sqrt{k/m} = \sqrt{6/3} = \sqrt{2}$ である．したがって，小物体の運動は $x(t) = 0.2\sin(\sqrt{2}t + \pi/2) = 0.2\cos\sqrt{2}t$ となる．

【例題4】　ばねに吊るされたおもりの振動の周期は，ばね定数 k が大きいほど短く，おもりの質量 m が大きいほど長い．ばね定数 k とおもりの質量 m で，振動の角振動数 ω が決まると考えて，次元解析により振動の角振動数を表せ（「付録 A.2 物理量の次元」参照）．

解答　ばね定数 k は，ばねの力とばねの伸びとの比であるから，その次元は $\mathrm{MLT^{-2}/L = MT^{-2}}$ である．また，おもりの質量の次元は M である．これら2つの次元を組み合わせて，角振動数 ω の次元 $\mathrm{T^{-1}}$ をつくるには，$\omega \propto k^\alpha m^\beta$ とおいて $\mathrm{T^{-1} = (MT^{-2})^\alpha M^\beta}$ より，$\alpha = 1/2$，$\beta = -1/2$ が得られる．したがって，

$$\omega = c\sqrt{\frac{k}{m}}$$

と表される．次元解析では，無次元の比例定数 c は定まらないが，この式の比例定数は厳密に $c = 1$ である．

問題2　ばね定数 k のばねの先端につけた質量 m の小物体の単振動が $x(t) = a\sin(\omega t + \phi)$ と表されるとき，その位置 $x(t)$ と速度 $v(t)$ および加速度 $\alpha(t)$ のグラフを描け．ただし，振幅 a と角振動数 ω の値およびグラフのスケールを適当に選び，それらを明記すること．

問題3　ばね定数 k をもつ長さ ℓ のばねを半分に切って，その先端に質量 m の小物体を付けて水平に置き，小物体を引っ張って少し伸ばした後，静かに手をはなしたところ小物体は単振動をした．この単振動の周期を求めよ．

4.3　単振動の力学的エネルギー

　前節では，ばねにつけた質点の運動は単振動であることを学んだが，この節ではこの質点がもつ力学的エネルギーについて考える．水平面上における単振動を考えると，この運動では，ばねと質点がもつ力学的エ

ネルギーは，質点の運動エネルギーとばねの弾性エネルギーのみである．時刻 t における質点の位置が式 (4.4)，すなわち $x(t) = a \sin(\omega t + \phi)$ と表されているとき，その速度 $v(t)$ は

$$v(t) = a\omega \cos(\omega t + \phi) \tag{4.10}$$

となる．ばねは軽い材質でできており，その質量を無視できるとする．時刻 t に質点がもつ運動エネルギー $K(t)$ は

$$K(t) = \frac{1}{2}mv(t)^2 = \frac{1}{2}ma^2\omega^2 \cos^2(\omega t + \phi) \tag{4.11}$$

である．一方，時刻 t ではばねは自然長より $x(t)$ だけ伸びており，ばねがもつ弾性エネルギー $U(t)$ は $x(t)$ だけばねを伸ばすのに必要な仕事に等しいから

$$U(t) = \int_0^{x(t)} kx\,\mathrm{d}x = \frac{1}{2}kx(t)^2 = \frac{1}{2}ka^2 \sin^2(\omega t + \phi) \tag{4.12}$$

となる．したがって，質点とばねがもつ力学的エネルギー $E(t)$ は

$$E(t) = K(t) + U(t) = \frac{1}{2}ma^2\omega^2 \cos^2(\omega t + \phi) + \frac{1}{2}ka^2 \sin^2(\omega t + \phi) \tag{4.13}$$

となる．ここで，$\omega^2 = k/m$ であることを用いると

$$E(t) = \frac{1}{2}ka^2 \cos^2(\omega t + \phi) + \frac{1}{2}ka^2 \sin^2(\omega t + \phi) = \frac{1}{2}ka^2 \tag{4.14}$$

となり，力学的エネルギー $E(t)$ は時間によらず一定の値 $E_0 = ka^2/2$ をもつことがわかる．すなわち，単振動においては，ばねの弾性エネルギーと質点のエネルギーのやりとりが常に行なわれており，その和は一定である（図 4.5）．

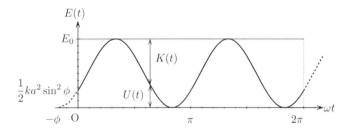

図 4.5 単振動の力学的エネルギー $E(t) = K(t) + U(t)$ のグラフ.

　実際に実験をしてみると，ばねの振動はいつかは止まるのに，この計算ではなぜ力学的エネルギーが一定になるのだろうか．その理由は，ここまでは水平面と質点の間の摩擦力や空気による抵抗力を考慮してこなかったからである．実際の実験に合わせてそれらの効果を取り入れると，式 (4.2) の右辺にたとえば速度 $\mathrm{d}x/\mathrm{d}t$ に比例する空気の抵抗力

$-\gamma\,\mathrm{d}x/\mathrm{d}t$ が加わり,

$$m\frac{\mathrm{d}^2x}{\mathrm{d}t^2} = -kx - \gamma\frac{\mathrm{d}x}{\mathrm{d}t} \tag{4.15}$$

のようになる. この式の解は減衰振動と呼ばれるが, その導出は少し難しいので, ここでは省略する.

【例題 5】　ばね定数 k [N/m] のばねの先端につけられた質量 m [kg] の小物体の運動が式 (4.2) で表されるときは, 力学的エネルギーが保存することを振動運動の解を用いずに証明せよ.

解 答　式 (4.2) の両辺に $\mathrm{d}x/\mathrm{d}t$ $(= v(t))$ を掛けて

$$m\frac{\mathrm{d}^2x}{\mathrm{d}t^2}\frac{\mathrm{d}x}{\mathrm{d}t} = -k\,x\,\frac{\mathrm{d}x}{\mathrm{d}t}$$

とする. この式を変形すると

$$\frac{1}{2}\,m\,\frac{\mathrm{d}}{\mathrm{d}t}\left(\frac{\mathrm{d}x}{\mathrm{d}t}\right)^2 + \frac{1}{2}\,k\,\frac{\mathrm{d}x^2}{\mathrm{d}t} = \frac{\mathrm{d}}{\mathrm{d}t}\left(\frac{1}{2}mv^2 + \frac{1}{2}kx^2\right) = 0$$

が得られる. この式を時間 t について積分すると,

$$\frac{1}{2}mv^2 + \frac{1}{2}kx^2 = E$$

となる. ここで, E は積分定数で一定の値である. この式は力学的エネルギーを表しているので, 力学的エネルギーは保存する.

> **問題 4**　ばねの振動に抵抗力を加えると, 運動方程式は式 (4.15) のようになる. この式では力学的エネルギーが減少することを例題 5 にならって示せ.

4.4　単振り子

　振幅が小さいときの単振り子の運動も単振動である. この節では, 単振り子の運動について詳しく見てみよう. 図 4.6 に示すように, 長さ ℓ の糸の先に, 質量 m のおもりが付けられている. ある時刻 t において鉛直線と糸のなす角が $\theta(t)$ であり, 速度が $v(t)$ であるとする.

　このとき, おもりの角速度 ω は一定ではなく, 時間とともに変化している. たとえば, おもりが最も高い位置に達して一瞬静止したときには, おもりの速度は 0 であり, 角速度も 0 となっている. また, おもりが最下点にあるときにはおもりの速度は最も大きく, 角速度も最大である. 角速度 ω は, 角度 θ の変化率なので,

$$\omega(t) = \frac{\mathrm{d}\theta(t)}{\mathrm{d}t} \tag{4.16}$$

と表される. 角速度 ω が一定の場合には, 速度 v との間に $v = \ell\omega$ の関係があるが, この関係は角速度が一定でない場合にも成り立っており,

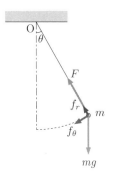

図 4.6　単振り子. 長さ ℓ の糸の先につけられた質量 m のおもりに働く力. mg: 重力. F: 糸の張力. f_r: 合力の半径方向成分. f_θ: 合力の周方向成分.

一般に

$$v(t) = \ell\,\omega(t) = \ell\,\frac{\mathrm{d}\theta(t)}{\mathrm{d}t} \tag{4.17}$$

の関係がある.

このおもりに働いている力は糸の張力 F と重力 mg である. これらの力の合力をおもりの運動方向（円周方向）成分 f_θ とそれに垂直な方向（半径方向または糸の方向）成分 f_r に分解すると，力 f_θ は θ が増す方向を正として，

$$f_\theta = -mg\sin\theta \tag{4.18}$$

であり，この方向の運動方程式は

$$m\frac{\mathrm{d}v}{\mathrm{d}t} = m\ell\frac{\mathrm{d}^2\theta}{\mathrm{d}t^2} = -mg\sin\theta \tag{4.19}$$

と表される. また，向心力 f_r は

$$f_r = F - mg\cos\theta \tag{4.20}$$

であるから，半径方向の運動方程式（向心力の式）は

$$m\frac{v^2}{\ell} = F - mg\cos\theta \tag{4.21}$$

となる. ただし，式 (4.21) の左辺で，式 (2.34) を用いた[1]. これらの 2 つの運動方程式のうち，円周方向の運動方程式 (4.19) を解くと，時刻 t におけるおもりの速度 $v = \ell\,\mathrm{d}\theta/\mathrm{d}t$ がわかり，これを式 (4.21) に代入するとその時刻での糸の張力 F が求められる.

おもりに働く力の円周方向成分 f_θ は式 (4.18) を θ の関数として，振り子の糸が水平となるまでの角度 $\theta = [-\pi/2, \pi/2]$ についてグラフに描くと，図 4.7 の実線のようになる. これを，ばねの伸びと力の関係のグラフである図 4.2 と比べると曲がり方が逆になっているが，この図中に破線で示されるように，原点の近くではやはりほぼ直線で近似できる.

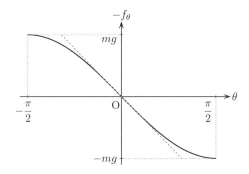

図 4.7 単振り子に働く合力の周方向成分 f_θ. 角度 $-\pi/2 \le \theta \le \pi/2$ の範囲. 破線は f_θ のグラフを原点近くで近似する直線 $f_\theta = -mg\theta$.

---

[1] 等速円運動の場合に知られている向心加速度の式 (2.33) は等速でない一般の円運動においても成り立つ.

直線の近似が誤差 5 % の範囲で正しいのはおよそ $\theta = [-\pi/6, \pi/6]$ 程度である．この範囲では，力 f_θ は

$$f_\theta = -mg\theta \tag{4.22}$$

と近似できて，運動方程式は

$$m\ell \frac{\mathrm{d}^2\theta}{\mathrm{d}t^2} = -mg\theta \tag{4.23}$$

となる．この方程式を変形して，$\omega = \sqrt{g/\ell}$，とおくと，ばねにつながれた質点の運動の式 (4.3) と同じ形の式

$$\frac{\mathrm{d}^2\theta}{\mathrm{d}t^2} = -\omega^2\theta \tag{4.24}$$

が得られる．したがって，その解は式 (4.4) のように $\theta(t) = a\sin(\omega t + \phi)$ となる．初期条件として $t = 0$ に角度 $\theta = \theta_0$ の位置から静かに手をはなした場合を考えると，$\theta(0) = \theta_0, \dfrac{\mathrm{d}\theta}{\mathrm{d}t}(0) = 0$ であるから，

$$\theta(t) = \theta_0 \cos\omega t \tag{4.25}$$

と表される．すなわち，単振り子の運動はその振幅 θ_0 が小さい範囲では単振動であることが確かめられた．その振動の周期 T は

$$T = \frac{1}{f} = \frac{2\pi}{\omega} = 2\pi\sqrt{\frac{\ell}{g}} \tag{4.26}$$

であり，振動の振幅にはよらずに一定である．このように，振幅が小さいとき，振り子の周期は振幅によらず一定であることを**振り子の等時性**という．

振り子の等時性:

なぜ振り子の振動は振幅が小さいときに等時性を示すのだろうか．その理由を運動方程式から考えるのは容易である．振り子の運動が式 (4.25) のように，$\theta(t) = \theta_0 \cos\omega t$ と表されているとき，その c 倍の振幅をもつ運動 θ_1 は $\theta_1(t) = c\theta_0 \cos\omega t$ となる．2 つの運動 $\theta(t)$ と $\theta_1(t)$ の間には $\theta_1(t) = c\theta(t)$ の関係がある．$\theta_1(t)$ を式 (4.24) に代入して，両辺を c で割ると，元の $\theta(t)$ の方程式が得られる．すなわち，式 (4.24) の両辺を c 倍しても，$\theta_1(t) = c\theta(t)$ とおけば式 (4.26) は不変である．このことを，振動の各瞬間（同じ時刻）における質点の速さで考えてみると，$\theta = \theta_0 \cos\omega t$ で表される運動における時刻 t での速さ $v = \mathrm{d}\theta/\mathrm{d}t$ は $v = -\omega\theta_0 \sin\omega t$ であり，振幅が c 倍になると，その速さも $v_1 = -c\omega\theta_0 \sin\omega t$ となって c 倍になるのである．加速度も同様である．つまり，振幅が大きくなっても，それに比例して振動の速さが速くなるので等時性が成り立つのである．

この運動を高さ h の位置から床に静かにボールを落とす場合と比較してみよう．ボールは床で完全弾性衝突すると仮定すると，床に跳ね返って元の高さ h の位置に帰ってくるまでの時間は

$$T = 2\sqrt{\frac{2h}{g}} \tag{4.27}$$

であり，床からの高さ h の平方根に比例している．したがって，この運動では等時性は成り立たない．等時性が成り立たないことは，落とす位置の高さを倍の $2h$ にしてみても容易に想像できる．$2h$ の高さのうち，初めの h だけ落ちるのに，高さを倍にする前の式 (4.27) の半分の時間を要し，その位置から逆に，$2h$ の高さに帰るまでに同じだけの時間を要するので，床から h の高さまでを往復するのに要する時間だけ元の位置に戻るまでの時間が長くなるのである．このことを，運動方程式から考えてみよう．鉛直上向きに z 軸をとると，自然落下する質量 m の物体の運動方程式は

$$\frac{\mathrm{d}^2 z}{\mathrm{d} t^2} = -\frac{g}{m} \tag{4.28}$$

であるが，両辺を c 倍して，$z_1 = cz$ とおいても式 (4.28) は不変とはならず，

$$\frac{\mathrm{d}^2 z_1}{\mathrm{d} t^2} = -\frac{cg}{m} \tag{4.29}$$

となる．すなわち，c 倍の高さから静かに物体を落とすとき，仮に重力加速度の大きさが c 倍となれば，z と z_1 は同じ方程式となり，同じ時間で床に落ちることとなる．

振り子の振動は，その振幅が小さくて運動が式 (4.24) で近似できるときには等時性が成り立つ．しかし，その振幅が大きくなると，もはや等時性は成り立たなくなる．たとえば，$\theta_0 = \pi/2$ の振幅では式 (4.26) で表される周期 T の約 1.2 倍程度になる．したがって，振動の振幅が大きくなるにつれて周期は長くなるのである．それでは，昔に使われていた振り子時計はなぜ時間を正しく刻むことができるのか．この問題を考えてみるのも楽しいだろう．

4.5 等速円運動する点の射影

単振動は等速円運動する点の射影であると考えることもできる．ただし，これは等速円運動する質点の運動と単振動が力学的に関係があるということではなく，等速円運動する点をある方向から眺めたときに，単振動のように見えることをいっているにすぎない．図 4.8 で点 P は半径 a の円周上を時計回りに角速度 ω で等速円運動しているとする．ある初期時刻 ($t = 0$) において P が縦軸 OA となす角を ϕ とする．P は

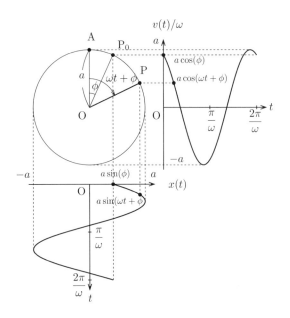

図 4.8　等速円運動と単振動の関係. 半径 a の円周上を角速度 ω で等速円運動している点を下側の $x(t)$ 軸に投影した点が $x(t) = a\sin(\omega t + \phi)$. 右側の $v(t)/\omega$ 軸に投影した点が $v(t)/\omega = a\cos(\omega t + \phi)$.

等角速度 ω で回転しているので時刻 t のときに OA となす角は $\omega t + \phi$ である.

　ここで, 図 4.8 のように円の下方に x 軸をとり, 上から光を当てて P の影を x 軸に射影すると, その点の位置は x 軸上で

$$x(t) = a\sin(\omega t + \phi)$$

であり, 単振動をする質点の運動 (4.4) と同じとなる. これが, 単振動を等速円運動する点の射影と考えることもできる理由である. 図 4.8 で円の右側にもう 1 つの軸をとると, この軸への点 P の射影は $a\cos(\omega t + \phi)$ となるから, 式 (4.10) より単振動をする質点の速度 v の $1/\omega$ 倍を表していると見ることができる. 前に, a を**振幅**と呼び, $\omega t + \phi$ を**位相**, ϕ を**初期位相**と呼ぶことを述べたが, この図を見るとそれらの言葉のイメージを抱くことができる. もちろん, 式 (4.4) と式 (4.10) を三角関数の公式 $\sin^2\theta + \cos^2\theta = 1$ に代入して,

$$x(t)^2 + \frac{v(t)^2}{\omega^2} = a^2 \tag{4.30}$$

が得られることからも図 4.8 のような等速円運動する点と単振動をする質点の運動との対応関係が予想される.

　単振動する物体の運動は等速円運動する点を射影した点の運動と同じであることがわかったが, 今度は少し見方を変えて, 横軸に時刻 t における座標 $x(t)$ をとり, 縦軸に速度 $v(t)$ をとって, 単振動をする質点の

ある瞬間の位置と速度をグラフ上の1点で表して，その点の軌跡（時間的変化）を描くと図4.9のような楕円形のグラフとなる．このグラフは本質的には図4.8と同じである．ばねの単振動は式 (4.3) で表されており，この式は2階微分方程式である．このような2階微分方程式の解はある時刻（たとえば $t = 0$）における位置 x と速度 v が指定されると図4.9のように解である軌跡が一意的に決まる．すなわち，この図で1点が決まるとその後の解の振る舞いはすべて決定される．このような (x, v) の領域を**位相空間 (phase space)** または**相空間**といい，物体の運動は位相空間の中の1つの軌道として表される．

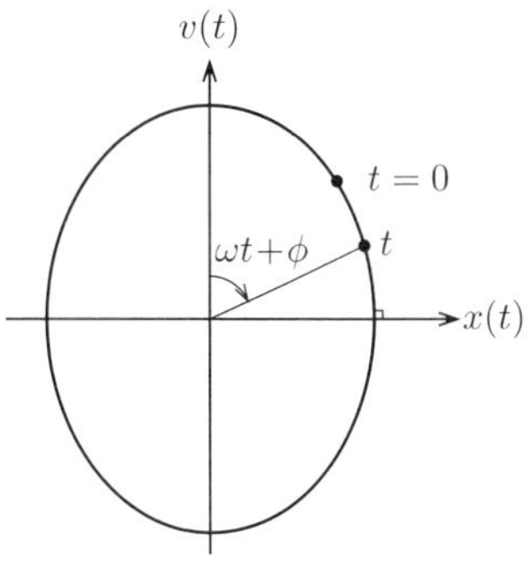

図4.9のように位相空間において閉じた曲線で表されている運動は周期的な運動である．特に，軌道が楕円で描かれる運動は単振動である．

図 **4.9** 位相空間における単振動運動の軌道．$x(t) = a\sin(\omega t + \phi)$．$v(t) = a\omega \cos(\omega t + \phi)$．

> **問題 5** 床からの高さ h の位置から質量 m の物体を静かにはなしたときの物体の位相空間 $(z, \mathrm{d}z/\mathrm{d}t)$ の軌道を描け．ただし，z は床から物体までの高さ，$\mathrm{d}z/\mathrm{d}t$ は落ちる速さとする．

【発展的内容（非線形の微分方程式を取り扱う）．】

ばねの運動を位相空間の軌道として表すと図4.9のようになることを説明した．振幅が小さいときの振り子の運動も単振動であり，同じ図で表せるが，振幅が大きくなると振り子の軌道はどのようになるのか調べてみよう．そのために，式 (4.19) の両辺に $v = \ell\, \mathrm{d}\theta/\mathrm{d}t$ を掛けて，変形すると

$$\frac{\mathrm{d}}{\mathrm{d}t}\left\{ \frac{m}{2}v^2 - mg\ell\cos\theta \right\} = 0 \tag{4.31}$$

となる．この式を t で積分すると

$$\frac{m}{2}v^2 + mg\ell(1 - \cos\theta) = E \tag{4.32}$$

が得られる．ただし，積分においては，$\theta = 0$ のとき，$E = (m/2)v^2$ となるように，積分定数を決めた．この式の左辺第1項は質点の運動エネルギーを表し，第2項は振り子運動における質点の最下点を基準としたときの質点の位置エネルギーであり，右辺は質点がもつ力学的エネルギーを表す．式 (4.32) で，$\omega = \sqrt{g/\ell}$ とおいて，両辺を $m\omega^2\ell^2$ で割ると

$$\frac{1}{2}\left(\frac{1}{\omega}\frac{\mathrm{d}\theta}{\mathrm{d}t} \right)^2 + (1 - \cos\theta) = \frac{E}{mg\ell} \tag{4.33}$$

となる．この式を $(1/\omega)\,\mathrm{d}\theta/\mathrm{d}t$ について解けば，

$$\frac{1}{\omega}\frac{\mathrm{d}\theta}{\mathrm{d}t} = \pm\sqrt{2\left(\frac{E}{mg\ell} - (1 - \cos\theta) \right)} \tag{4.34}$$

と表される．この式を使って，θ と $\mathrm{d}\theta/\mathrm{d}t$ の関係を位相空間で描くと図

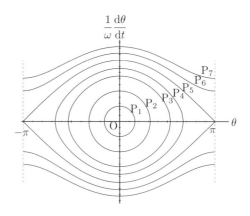

図 **4.10**   位相空間における単振り子の解の軌道（運動の軌跡）.

4.10 のようになる．この図のように，位相空間の中で解の軌道（運動の軌跡）を描いた図を**位相図**あるいは**相図**と呼ぶ．

式 (4.33) で力学的エネルギー E が小さくて振動の振幅も小さいときには，図 4.10 中で P_1 や P_2 で表されるようにほぼ円形の軌道であり，単振動となる．もう少し E が大きくなると式 (4.19) で $\sin\theta \sim \theta$ の近似が成り立たなくなり，3 次の項まで含めた近似式 $\sin\theta \sim \theta - \theta^3/6$ を考える必要がでてくる場合もある．その軌道は P_3 や P_4 のように円形からずれる．ただし，軌道 P_3 ではすでに振幅が $\pi/2$ を少し越えているので，振り子を吊るしているのは糸ではなく，固いはりがねや細い棒であると考える必要がある．このときの振動 (P_3) の周期は前にも述べたようにおよそ $T \sim 1.2 \times 2\pi\sqrt{\ell/g}$ 程度である．力学的エネルギーがさらに大きくなり，ちょうど振り子の振幅が π となって，質点が棒の支点 O の真上までくる場合の軌道が P_5 である．この軌道は x 軸と直角でない角度で交わっている．詳しい考察によると，この場合には，支点の真上の位置から棒についた質点を静かにはなすと無限に長い時間をかけて支点の真下の位置に達し，再び無限の時間をかけて支点の真上の頂上まで登りつめる．これ以上力学的エネルギーが大きくなると質点は往復運動ではなく，支点を中心とした旋回運動を行なう．そのときの軌道が P_6 と P_7 である．

【例題 6】   長さ ℓ の糸の先につけられた質量 m の質点が単振動をしていて，t において鉛直線と糸のなす角 $\theta(t)$ が $\theta(t) = \theta_0 \cos\omega t$ （$\omega = \sqrt{g/\ell}$）と表されるとき，この質点に働く糸の張力 F を求めよ．

解答 質点が単振動で表されるのは振幅が小さいとき ($\theta \ll 1$) であり，$\cos \theta = 1 - \theta^2/2$ と近似できるときである．式 (4.21) でこの近似を行ない，$\theta(t) = \theta_0 \cos \omega t$ を代入すると

$$
\begin{aligned}
F &= m\frac{v^2}{\ell} + mg\left(1 - \frac{\theta^2}{2}\right) \\
&= m\ell\left(\frac{\mathrm{d}\theta}{\mathrm{d}t}\right)^2 + mg\left(1 - \frac{\theta^2}{2}\right) \\
&= m\ell\theta_0{}^2\omega^2\sin^2\omega t + mg - \frac{1}{2}mg\theta_0{}^2\cos^2\omega t \\
&= mg\theta_0{}^2\left(\sin^2\omega t - \frac{1}{2}\cos^2\omega t\right) + mg
\end{aligned}
\tag{4.35}
$$

となる．$t = 0$ では $\theta = \theta_0$ であり，$F = mg(1 - \theta_0{}^2/2)$ となる．また，$\omega t = \pi/2$ のとき，$\theta = 0$ であり，$F = mg(1 + \theta_0{}^2)$ となる．

4.6 単振動の複素表現 （＊）

これまで単振動を三角関数を用いて $A\sin(\omega t + \phi)$ などと表してきたが，このように表す代わりに指数関数型の複素表現 $Ae^{i(\omega t + \phi)}$ を用いる場合がある．これは，オイラーの関係式

$$
e^{i\theta} = \cos\theta + i\sin\theta
\tag{4.36}
$$

を思い出すと，三角関数と関連があることがわかる．単振動を表す運動方程式は，ばねの振動でも，小振幅の振り子の運動でも

$$
\frac{\mathrm{d}^2 x}{\mathrm{d}t^2} = -\omega^2 x
\tag{4.37}
$$

の形に表されるが，この指数関数型の複素表現を用いると，この方程式を簡単に解くことができ，また位相を調べるためにも非常に便利である．このため，複素数を用いた振動の表現が広く用いられている．ここでは，指数関数型の複素表現を用いて単振動の式 (4.37) を解く手順について説明する．

まず初めに，式 (4.37) の解を

$$
x(t) = e^{\alpha t}
\tag{4.38}
$$

と仮定する．ここで，α は未知の定数である．解を仮定するという意味は，この時点では式 (4.38) が式 (4.37) を満たすかどうかわからないが，解になるかどうか調べてみるということである．式 (4.38) を式 (4.37) に代入して整理すると

$$
\left(\alpha^2 + \omega^2\right)e^{\alpha t} = 0
\tag{4.39}
$$

となる．式 (4.38) が式 (4.37) の解であるならば，この式が成り立た

なければならない. $e^{\alpha t} \neq 0$ であるから, この式が成り立つ条件は $\alpha^2 + \omega^2 = 0$, つまり $\alpha = +i\omega$ あるいは $\alpha = -i\omega$ となる. このことから, $x(t) = e^{+i\omega t}$ と $x(t) = e^{-i\omega t}$ はともに式 (4.37) の解であることがわかった.

次に単振動の式 (4.37) がもつ性質, 「$f(t)$ と $g(t)$ がともに式 (4.37) の解ならば, これを線形結合した式 $af(t) + bg(t)$ も式 (4.37) の解である」ことを用いる. この性質は簡単に示すことができる. $f(t), g(t)$ が式 (4.37) の解であれば

$$\frac{\mathrm{d}^2 f}{\mathrm{d}t^2} = -\omega^2 f, \qquad \frac{\mathrm{d}^2 g}{\mathrm{d}t^2} = -\omega^2 g$$

を満たす. これらの式にそれぞれ定数 a, b を掛け, 辺々足すと

$$\frac{\mathrm{d}^2}{\mathrm{d}t^2}\left(af + bg\right) = -\omega^2\left(af + bg\right)$$

となる. これより, $f(t)$ と $g(t)$ が式 (4.37) の解ならば, $af(t) + bg(t)$ も式 (4.37) の解であることが示された. ここで, $f(t) = e^{+i\omega t}, g(t) = e^{-i\omega t}$ とすることができて, これらを線形結合した式

$$x(t) = ae^{+i\omega t} + be^{-i\omega t} \tag{4.40}$$

は式 (4.37) の解である.

ところで, $x(t)$ はばねの振動の場合にはばねの先端のおもりの変位を表し, 振り子の場合には振れ角を表していた. つまりこの $x(t)$ は物理量であり, 実数でなければならない. そこで, 定数 a と b を $x(t)$ が実数となるように決めなければならない. オイラーの式 (4.36) を用いて式 (4.40) を書き直すと

$$x(t) = (a + b)\cos\omega t + i(a - b)\sin\omega t$$

となる. 右辺が実数となる条件は, $a + b$ が純実数となり, $a - b$ が純虚数となることである.

$$a + b = P, \quad a - b = iQ \quad (P, Q \text{ は実数定数})$$

これを整理すると

$$a = \frac{P + iQ}{2}, \quad b = \frac{P - iQ}{2}$$

となり, a と b が互いに複素共役な数であればよいことがわかる. そこで, 実数の定数 A を用いて, a と b を

$$a = \frac{A}{2}e^{+i\phi}, \quad b = \frac{A}{2}e^{-i\phi}$$

と表し, 式 (4.40) に代入すると,

$$x(t) = \frac{A}{2}e^{+i(\omega t + \phi)} + \frac{A}{2}e^{-i(\omega t + \phi)}$$

となる．これをオイラーの式 (4.36) を用いて整理すると，

$$x(t) = A\cos(\omega t + \phi) \tag{4.41}$$

を得る．これで (4.4) と同じ結果が得られた．式 (4.41) の表現で，$\cos(\omega t + \phi)$ と $\sin(\omega t + \phi)$ の表現が異なっても，意味はまったく同じであることを注意しておく．$\cos x$ $(x = \omega t + \phi)$ と $\sin x$ は位相が $\pi/2$ ずれているだけで同じ波形を表している．したがって，同じ波形を $\cos x$ と $\sin x$ のどちらを用いても表すことができる．そのときの違いは初期位相 ϕ の部分に現れることになる．

> **問題 6**　ばね定数 k のばねの先端に質量 m の小物体をつけて鉛直に吊るしたとき，小物体は鉛直方向に振動した．この振動を表す式を求め，上記の方法を用いて解を求めよ．初期条件は，つり合いの位置から下向きに長さ x_0 だけ小物体を引っ張り，静かに手を放したとする．

--------- 第 4 章　演習問題 ---------

1. 図 4.11 のように小球がばね定数 k_1 と k_2 の 2 つのばねにつながれて水平面に置かれている．2 つのばねの自然長はいずれも ℓ であり，この図でのばねの長さの和は 2.5ℓ である．このときのそれぞれのばねの長さを求めよ．

2. 図 4.12 のようにばね定数 k をもつ長さ ℓ のばねの両端にそれぞれ質量 m の小球がつながれて水平面に置かれている．このばねを自然長よりも少し伸ばして 1.2ℓ にした後に，静かに手をはなすと小球はどのような運動をするか説明せよ．また，このときの小球の振動の周期はいくらか．

3. ばねの先に小球をつけて少し伸ばした後に手をはなすと，小球はばねの自然長の位置に達したときにその点で静止せずに通過し，反対側へ行った後に再び元の位置へ戻ろうとする．このような運動が繰り返されて，小球は単振動をする．なぜ小球は初めてばねの自然長の位置に達したときに静止せず，このような単振動を続けるのかその理由を説明せよ．

4. ばねの先につけた小球が単振動をしているときは，平均運動エネルギー $\overline{K}$ と平均弾性エネルギー $\overline{U}$ が等しいことを示せ．ただし，それぞれのエネルギーの平均値は振動の 1 周期について時間平均をして求めること．

5. 図 4.13 のように，間隔 3ℓ の壁の間に，質量 m の 2 つの小球がばね定数 k の 3 つのばねにつながれて水平面に置かれている．3 つのばねの自然長はいずれも ℓ である．この 2 つの小球はどのような振動をするか調べよ．

6. 図 4.14 のように，長さ ℓ の 2 本の軽い糸の先に同じ質量 m をもつ小球がそれぞれ 1 つ付けられている．この小球の 1 つを手に持って，糸を鉛直下方から角度 θ だけ傾けて静かにはなすと，支点 O の真下でもう 1 つの質量と完全非弾性衝突をし，2 つの質点は一体となって運動を始めた．衝突後の振動の周期と振幅を求めよ．ただし，$\theta \ll 1$ とする．

7. 長さ ℓ の軽い糸の先につけた質量 m の小球を支点 O から鉛直に吊るし，この小球に水平方向に初速度を与える．鉛直面内で，点 O を中心として小球が回転運動するために必要な初速度はいくらか．

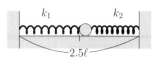

図 **4.11**　2 つのばねにつながれた小球．

図 **4.12**　1 つのばねにつながった 2 つの小球の振動．

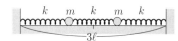

図 **4.13**　2 つのばねにつながった小球．

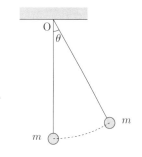

図 **4.14**　2 つの振り子の衝突．

the

96

第 5 章
熱と物質の状態

　温度や熱という言葉はわれわれの日常生活で頻繁に使われている．物体や物質などの「もの」に触れたときに感じる熱さや冷たさは，「もの」がもつ熱がわれわれの皮膚を通して体の中に流れたり，逆に体の中の熱が「もの」に流れるためである．物理学では熱さや冷たさを温度という指標で表現する．同じ温度の物体でも金属と木ではその感じ方が異なる．この章では熱または熱量と温度の違いについても詳しく学ぶ．

5.1　温度と熱
5.1.1　絶対温度

　日常生活で使われている温度は**セルシウス温度**といい，単位は °C である．セルシウス温度は 1 気圧のもとで，氷が融ける温度（融点）を 0 °C とし，水が沸騰する温度（沸点）を 100 °C として定めた温度である．セルシウス温度で最も低い温度は −273.15 °C であり，物質はこの温度以下にはならない．この最低温度を**絶対零度**といい，この温度を基準すなわち 0 度として定めた温度を**絶対温度**という．絶対温度の単位は**ケルビン** (K) で，1 度の大きさはセルシウス温度と同じである．したがって，絶対温度 T と，セルシウス温度 t の関係は

$$T = t + 273.15 \tag{5.1}$$

である．物理学や科学ではほとんどの場合に，温度を絶対温度で表す．

【**例題 1**】　室温がセルシウス温度で 27 °C であるとき，絶対温度では何度か．

解答　式 (5.1) に $t = 27$ を代入すると，$T = 300.15$ K で，有効数字 3 桁で表すと $T = 300$ K となる．

問題 1　金 (Au) の融点は 1064 °C であり，沸点は 2660 °C である．これらを絶対温度で表せ．

5.1.2　熱の移動と熱量

　温度の異なる2つの物体を接触させると，高温の物体の温度は下がり，低温の物体の温度は上がる．これら2つの物体以外には熱が逃げないとすると，十分に時間が経ったのちには，2つの物体は同じ温度に達して，その後は温度が一定となる．このとき，2つの物体は**熱平衡**にあるという．熱平衡に達する過程で，高温の物体に蓄えられている分子の熱運動のエネルギーが低温の物体に移動する．これを**熱**が移動するといい，移動した熱の大きさを**熱量**という．熱量は熱運動のエネルギーの大きさなので，単位はエネルギーと同じ **ジュール (J)** である[1]．

　実際には，この熱平衡の性質を用いて温度を定義し，測定しているのである．家庭などで使われる温度計は温度によって体積が変化するアルコールや水銀などの液体が注入された容器で，液体の体積の変化によって温度を測定する計器である．物体の温度を測定するときには，その物体に温度計を接触させて，物体と温度計の間で熱平衡状態に達したときの温度計の温度を物体の温度とする．温度計としては，温度の変化に伴って変化する物理現象であれば何でも利用できる．現在では，広範囲の温度を精密に測定するための**標準温度計**として熱電対が用いられている．熱電対は**熱起電力**を利用した温度計である．図 5.1 (a) のように，2種類の金属線 A と B の両端 P_0, P_1 を接合して，接点 P_0 を一定の温度 T_0 に保ち，接点 P_1 の温度 T_1 を変えると，熱起電力を生じて電流が流れる．この電流を，図 5.1 (b) のように電流計で測定すると，温度 T_1 が求められる．

　熱の移動・伝わり方には，伝導・輻射・対流の3つの形態がある．**熱伝導**は，異なる温度の2物体が接触したり，物体中に温度差があるとき，物体中の分子どうしの衝突や分子間力によって，分子から分子へと熱エネルギーが移っていく現象である．**熱輻射（熱放射）**は，一方の物体から赤外線などの電磁波が放出され，他方の物体に吸収されることによって熱エネルギーが移動する現象であり，**対流**は，浮力の作用で液体や気体が循環運動をし，温度差のある物体が入り混じることによって熱エネルギーが移動する現象である．

　温度の低いものに手を触れたとき冷たく感じるのは，手から物体に熱が流れる熱伝導が起こっているからである．太陽の光が当たる場所にいるとぽかぽかと暖かく感じる．これは，太陽の光（主に赤外線）が体の表面で吸収されることによるもので，輻射熱で体が暖められている．空

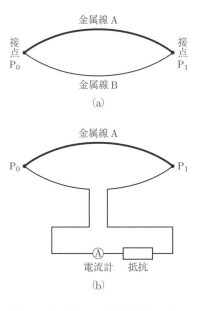

図 5.1　熱電対による温度計測の原理（ゼーベックの実験）.

---

[1] 熱量の単位として，1 g の水の温度を 1 K 上昇させるために必要な熱量を 1 カロリー (cal) とする単位が用いられる場合もある．およそ，1 cal=4.19 J の関係がある．

気は暖まると膨張して比重が小さくなり，冷えると収縮して比重が大き
くなる．このため，床の上に暖房器具を置いて付近の空気を暖めると，
暖かい空気は部屋の上部に向かって流れ，空気の対流が起こって部屋全
体が暖かくなる．

> **問題 2**　伝導・放射・対流のそれぞれの熱の伝わり方を利用した暖房器具や
> 冷房器具の例をあげて，それぞれの熱の伝達の方法を説明せよ．
> **問題 3**　低温物体を触ったとき，金属と木材とでは同じ温度でも冷たさが
> 異なるように感じるのはなぜか．その理由を考えよ．

5.1.3　比熱と熱容量

　物体の温度を 1 K 上げるために必要な熱量は，物質の種類によって異
なり，また同じ物質でも固体と液体とでは異なっている．質量 1 g [2]の
物体の温度を 1 K 上げるために必要な熱量の大きさを**比熱**といい，そ
の単位は J/g·K である．たとえば，水の比熱は約 4.19 J/g·K であり，
銅は約 0.379 J/g·K，コンクリートは約 0.84 J/g·K である．また，あ
る物体の温度を 1 K 上げるために必要な熱量をその物体の**熱容量**とい
い，その単位は J/K である．

　比熱が c [J/g·K] の材質でできた質量 m [g] の物体の熱容量 C [J/K] は

$$C = mc \tag{5.2}$$

と表され，この物体の温度を ΔT [K] 上げるために必要な熱量 Q [J] は

$$Q = C\Delta T = mc\Delta T \tag{5.3}$$

である．

【例題 2】　質量 50 g の金属球を 200 °C に加熱し，断熱容器中の
20 °C の水 400 g の中に入れた．十分時間が経過した後で，水と金
属の温度はともに 22.4 °C となった．水の比熱を 4.19 J/g·K とし
て，この金属の比熱を求めよ．断熱容器の熱容量は小さいとして無
視すること．

解答　水は金属球から熱を受け取って温度が上昇した．水が受け
取った熱量は $400 \times 4.19 \times (22.4 - 20) = 4.0 \times 10^3$ J である．ま
た，金属の比熱を x J/g·K とすると，金属の失った熱量の大きさ
は $50 \times x \times (200 - 22.4) = 8.9 \times 10^3\, x$ J である．これらを等しいとおい
て，式 $4.0 \times 10^3 = 8.9 \times 10^3\, x$ が得られ，これより $x = 0.45$ J/g·K が
得られる．

---

[2] 1 kg ではなく，1 g であることに注意すること．

問題4　断熱容器で被われたアルミニウムのカップに水が入っており，その温度は 20.0 °C である．カップの質量は 100 g であり，水の質量は 250 g である．その水の中へ 2 個の金属球を入れる．1 つは銅でできており，その質量は 150 g で温度は 80.0 °C である．もう 1 つの金属球の材質は不明であり，その質量は 71 g で温度は 100 °C である．時間が十分経過した後，すべての物質の温度は 25.0 °C となった．水の比熱を 4.2 J/g·K，銅の比熱を 0.39 J/g·K，アルミニウムの比熱を 0.89 J/g·K として，材質のわからない金属の比熱を求めよ．

5.1.4　物質の 3 態

　物質はその温度と圧力によって状態が変わる．図 5.2 (a) は温度 T と圧力 p の大きさによって物質がどのような状態になるかを表す図であり，**相図**または**状態図**と呼ばれる．この図は特定の物質の相図ではなく模式的な図であり，多くの物質の状態変化はこのような相図で表される．この図で 3 重点で表されている点から出る 3 本の曲線（融解曲線・沸騰曲線・昇華曲線）により，物質の状態が**固体・液体・気体**の状態に分かれることが示されている．これらの固体・液体・気体の 3 つの状態を**物質の 3 態**または **3 相**という．

　3 重点よりも大きな一定の圧力のもとで温度が高くなると，物質は固体の状態から融けて液体となる．これを**融解**という．このとき，固体が融解する温度（**融点**）は物質ごとに決まっており，図 5.2 (a) では融解曲線で表されている．固体が融け始めて，すべての固体が液体に変化するまでは温度は一定（融点）である．

　さらに温度が高くなってある温度に達すると，液体中のあちこちで液体が気体に変化し始める．これを**沸騰**（気化）といい，その温度（**沸点**）も物質ごとに決まっており，図 5.2 (a) では沸騰曲線で表されている．しかし，3 重点よりも低い圧力のもとでは，固体は液体の状態を経ずに直接に気体に変わる．これを**昇華**という．一定の圧力のもとでは，昇華が起こる最低温度は物質ごとに決まっている．

　3 重点は固体と液体と気体の 3 つの状態が共存できる点である．また，臨界点 (T_c, p_c) は液体と気体の区別ができなくなる点である．すなわち，臨界圧力 p_c よりも大きな圧力のもとで温度が高くなると，物質は液体から気体へ徐々に変化し，沸騰温度のような明確な温度を定義することができない．このことは臨界点よりも高い温度のもとで，圧力を大きくするときも同様であり，圧力を大きくすると気体から液体への状態変化は徐々に起こり，その境界が明確ではない．このような状態を超臨界流体といい，この現象は化学物質を効率よくつくったり，工業製品の

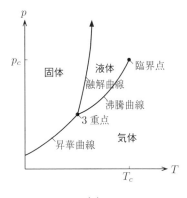

(a)

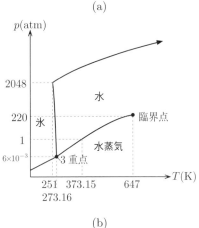

(b)

図 5.2　相図．温度と圧力によって決まる物質の状態．(a) 一般的な物質の相図（模式図）．(b) 水の相図．

洗浄に応用されたりしている．水はわれわれの生活や生命の維持に不可欠でありなじみの深い物質であるが，その性質はかなり特異である．たとえば，固体である氷が液体である水より小さい密度をもつという性質や固体を圧縮すると融解して液体になるという性質で他の多くの物質と異なっている．水の相図は図5.2 (b) のように，一般的な物質の相図5.2 (a) とかなり異なっている．この図で，融解曲線の傾き $(\mathrm{d}p/\mathrm{d}T)$ が負の値をもつ領域があることが水の特異な性質と関係している．

　固体が融解して液体となるとき，1 g の固体が融解するために必要な熱量も物質ごとに決まった値をとり，これを**融解熱**という．同様に，1 g の液体が気化して気体となるのに要する熱量も物質ごとに決まっており，**気化熱**という[3]．固体から気体になるときに物質が吸収する熱量は**昇華熱**と呼ばれ，融解熱と気化熱の和にほぼ等しい．このように，状態変化（相変化）を起こすのに必要な熱量を総称して**潜熱**という（表5.1 参照）．

表 5.1　物質の融解熱と気化熱．

物　質　　[単　位]	融点 [°C]	融解熱 [J/g]	沸点 [°C]	気化熱 [J/g]
水　　　(H₂O)	0	3.3×10^2	100	2.3×10^3
酸　素　(O₂)	-218.4	1.4×10	-183.0	2.1×10^2
アンモニア (NH₃)	-77.7	3.5×10^2	33.5	1.4×10^3
水　銀　(Hg)	-38.9	1.1×10	356.7	3.0×10^2

　物質は多数の原子あるいは分子から構成されている．物質が固体・液体・気体のそれぞれの状態にあるとき，これらの原子や分子はどのような状態となっているのだろうか．物質が固体の状態にあるときは，原子や分子間の結合力が強く，それぞれの原子や分子は力がつり合ったほぼ一定の位置に存在し，そのまわりで不規則な運動（熱運動）をしている．詳しく調べると，固体には原子や分子が規則正しく配列した**結晶構造**をもつ固体と，無秩序な構造をもつ**アモルファス（非晶質）**がある．

　固体に熱を加えると，原子や分子がエネルギーを得て激しく振動するようになる．この振動の振幅がある程度以上大きくなると隣接する粒子どうしの直接的な結びつきが切れ，粒子が互いの位置を入れ替えることができるようになって液体となる．このため，液体は自由に形を変えることができる．さらに物質に熱を加えると，原子や分子はこれらの粒子間の結合力を振り切り，自由に飛び回るようになる．これらのことから，融解熱は隣接する粒子間の結合を切るために要するエネルギー，気化熱は粒子を完全にバラバラにするために必要なエネルギーであることがわかる．

---

[3] ただし，圧力が異なると融解熱や気化熱は異なる．

【例題 3】 温度が $-10\,°\mathrm{C}$ の氷 50 g を加熱することにより，融解して 10 °C の水にした．氷と水の比熱をそれぞれ 2.09 および 4.19 J/g·K とし，氷の融解熱を 330 J/g として，この過程で加えた熱量を求めよ．

解答 加えた熱量は $50 \times 2.09 \times \{0-(-10)\} + 50 \times 330 + 50 \times 4.19 \times (10-0) = 1.96 \times 10^4$ J となる．

問題 5 27 °C の銅（固体）1 kg を 77.3 K の液体窒素中に入れるとき，銅が 77.3 K に達するまでに気化する窒素の質量を求めよ．銅の比熱は温度によって異なるが，ここでは平均として 0.29 J/g·K であるとし，窒素の気化熱は 201 J/g で，沸点は 77.3 K である．

問題 6 温度が 0 °C の大きな氷の固まりを銃で撃つと，質量 3 g の弾丸が 240 m/s の速さで氷に当たり，氷にめり込んで止まった．その際，氷は動かず，弾丸の運動エネルギーはすべて氷との間に生じる摩擦熱に変わったものとする．弾丸が撃ち込まれたことによって溶けた氷の質量を求めよ．氷の融点は 0 °C，融解熱は 330 J/g とする．

5.2 理想気体

5.2.1 ボイル・シャルルの法則

容器内に気体を閉じこめると，気体は容器の壁に力を及ぼす．図 5.3 のように滑らかに動くことのできるピストンをもつ容器に気体を入れると，容器内の気体がピストンを押す力と外部の気体がピストンを押す力がつり合う位置でピストンは静止する．つり合いの位置からさらにピストンを押し込むと内部に閉じこめられた気体からピストンが押し返されるのは，内部の**気体の圧力**が大きくなるためである．圧力は気体が面を押す単位面積あたりの力であり，単位は**パスカル [Pa]** $(= [\mathrm{N/m^2}])$ で表される[4]．シリンダーの断面積を S とし，内部の気体がピストンを押す力の大きさを F とすると，内部の気体の圧力は $p = F/S$ であり，外部から力を加えなくてもピストンが静止しているときは，外部気体の圧力 p_0 に等しく，$p = p_0$ が成り立っている．

容器が熱伝導性のよい材質でできているときは，容器中の気体の温度は外部の一定温度 T_0 に常に等しいと考えることができる．この場合，ゆっくりとピストンに力を加えて容器中の気体を圧縮すると，気体の体積 $V\,[\mathrm{m^3}]$ とその圧力 p は反比例の関係にあることが観測される．これを**ボイルの法則**といい，

$$pV = 一定\,(T_0) \tag{5.4}$$

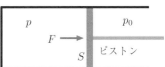

図 5.3 気体がピストンを押す力と圧力．

[4] 1 気圧 $= 1.01 \times 10^5$ Pa である．

と表される．ただし，式 (5.4) の右辺の一定値は，外部の温度 T_0 によって異なる値をとる．

　次に，気体の温度とその体積の関係を考えよう．そのために，容器とピストンは熱を伝えにくい断熱性の高い材質のものを用い，ピストンは自由に動けるようにして，容器中の気体の圧力は常に外部の一定の圧力 p_0 に等しくなるようにしておく．図 5.4 のように容器の内部にヒーターを取り付け，気体を加熱すると気体は膨張する．このとき，気体の絶対温度と体積が比例して変化することが観測される．これを**シャルルの法則**といい，

$$\frac{V}{T} = \text{一定} \, (p_0) \tag{5.5}$$

と表される．ただし，式 (5.5) の右辺の一定値は外部の圧力 p_0 によって異なる値をとる．

　ボイルの法則 (5.4) とシャルルの法則 (5.5) をまとめて，**ボイル・シャルルの法則**といい，

$$\frac{pV}{T} = \text{一定} \tag{5.6}$$

と表される．この式の右辺の一定値は気体の温度や圧力によらない値である．ボイル・シャルルの法則 (5.6) が厳密に成り立つ気体を**理想気体**という．

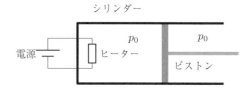

図 5.4　気体を加熱したときの気体の膨張．

　物質は非常に多数の原子や分子から構成されているので，物質の量を原子の個数で表すと数が大きくなりすぎて不便であり，ある程度のまとまった個数を単位にするのが望ましい．そこで，6.02×10^{23} 個の原子や分子からなる物質量を **1 mol**（**モル**）と呼ぶことにする．この数は質量数（9.2 節参照）12 の炭素 12 g 中に含まれる原子の数として定義されており，**アボガドロ定数**と呼ばれ，記号 N_A で表される．すなわち，

$$N_A = 6.02 \times 10^{23} \qquad 1/\text{mol} \tag{5.7}$$

である．ある物質の量を [mol] で表すとき，その物質の**物質量**で表すという．物質量 n [mol] の物質に含まれる分子の個数は nN_A 個である．

　アボガドロ定数 N_A は炭素を用いて定義されるが，もちろん他の物質にも適用できる．たとえば，酸素は原子量 16 の原子 2 個で 1 分子を構

成するので，1 mol の酸素（O_2）は 32 g である．また，1 mol の水（H_2O）は 18 g である．

ボイル・シャルルの法則では，式 (5.6) の値がそれぞれの気体について一定であることを示している．しかし，この一定値は気体の種類に関係なく，物質量のみに比例することがアボガドロにより発見され，**アボガドロの法則**と呼ばれている．アボガドロの法則より，式 (5.6) の右辺の一定値は気体の物質量にのみ比例するから，n [mol] の気体についてボイル・シャルルの法則を表すと，

$$\frac{pV}{T} = nR \tag{5.8}$$

となる．ここで，比例定数 R は気体の種類によらない定数で，**気体定数**と呼ばれ，

$$R = 8.31 \qquad \text{J/(mol·K)} \tag{5.9}$$

である．式 (5.8) を**理想気体の状態方程式**という．この式は，ある温度の気体の圧力は単位体積中に含まれる気体分子の個数だけで決まり，分子の種類にはよらず一定であることを示している．われわれの身の周りの多くの気体は理想気体とみなすことができて，この関係式がよく成り立っているが，低温や高圧の状態になると理想気体とみなすことができなくなり，ボイル・シャルルの法則からのずれを生じる．

理想気体の状態方程式 (5.8) を，実在する気体に適用範囲がより広がるように修正した近似式は

$$\left(p + \frac{an^2}{V^2}\right)(V - nb) = nRT \tag{5.10}$$

と表され，**ファン・デル・ワールスの状態方程式**と呼ばれる．ここで，a は遠距離の分子間に働く弱い引力によって実効的な圧力が増大する効果を表す係数であり，b は分子が有限の体積をもつことによる実効的な体積の減少を表す係数である．

【例題 4】   図 5.5 のように，円筒形の熱伝導性のよい材質でできた容器内に理想気体を n [mol] 入れ，上から滑らかに動くピストンでふたをする．ピストンの断面積は S [m^2] であり，その質量は M [kg] である．外部の大気圧は p_0 [Pa] であり，温度は T_0 [K] である．容器中の気体の圧力 p [Pa] と体積 V [m^3] を求めよ．ただし，重力加速度の大きさを g [m/s^2] とする．また，ピストンをゆっくりと持ち上げて容器中の気体の圧力を大気圧と同じ p_0 にすれば，その体積は元の何倍になるか．

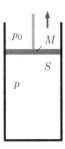

図 5.5 気体の圧縮．

解答 ピストンに働く力のつり合いを考えると，$pS = p_0 S + Mg$ が成り立つので，気体の圧力 p は

$$p = p_0 + \frac{Mg}{S}$$

と求められる．ボイル・シャルルの法則 (5.8) に気体の物質量 n と温度 T_0 およびここで求めた圧力 p を代入すると，その体積 V は

$$V = \frac{nRT_0}{p} = \frac{nRST_0}{p_0 + Mg}$$

となる．この気体の圧力が p_0 となったときの体積 V_0 は

$$V_0 = \frac{nRT_0}{p_0}$$

なので，元の体積 V との比は

$$\frac{V_0}{V} = \frac{p_0 S + Mg}{p_0 S}$$

である．

【例題 5】 図 5.4 のような断熱材でできた容器内に 27 ℃ の気体が入っている．この容器のシリンダーは滑らかに動くので，容器内の気体の圧力は常に大気圧に等しく一定である．容器内の気体を内部にあるヒーターで加熱して 57 ℃ にした．加熱によって気体の体積は元の何倍になったか．

解答 加熱前後の体積をそれぞれ V および V' とすると，シャルルの法則より

$$\frac{V}{273 + 27} = \frac{V'}{273 + 57}, \qquad \therefore V' = \frac{330}{300}V = 1.10V$$

となり，加熱によって気体の体積は 10% 増加した．

> **問題 7** 例題 4 のように，質量 M のピストンで気体にふたをしたときの気体の体積を V とすると，その体積を半分の $V/2$ にするには，ピストンの上にいくらの質量のおもりを載せればよいか．
>
> **問題 8** 温度 27 ℃ で 1 気圧（$=1.01 \times 10^5$ Pa）の 2 原子分子理想気体 1 l（$= 1.0 \times 10^{-3}$ m^3）中に含まれる分子の個数を求めよ．

5.2.2 気体の分子運動

容器中に入っている気体が容器の壁面に及ぼす圧力はどのようにして生じるのだろうか．この圧力が生じる理由について，問題を簡単化して考えてみよう．1 辺が L [m] の立方体の容器内に，N 個の分子からなる理想気体が入っているとする．立方体の各辺に沿って x 軸と y 軸および z 軸をとる．気体を構成する分子 1 個の質量を m [kg] とし，その速度を $\boldsymbol{v} = (v_x, v_y, v_z)$ とする．この分子の x 方向の運動を考える．

　図 5.6 (b) のように，速度 $\boldsymbol{v} = (v_x, v_y, v_z)$ をもつ分子が x 軸に垂直な壁に完全弾性衝突すると，衝突後の速度は $\boldsymbol{v}' = (-v_x, v_y, v_z)$ となる．この分子が衝突前にもっていた運動量は mv_x であり，衝突後は $-mv_x$ となるので，衝突によって分子は壁から $2mv_x$ の運動量を与えられる．衝突後も分子の x 方向の速さ $|v_x|$ は変化しないから，再び同じ壁にぶつかるまでに要する時間は $2L/v_x$ [s] である．したがって，この分子は時間 Δt の間に壁に $v_x \Delta t / 2L$ 回衝突し，この壁から合計 $mv_x{}^2 \Delta t / L$ の運動量が与えられる．この間に分子が壁から受ける力の平均の大きさを F [N] とすると，力積 $F\Delta t$ は壁から分子に与えられた運動量と等しいから

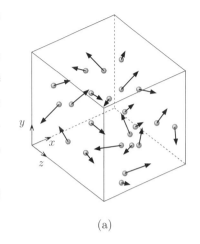

$$F = \frac{mv_x{}^2}{L} \tag{5.11}$$

となる．このとき，作用・反作用の法則より分子が壁に及ぼす力の大きさも F である．

　容器内のそれぞれの分子がもつ速度は互いに異なっているので，以下ではそれらの速度成分の 2 乗を平均した量を考え，この式に現れる $v_x{}^2$ の平均値を $\overline{v_x{}^2}$ と表すことにする[5]．また，分子の速さ $v = |\boldsymbol{v}| = \sqrt{v_x{}^2 + v_y{}^2 + v_z{}^2}$ の 2 乗 v^2 の平均 $\overline{v^2}$ は

$$\overline{v^2} = \overline{v_x{}^2 + v_y{}^2 + v_z{}^2} = \overline{v_x{}^2} + \overline{v_y{}^2} + \overline{v_z{}^2} \tag{5.12}$$

(a)

と表せる．ここで，運動はどの方向にも同様に生じていると考えてよいので，$\overline{v_x{}^2} = \overline{v_y{}^2} = \overline{v_z{}^2}$ となるから，$\overline{v^2} = 3\overline{v_x{}^2}$ である．したがって，1 個の分子が壁に与える力の平均値 $\overline{F}$ は

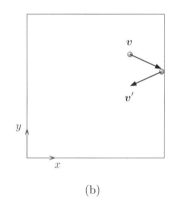

$$\overline{F} = \frac{m\overline{v_x{}^2}}{L} = \frac{m\overline{v^2}}{3L} \tag{5.13}$$

である．容器内の N 個の粒子が壁に与える力の大きさは $N\overline{F}$ であり，壁の面積は L^2 であるから，壁に及ぼす気体の圧力 p [Pa] は $p = N\overline{F}/L^2$ と表され，

(b)

$$p = \frac{N\dfrac{m\overline{v^2}}{3L}}{L^2} = \frac{Nm\overline{v^2}}{3V} \tag{5.14}$$

図 **5.6**　気体の熱運動と圧力．

となる．ここで，L^3 は気体の体積 V に等しいので $V = L^3$ [m³] とおいた．

　この気体の物質量を n [mol] とすると $N = nN_{\mathrm{A}}$ である．これを代入して書き直すと

$$pV = n\frac{N_{\mathrm{A}}m\overline{v^2}}{3} \tag{5.15}$$

---

[5] v_x の平均 $\overline{v_x}$ の 2 乗 $(\overline{v_x})^2$ と v_x^2 の平均 $\overline{v_x^2}$ とは異なる．ここでは $\overline{v_x} = 0$ と考えている．

となる．この式 (5.15) を理想気体の状態方程式 (5.8) と比較すると

$$RT = \frac{N_{\mathrm{A}} m \overline{v^2}}{3} \tag{5.16}$$

であり，これを書き直して

$$\frac{1}{2} m \overline{v^2} = \frac{3}{2} \frac{R}{N_{\mathrm{A}}} T = \frac{3}{2} k_{\mathrm{B}} T \tag{5.17}$$

が得られる．この式の左辺は容器内の分子の平均運動エネルギーである．また，式の右辺に現れた定数 k_{B} は温度と熱エネルギーを結びつける重要な物理定数であり，**ボルツマン定数**と呼ばれる．その大きさは

$$k_{\mathrm{B}} = 1.38 \times 10^{-23} \qquad \mathrm{J/K} \tag{5.18}$$

である．気体定数 R とボルツマン定数 k_B の間には

$$R = N_{\mathrm{A}} k_{\mathrm{B}} \tag{5.19}$$

の関係がある．

　気体分子が完全にランダム（乱雑）に運動している場合には，速度 $\boldsymbol{v}$ の平均は 0 になる．しかし，速さ $|\boldsymbol{v}|$ の平均は 0 にはならない．速さの平均値を求めるためには各粒子がどのような速度をもっているかを知る必要があり，速度の分布を知らなければならない．しかし，速度の分布を知らなくても，速さの 2 乗の平均の平方根 $\sqrt{\overline{v^2}}$ を速さの平均値に相当する量として，式 (5.17) から

$$\sqrt{\overline{v^2}} = \sqrt{\frac{3 k_{\mathrm{B}} T}{m}} \tag{5.20}$$

のように求めることができる．

> **問題 9**　酸素分子 1 個の質量を $m = 5.3 \times 10^{-26}$ kg として，温度 0 °C の酸素分子の平均的速さを式 (5.20) により求めよ．これは 0 °C の酸素中の音速 317 m/s の何倍にあたるか．

5.2.3　内部エネルギー

　前項で説明したように，気体分子は乱雑な運動をしている．物体が固体の場合でもその構成要素である原子や分子は細かく振動している．もちろん，液体の場合も同様である．この運動を**熱運動**という．熱運動が激しいときは温度が高く，熱運動が小さいときは温度が低い．すなわち，物体の温度はこの熱運動の大きさを表している．物体内の原子や分子がもつ熱エネルギーの総和を**内部エネルギー**といい，その単位は J である．

　物質量 n [mol] の単原子分子の理想気体が温度 T [K] のとき，気体の内部エネルギー U [J] の大きさについて考えてみよう．ただし，すべての分子は同じ質量をもつとする．この気体の全分子数 N は $N = n N_{\mathrm{A}}$ と

表されるので，内部エネルギー U は 1 つの分子の平均エネルギー $\frac{1}{2}m\overline{v^2}$ の N 倍に等しく，

$$U = nN_{\mathrm{A}} \times \frac{1}{2}m\overline{v^2} \tag{5.21}$$

となる．ここで，式 (5.17) を用いると

$$U = \frac{3}{2}nRT = \frac{3}{2}Nk_{\mathrm{B}}T \tag{5.22}$$

が得られる．この式から，理想気体の内部エネルギー U は物質量 n と絶対温度 T に比例しており，気体の状態を表す他の変数である圧力 p や体積 V には依存しないことがわかる．

【**例題 6**】　物質量 1 mol，温度 20 ℃ の単原子分子理想気体が容器内に閉じこめられている．この気体の内部エネルギー U [J] と，気体分子 1 個の平均エネルギー $\overline{K}$ [J] を求めよ．

解答　式 (5.22) に $n = 1$ mol, $R = 8.31$ J/mol·K, $T = 273 + 20$ K を代入して，$U = \frac{3}{2}8.31(273 + 20) = 3.65 \times 10^3$ J が得られる．また，式 (5.17) と (5.18) より，気体分子 1 個の平均エネルギーは $\overline{K} = \frac{3}{2}(1.38 \times 10^{-23})(273 + 20) = 6.07 \times 10^{-21}$ J と求められる．

5.3　熱力学第 1 法則

気体に仕事をしたり熱を加えると，気体がもつ内部エネルギーが増加する．逆に，気体が外部に仕事をしたり熱を失うと，内部エネルギーが減少する．この節では，このときのエネルギーの保存則について説明する．図 5.7 のような容器内の気体をゆっくりとピストンで押して圧縮するとき，この力が気体にする仕事と与えたエネルギーの行方について考えてみよう．容器内の気体の圧力を p [Pa] とし，ピストンの断面積を S [m²] とすると，ピストンが気体を押す力は気体がピストンを押す力に等しいので pS [N] である．ピストンを $\mathrm{d}x$ [m] だけ押して気体を圧縮するのに必要な仕事 $\mathrm{d}W$ [J] を求める．圧縮すると圧力 p が増大するが，$\mathrm{d}x$ が十分小さければその間は圧力が一定であると考えてもよいので，

$$\mathrm{d}W = pS\,\mathrm{d}x = -p\,\mathrm{d}V \tag{5.23}$$

と表される．ここで，$\mathrm{d}V$ は閉じこめられている気体の体積変化を表す．圧縮によって気体の体積は減少するので，$\mathrm{d}V = -S\,\mathrm{d}x$ となることを用いた．

気体を体積 V_1 から体積 V_2 まで圧縮する際に外部から加えなければならない仕事 W [J] は，ピストンを $\mathrm{d}x$ ずつ動かす圧縮を多数回くり返

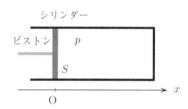

図 5.7　気体を圧縮するのに必要な仕事．

す過程と考えると，積分

$$W = -\int_{V_1}^{V_2} p \, dV \tag{5.24}$$

で表すことができる．

　容器内の気体と外部との間に熱のやりとりがなければ，気体を圧縮す
るために外部からした仕事は気体の内部エネルギーとして蓄えられる．
しかし，外部へ熱が逃げたり，内部でヒーターなどにより熱を加える場
合には，それらに対応して気体の内部エネルギーが減少したり増加した
りすることになる．気体の状態が変化するとき，気体の内部エネルギー
の変化 ΔU [J] は，気体に加えられた熱量 Q [J] と外部から気体にした
仕事 W [J] を用いて

$$\Delta U = Q + W = Q - \int_{V_1}^{V_2} p \, dV \tag{5.25}$$

と表される．これを**熱力学第 1 法則**という．これは気体と外部との間
に熱の出入りがあるときのエネルギー保存則である．気体が圧縮されて
その体積が減少する場合 ($dV < 0$) や，外部から気体に熱を加える場合
($Q > 0$) は気体の内部エネルギーが増加する．逆に，気体が膨張する場
合 ($dV > 0$) や，気体から熱が外部へ流出する場合 ($Q < 0$) は気体の内
部エネルギーが減少する．一般に，W や Q は変化の過程に依存するが，
ΔU は変化の過程に依存しない状態量であることに注意しよう．

【例題 7】　　滑らかに動くピストンをもつ容器内に，圧力 p_0 [Pa] で
体積 V_1 [m³] の理想気体が入っている．外部の圧力も p_0 であり，圧
力一定のもとで気体を冷やすと，気体の体積が V_2 [m³] ($V_2 < V_1$)
に減少した．この間に容器の壁を通して気体から外部に逃げた熱
を Q_0 [J] とするとき，外部の気体が容器内部の気体にした仕事と
気体の内部エネルギーの変化を求めよ．

解答　外部の気体が容器内の気体にした仕事 W [J] は

$$W = -\int_{V_1}^{V_2} p_0 \, dV = -p_0 \int_{V_1}^{V_2} dV = p_0(V_1 - V_2)$$

である．気体の内部エネルギーの変化を ΔU とすると，熱力学の第 1 法
則から $\Delta U = -Q_0 + W$ となるので，

$$\Delta U = -Q_0 - p_0(V_2 - V_1)$$

が得られる．

【例題 8】 圧力 p_0 [Pa] で体積 V_0 [m^3] をもつ単原子分子理想気体に熱を加えて，圧力 $3p_0$ で体積が $3V_0$ となるように変化させた．ただし，この変化の過程で圧力と体積の比は常に一定に保たれていたとする．この間に外部から気体にした仕事 W [J] と気体に加えられた熱量 Q [J] を求めよ．

解答 圧力 p と体積 V の比が常に一定という条件より，

$$\frac{p}{V} = \frac{p_0}{V_0}$$

が成り立つ．この関係を用いると，外部から気体にした仕事 W は

$$W = -\int_{V_0}^{3V_0} p\,\mathrm{d}V = -\int_{V_0}^{3V_0} \frac{p_0}{V_0} V\,\mathrm{d}V = -4p_0 V_0$$

となる．この変化の前後の気体の温度を T_0 [K] および T_1 [K] とし，気体の物質量を n [mol] とすると，気体の状態方程式を用いて

$$T_0 = \frac{p_0 V_0}{nR}, \qquad T_1 = \frac{3p_0 \cdot 3V_0}{nR} = 9T_0$$

が得られる．これより，単原子分子気体の内部エネルギーの変化 ΔU [J] は

$$\Delta U = \frac{3}{2}nRT_1 - \frac{3}{2}nRT_0 = 12p_0 V_0$$

である．これらを熱力学の第 1 法則 $\Delta U = Q + W$ に代入して，

$$Q = 16p_0 V_0$$

となる．

問題 10 圧力 p_0 [Pa] で V_0 [m^3] の体積をもつ単原子分子からなる理想気体に熱を加えて，圧力 $4p_0$ で体積が $2V_0$ になるように変化させた．この変化の過程で圧力 p [Pa] と体積 V [m^3] の間に $p \propto V^2$ の関係があったとする．この間に外部から気体にした仕事 W [J] と気体に加えられた熱量 Q [J] を求めよ．

5.4 気体の状態変化

5.4.1 熱サイクル

横軸に体積 V をとり縦軸に圧力 p をとって気体の状態を表す図 5.8 のような図を **p-V 図** という．圧力 p と体積 V が決まると，気体の状態方程式から温度 T も決まるので，p-V 図上の 1 点は気体のある状態を示すことになり，気体の状態変化は p-V 図上の曲線として表される．

気体がある状態から変化して最初の状態に戻るとき，この過程を **熱サイクル（熱機関）** という．これは p-V 図では閉曲線となる．たとえば，図 5.8 で A→B→C→A は 1 つの熱サイクルを表している．熱サイクルでは気体の状態が元の状態に戻るので，1 サイクルしたときの内部エネ

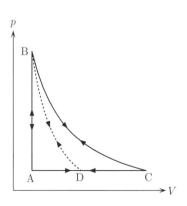

図 5.8 p-V 図．A→B→C→A: 熱サイクル．

ルギーの変化 ΔU [J] は 0 である．しかし，気体の状態の変化に伴って，外部との間に熱と仕事のやりとりがある．

　熱サイクルは，外部から与えられた熱 Q_{in} [J] によって気体を変化させ，外部に仕事 W [J] をすると考えることができる[6]．その際に，余分な熱 Q_{out} [J] を外部に捨てることになる．この余分な熱を 0 にすることはできないことがわかっており，与えた熱をすべて（100 ％）仕事に変えることはできない．熱サイクルの例としては車のエンジンなどがある．車のエンジンではガソリンなどの燃料を燃焼させて熱を発生させ，熱の一部はピストンを動かして車軸を通じてタイヤを回転させる仕事をする．このとき，与えた熱量 Q_{in} に対する外部にした仕事 W_0 の割合を熱サイクルの**熱効率** η といい，

$$\eta = \frac{W_0}{Q_{in}} \tag{5.26}$$

と表される．1 サイクルで気体に与えられる正味の熱量を Q とすると，$Q = Q_{in} - Q_{out}$ である．

　1 サイクルしたとき気体の内部エネルギーに変化がないので，熱力学の第 1 法則 (5.25) で $\Delta U = 0$ とおき，気体が外部から受けた仕事 W に $-W_0$ を代入すると，$\Delta U = Q - W_0 = 0$ となるので，$W_0 = Q_{in} - Q_{out}$ である．これを用いて効率 η を書き直すと

$$\eta = \frac{Q_{in} - Q_{out}}{Q_{in}} = 1 - \frac{Q_{out}}{Q_{in}} \tag{5.27}$$

が得られる．

5.4.2　定積変化

　ピストンをもつシリンダー容器内に，圧力 p_1 [Pa] で体積 V [m^3] をもつ物質量 n [mol] の理想気体を入れる．ピストンを固定して気体の体積を一定に保った状態で，気体に Q_V [J] の熱を加えて，気体の圧力を p_2 [Pa] とする．このように体積を一定に保って気体の状態が変化する過程を**定積変化**という．たとえば，図 5.8 の A→B または B→A が定積変化を表している．このとき，体積が変化しないので，式 (5.24) より外部から気体にした仕事はなく，$W = 0$ [J] である．したがって，この間の内部エネルギーの変化 ΔU [J] は，熱力学の第 1 法則 (5.25) より，

$$\Delta U = Q_V + W = Q_V \tag{5.28}$$

---

[6] 気体を圧縮して熱を発生させる場合はこの説明と逆のようであるが，外部から負の熱を与えられ，外部の気体に負の仕事をしたと考えることができる．

となる．最初と最後の状態の温度をそれぞれ T_1 [K] および T_2 [K] とすると，気体の状態方程式 (5.9) より，これらの温度が

$$T_1 = \frac{p_1 V}{nR}, \qquad T_2 = \frac{p_2 V}{nR}$$

であることがわかる．温度変化を $\Delta T = T_2 - T_1$ [K] とおくと，ΔU は，式 (5.22) を用いて

$$\Delta U = \frac{3}{2} nRT_2 - \frac{3}{2} nRT_1 = \frac{3}{2} nR\Delta T$$

と表される．ここで，式 (5.28) より，$\Delta U = Q_V$ であるから

$$Q_V = \frac{3}{2} nR\Delta T \qquad (5.29)$$

の関係が得られる．式 (5.22) は単原子分子気体の仮定のもとで導いたので，この式も単原子分子気体のときのみ成り立つ．

物質量 1 mol の物体の温度を定積変化で 1 K 上昇させるために必要な熱量 C_V [J/mol·K] を**定積モル比熱**という．式 (5.29) で $n = 1$ mol，$\Delta T = 1$ K としたときの Q_V の値が C_V と一致するから，

$$C_V = \frac{3}{2} R = 12.5 \quad \text{J/mol·K} \qquad (5.30)$$

となる．比熱の定義より，単原子分子気体に限らず一般に定積変化の場合には次の関係式

$$C_V = \frac{Q_V}{\Delta T} = \frac{\Delta U}{\Delta T} \qquad (5.31)$$

が成り立つことに注意しよう．

> **問題 11**　圧力 p_0 [Pa] で体積 V_0 [m^3] をもつ理想気体を定積変化させて，圧力を $2p_0$ にした．この間に気体にした仕事 W [J] と気体に加えた熱量 Q [J] を求めよ．

5.4.3　定圧変化

前項では，気体の体積が一定のもとで温度や圧力が変化する状態変化の過程を考えたが，ここでは，圧力が一定のもとで気体の体積や温度が変化する状態変化を考える．滑らかに動くピストンをもつシリンダー容器内に圧力 p [Pa] で体積 V_1 [m^3] の単原子理想気体が n [mol] 閉じこめられている．このとき，外部の圧力も p [Pa] である．気体の圧力を一定に保ちつつ，この気体に Q_P [J] の熱を加えると，体積が V_2 [m^3] に増加した．このように，一定の圧力のもとでの気体の状態変化の過程を**定圧変化**という．

たとえば，定圧変化は図 5.8 の A→C または C→A で表されている．この状態変化の過程で外部から気体にした仕事 W [J] は，式 (5.24) を

用いて

$$W = -\int_{V_1}^{V_2} p \, \mathrm{d}V = -p \int_{V_1}^{V_2} \mathrm{d}V = -p(V_2 - V_1)$$

と表される．ここで，気体の状態方程式 (5.9) を用いると，最初と最後の状態の温度をそれぞれ T_1 および T_2 $(\Delta T = T_2 - T_1)$ として

$$W = -p \left(\frac{nRT_1}{p} - \frac{nRT_2}{p} \right) = -nR(T_2 - T_1) = -nR\Delta T$$

が得られる．これを熱力学第 1 法則 (5.25) に代入すると，この定圧変化における内部エネルギーの変化 ΔU は，

$$\Delta U = Q_P - nR\Delta T$$

となる．単原子分子のときは，定積変化の場合と同様に，ΔU は式 (5.22) を用いて

$$\Delta U = \frac{3}{2}nRT_2 - \frac{3}{2}nRT_1 = \frac{3}{2}nR\Delta T$$

と表されるので，これを $\Delta U = Q_P - nR\Delta T$ に代入して

$$Q_P = \frac{5}{2}nR\Delta T \tag{5.32}$$

の関係が得られる．

　物質量 1 mol の物体の温度を定圧変化で 1 K 上昇させるために必要な熱量 C_P [J/mol·K] を**定圧モル比熱**という．式 (5.32) で $n = 1$ mol および $\Delta T = 1$ K を代入したときの Q_P の値が C_P であるから，

$$C_P = \frac{5}{2}R = 20.8 \quad \text{J/mol·K} \tag{5.33}$$

となる．この式を式 (5.29) と比較すると，

$$C_P - C_V = R \tag{5.34}$$

の関係があることがわかる．これを**メイヤーの関係式**という．

　定積モル比熱 C_V と定圧モル比熱 C_P を求める際に，内部エネルギーを表す式 (5.22) を用いたが，これはヘリウム He やネオン Ne などの単原子分子の気体に対して成り立つ式であり，単原子分子以外の場合は異なる．たとえば，酸素 O_2 や窒素 N_2 などの 2 原子分子の場合は，内部エネルギー U と温度 T との関係は

$$U = \frac{5}{2}nRT \tag{5.35}$$

であるため，C_V と C_P も

$$C_V = \frac{5}{2}R, \qquad C_P = \frac{7}{2}R \tag{5.36}$$

となる．この場合でもメイヤーの関係式は成り立っている．

　理想気体であれば，単原子分子だけでなく多原子分子でも一般にメイヤーの関係式が成り立つことを示そう．圧力 p のもとで，体積 V をも

つ温度 T の 1 mol の理想気体が定圧変化により，温度 $T + \Delta T$，体積 $V + \Delta V$ となったとすれば，その間に外部から気体になされた仕事 W は

$$W = -p\Delta V = -R\Delta T \tag{5.37}$$

である．したがって，熱力学の第 1 法則より，外部から気体に加えられた熱量 Q_P と内部エネルギーの変化 ΔU の関係は $Q_P = \Delta U + R\Delta T$ と表される．この式を ΔT で割り，定圧モル比熱と定積モル比熱の定義 $C_P = Q_P/\Delta T$ および $C_V = \Delta U/\Delta T$ を代入すると，

$$C_P = \frac{Q_P}{\Delta T} = \frac{\Delta U + R\Delta T}{\Delta T} = \frac{\Delta U}{\Delta T} + R = C_V + R \tag{5.38}$$

が得られる．

> **問題 12** 　2 原子分子気体の 1 モルあたりの内部エネルギー U は，気体の温度 T を用いて $U = \dfrac{5}{2}RT$ と表される．単原子分子の場合と同様に考えて，2 原子分子気体の 1 モルあたりの定積モル比熱 C_V と定圧モル比熱 C_P を求めよ．

【**例題 9**】　気体の圧力と体積をそれぞれ変えて，4 つの状態 A (p_0, V_0)，B $(3p_0, V_0)$，C $(3p_0, 3V_0)$，D $(p_0, 3V_0)$ をとるように，A→B→C→D→A となる熱サイクルを考える（図 5.9）．A→B，C→D の過程は定積変化で，B→C，D→A の過程は定圧変化である．1 サイクルの変化の過程で気体は外部に仕事 W [J] をし，外部から熱 Q [J] を受け取る．この仕事 W と熱 Q を求めよ．また，この熱サイクルの熱効率 η を求めよ．

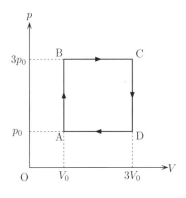

図 **5.9**　定積変化と定圧変化からなる熱サイクルの $p\text{-}V$ 図．

解 答　A→B と C→D の定積変化で気体に与えられる熱量 Q_{AB} と Q_{CD} は式 (5.29) を用いて求めると

$$Q_{\mathrm{AB}} = \frac{3}{2}nR(T_{\mathrm{B}} - T_{\mathrm{A}}) = \frac{3}{2}nR\left(\frac{3p_0 V_0}{nR} - \frac{p_0 V_0}{nR}\right) = 3p_0 V_0,$$

$$Q_{\mathrm{CD}} = \frac{3}{2}nR(T_{\mathrm{D}} - T_{\mathrm{C}}) = \frac{3}{2}nR\left(\frac{p_0 \cdot 3V_0}{nR} - \frac{3p_0 \cdot 3V_0}{nR}\right) = -9p_0 V_0$$

となり，B→C と D→A の定圧変化で気体に与えられる熱量 Q_{BC} および Q_{DA} は式 (5.32) を用いて求めると

$$Q_{\mathrm{BC}} = \frac{5}{2}nR(T_{\mathrm{C}} - T_{\mathrm{B}}) = \frac{5}{2}nR\left(\frac{3p_0 \cdot 3V_0}{nR} - \frac{3p_0 V_0}{nR}\right) = 15p_0 V_0,$$

$$Q_{\mathrm{DA}} = \frac{5}{2}nR(T_{\mathrm{A}} - T_{\mathrm{D}}) = \frac{5}{2}nR\left(\frac{p_0 V_0}{nR} - \frac{p_0 \cdot 3V_0}{nR}\right) = -5p_0 V_0$$

となる．したがって，1 サイクルで気体に与えられる熱量 Q は

$$Q = Q_{\mathrm{AB}} + Q_{\mathrm{BC}} + Q_{\mathrm{CD}} + Q_{\mathrm{DA}} = 4p_0 V_0$$

である．1 サイクルでの内部エネルギーの変化が 0 なので，熱力学の第1 法則より

$$0 = W + Q$$

となる．これより，気体にする仕事 W は $-4p_0V_0$ であることがすぐにわかる．

これを確認するため，定義式 (5.24) を用いて W を計算すると

$$W = -\int_A^B p\,\mathrm{d}V - \int_B^C p\,\mathrm{d}V - \int_C^D p\,\mathrm{d}V - \int_D^A p\,\mathrm{d}V$$

$$= -3p_0\int_B^C \mathrm{d}V - p_0\int_D^A \mathrm{d}V = -4p_0V_0$$

となり，熱力学第 1 法則から得られた結果と一致する．

また，与えられた熱 Q_{in} と Q_{out} は

$$Q_{\mathrm{in}} = Q_{AB} + Q_{BC} = 18p_0V_0$$

$$Q_{\mathrm{out}} = |Q_{CD}| + |Q_{DA}| = 14p_0V_0$$

となる．これを式 (5.27) に代入すると，熱効率 η は

$$\eta = 1 - \frac{14p_0V_0}{18p_0V_0} = \frac{2}{9}$$

となる．つまり，この熱サイクルでは用いた熱量のうち，仕事をするのは 22 ％で，残り 78 ％ は捨てられることになる．

> **問題 13** 気体の 3 つの状態 A (p_0,V_0), B $(3p_0,3V_0)$, C $(p_0,3V_0)$ を考える．気体の圧力 p と体積 V の比 p/V を一定に保って状態 A から B に変化させた場合に，気体にする仕事と気体に与える熱量を例題 8 で求めた．ここでは，状態 A→B に直接変化させるのではなく，状態 C を経由し，定圧過程 A→C と定積過程 C→B の 2 段階で変化させる（図 5.10）．状態 A から状態 B に直接変化させた場合と，状態 C を経由して変化させた場合を比較して，気体にする仕事と気体に与える熱量は，それぞれどちらがどれだけ大きいか調べよ．
>
> **問題 14** 図 5.10 において，A→B→C→A で表される熱サイクルの熱効率 η を求めよ．

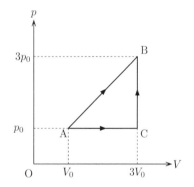

図 5.10 熱サイクル：A→B→C. p-V 図.

5.4.4 等温変化

滑らかに動くピストンをもつシリンダー容器内に，圧力 p_1 [Pa]，体積 V_1 [m³] の単原子分子理想気体 n [mol] が入っている．容器は熱伝導性のよい材質でできており，気体の温度は常に外部気体の温度 T [K] と同じ温度に保たれているとする．ピストンをゆっくりと押して気体を圧縮すると，その体積は V_2 [Pa] となり，圧力は p_2 となった．このような変化を**等温変化**という．たとえば図 5.8 では，曲線 B→C または C→B が等温変化を表している．この変化の過程で外部から気体にした

仕事 W [J] は，式 (5.24) と気体の状態方程式 (5.8) を用いて

$$W = -\int_{V_1}^{V_2} p\,\mathrm{d}V = -\int_{V_1}^{V_2} \frac{nRT}{V}\,\mathrm{d}V = -nRT\int_{V_1}^{V_2}\frac{\mathrm{d}V}{V} = nRT\log\frac{V_1}{V_2} \tag{5.39}$$

となる．等温過程では内部エネルギーの変化はなく，$\Delta U = 0$ であり，圧縮によって気体が放出する熱量を Q_0 とすると，熱力学第 1 法則から

$$0 = -Q_0 + nRT\log\frac{V_1}{V_2}$$

となる．したがって，等温変化で気体の体積を V_1 から V_2 にしたときに，気体が外部に放出する熱量は

$$Q_0 = nRT\log\frac{V_1}{V_2} \tag{5.40}$$

である．この式から，最初の状態と最後の状態の体積の比によって等温変化したときに放出する熱量が決まることがわかる．$V_2 > V_1$，つまり膨張の場合には $Q_0 < 0$ となって外部から気体に熱が流入する（気体が熱を吸収する）．

5.4.5 断熱変化

前項では気体が等温変化するときの熱の流出入について考えたが，ここでは断熱変化について考える．滑らかに動くピストンをもつシリンダー容器内に，圧力 p_1 [Pa] で体積 V_1 [m^3] の単原子分子理想気体 n [mol] が入っている．ただし，容器は熱を外部に伝えにくい断熱材でできているとする．ピストンを速く押して外部から気体に W [J] の仕事をすると，気体の体積は V_2 [m^3] に減少し，圧力は p_2 [Pa] に変化した．このように急速に気体の状態を変えると，短い時間における外部との熱のやりとりは無視できる．このような変化の過程は**断熱変化**と呼ばれ，図 5.8 では，B→D または D→B で表される．

断熱変化の過程で外部から気体に ΔW だけ微小仕事をしたときに，内部エネルギーが ΔU 増加したとすると，熱力学の第 1 法則 (5.25) から

$$\Delta U = 0 + \Delta W = \Delta W \tag{5.41}$$

が成り立つ．一方，単原子分子気体の内部エネルギーの変化 ΔU は，その間の微小な温度変化を ΔT とすると，式 (5.22) より

$$\Delta U = \frac{3}{2}nR\Delta T \tag{5.42}$$

である．また，外部から気体にした仕事 ΔW は，その間の気体の体積の微小変化を $\Delta V (< 0)$ とすると，

$$\Delta W = -p\Delta V \tag{5.43}$$

と表されるので，式 (5.41)，(5.42)，(5.43) より

$$\frac{3}{2}nR\Delta T = -p\Delta V$$

が得られる．気体の状態方程式 (5.8) を用いてこの式から圧力 p を消去すると

$$\frac{3}{2}nR\Delta T = -\frac{nRT}{V}\Delta V,$$
$$\frac{\Delta T}{T} = -\frac{2}{3}\frac{\Delta V}{V} \tag{5.44}$$

となる．断熱過程全体をこの式が成り立つような多数の微小変化に分割し，総和をとる．すなわち，式 (5.44) の両辺を積分すると，

$$\int_{T_1}^{T_2} \frac{\mathrm{d}T}{T} = \int_{V_1}^{V_2} -\frac{2}{3}\frac{\mathrm{d}V}{V},$$
$$\log \frac{T_2}{T_1} = \log \left(\frac{V_1}{V_2}\right)^{\frac{2}{3}},$$
$$V_1^{\frac{2}{3}}T_1 = V_2^{\frac{2}{3}}T_2 \tag{5.45}$$

が得られ，単原子分子気体が断熱変化をするときには，$V^{\frac{2}{3}}T$ が一定であるという結果となる．

また，気体の状態方程式 (5.8) を用いてこの式から温度 T_1 と T_2 を消去すると

$$V_1^{\frac{2}{3}}\left(\frac{p_1 V_1}{nR}\right) = V_2^{\frac{2}{3}}\left(\frac{p_2 V_2}{nR}\right),$$
$$p_1 V_1^{\frac{5}{3}} = p_2 V_2^{\frac{5}{3}} \tag{5.46}$$

となり，断熱過程では

$$pV^{\frac{5}{3}} = 一定 \tag{5.47}$$

という結果が得られる．

式 (5.47) は単原子分子気体が断熱変化をするときに成り立つ式であるが，一般に理想気体が断熱変化するときには，

$$pV^{\gamma} = 一定 \tag{5.48}$$

が成り立つ．ここで，γ は定圧モル比熱 C_P と 定積モル比熱 C_V の比 ($\gamma = C_P/C_V$) で**比熱比**という．式 (5.47) では単原子分子について考えたので，$C_P = \frac{5}{2}R$, $C_V = \frac{3}{2}R$ より，$\gamma = \frac{5}{3}$ であるが，2 原子分子の場合には $C_P = \frac{7}{2}R$, $C_V = \frac{5}{2}R$ なので $\gamma = \frac{7}{5}$ となる．

式 (5.48) を証明しよう．定積モル比熱の定義式 (5.31) より $\Delta U = C_V \Delta T$ が成り立つ．また，ΔV が小さいときには圧力 p は一定であるとみなせるので，式 (5.23) より $\Delta W = -p\Delta V$ である．これらの式を

断熱過程における ΔU と ΔW の関係式 (5.41) に代入すると,

$$C_V \Delta T = -p\Delta V = -\frac{RT}{V}\Delta V \tag{5.49}$$

が得られる. ただし, 理想気体の状態方程式 (5.8) より 1 mol の理想気体では $p = RT/V$ となることを用いた. この式を変数分離の形 (1.10.1 節参照) に書き, メイヤーの関係式 (5.38) より $C_P - C_V = R$ であることを用いると,

$$C_V \frac{\Delta T}{T} = -R\frac{\Delta V}{V} = (C_V - C_P)\frac{\Delta V}{V},$$

$$\therefore \frac{\Delta T}{T} = (1 - \gamma)\frac{\Delta V}{V} \tag{5.50}$$

となる. 式 (5.45) と同様に両辺を積分すると

$$V_1^{\gamma-1}T_1 = V_2^{\gamma-1}T_2 \tag{5.51}$$

が得られる. つまり, 一般に理想気体の場合, 断熱変化においては $V^{\gamma-1}T$ が一定である. また, 理想気体の状態方程式 (5.8) を用いて変形すると, pV^γ や $T^\gamma p^{1-\gamma}$ も一定であることもわかる.

【例題 10】 圧力 p_0 [Pa] で体積 V_0 [m³] の単原子分子理想気体を圧力が $2p_0$ になるまで圧縮する. このときの変化が等温過程である場合と断熱過程である場合の最終的な気体の体積の比を求めよ.

解答 等温過程ではボイルの法則が成り立つので, 圧力が $2p_0$ になったときの体積 V_1 [m³] は,

$$p_0 V_0 = 2p_0 V_1, \qquad \therefore V_1 = \frac{1}{2}V_0$$

となる. 一方, 単原子分子気体の断熱過程では圧力と体積の間に式 (5.47) の関係が成り立つので, 圧力が $2p_0$ になったときの体積 V_2 [m³] は

$$p_0 V_0^{\frac{5}{3}} = 2p_0 V_2^{\frac{5}{3}}, \qquad \therefore V_2 = \left(\frac{1}{2}\right)^{\frac{3}{5}}V_0$$

となり, V_1 と V_2 を比較すると, $V_2 > V_1$ で断熱圧縮した場合の方が体積が大きい (体積が減少する割合が小さい) ことになる. この理由を考えてみると, 等温圧縮では圧縮によって気体にした仕事が, 熱として容器の外部に逃げることによって温度を一定に保ち, 内部エネルギーも一定になる. しかし, 断熱過程では気体の内部エネルギーは熱の出入りがない. したがって, 圧縮によって気体にした仕事はすべて気体に内部エネルギーとして蓄えられ, 温度が上昇することになる. 気体の物質量

を n [mol] とすると，気体の体積は，状態方程式から

$$V = \frac{nRT}{p}$$

と表される．これより圧力が同じであれば温度が高いほうが体積も大きい．

> **問題 15** 理想気体を体積 V_1 [m³]，温度 T_H [K] の状態から，体積が V_2 になるまで等温膨張させた．次に，体積が V_3 になるまで断熱膨張させると，温度が T_C となった．さらに，体積が V_4 になるまで等温圧縮した．最後に断熱圧縮するとちょうど最初の状態に戻った．これらの状態変化によってつくられる熱サイクルを**カルノーサイクル**といい，最も熱効率の高い熱サイクルであることが知られている．このカルノーサイクルの熱効率を求めよ．
>
> **問題 16** p-V 図で熱サイクルの閉曲線を描いたとき，曲線で囲まれる面積はそのサイクルにおけるどのような物理量を表しているか説明せよ．
>
> **問題 17** 定積変化や定圧変化を含む熱サイクルはカルノーサイクルに比べて熱効率が悪い理由を説明せよ．

--- **第 5 章 演習問題** ---

1．金属の容器中に 0° C の水 200 g と 0° C の氷 100 g が入っている．この容器を 500 W の電熱器の上に載せて加熱したところ，10 分後に水が沸騰し始めた．電熱器の発熱量のうち水と氷を加熱するために有効に使われた熱は何% か．ただし，氷 1 g を融解するのに必要な熱量は 80 cal であり，熱の仕事当量は 4.2 J/cal である．

2．滑らかに動く軽いピストンで円筒状容器に気体を密封する．大気圧 1.0 atm のもとで，気体の温度が 27° C のときその体積は 2 ℓ であった．気体の温度を 200° C にすると体積はいくらになるか．

3．ピストンをもつ断熱容器中に 1 atm のもとで 20° C の単原子分子理想気体 0.2 m³ が入っている．この気体の体積を 0.15 m³ に圧縮したときの気体の温度を求めよ．

4．同じ体積 V をもつ 2 つの球形容器が細い管で連結されており，その中に圧力 p_0 の空気が密閉されている．2 つの容器中の気体の温度は同じで T_0 である．2 つの容器のうちの一方だけを加熱して T_1 に保ち，他方を T_0 に保つと容器中の気体の圧力はいくらになるか．

5．ピストンをもつ断熱容器中に 1 atm のもとで 20° C の空気を 0.5 mol 封入する．この空気をゆっくりと圧縮して 2 atm の圧力にしたときの気体の温度と気体に加えた仕事を求めよ．ただし，空気を 2 原子分子理想気体とする．

6．熱伝導性のよい円筒状容器中に空気を封入し，軽くて滑らかに動く面積 S のピストンで上からふたをする．このときの内部の空気の体積は V_0，圧力は外気と同じ p_0 であり，その温度は常に外部の空気の温度に等しい．このピストンの上にゆっくりと質量 M のおもりを載せるとその体積はいくらになるか．また，このときに内部の空気から外部へ放出される熱量はいくらか．

7．ピストンをもつ断熱容器に単原子分子理想気体 n [mol] を封入して熱機関をつくり，図 5.8 の熱サイクル A→B→D→A を考える．状態 A では気体の圧力は p_1 [Pa] で，体積は V_1 [m³] である．ピストンを固定して，気体に熱

を加えることにより，この状態から状態 B に変化させる．状態 B では気体の圧力は p_2 [Pa] である．次に，ピストンの固定を解除すると，ピストンはゆっくりと動いて，気体は断熱変化により，状態 D に変化する．その後に気体を冷やすことにより，状態 A に戻す．断熱過程 B→D で気体が外部にした仕事とこの熱サイクルの効率を求めよ．

第6章

波

　波は遠方に振動エネルギーを伝えるだけでなく，情報をも伝える．音や光は波の重要な例であり，私たちはこれらの波を耳や眼で受け止めつつ生活している．波は日常生活に欠くことのできない現象といえるだろう．この章では波の基本的な性質として干渉・屈折・回折などの現象やドップラー効果などについて学ぶ．

6.1　波の性質

6.1.1　波とは何か

　波が生じるもとになる基本的な現象は，第4章で学んだ**振動**である．たとえば，ばねに結ばれた小球は振動運動をすることができる．しかし，ただ1個の小球だけではその振動は波とはいえない．無数の小球が格子状に並んでいて，小球どうしが互いにばねで結ばれているとしよう．この場合，どれかの小球が振動すると，その振動はばねを通じて周囲の小球に伝わっていくだろう．この様子を見ると，どの小球も元の静止していた位置を中心として，その位置からあまり大きく離れずに振動しており，その運動状態だけが小球から小球へと伝わっていく．このように，物質自体は大きく移動せずに，振動運動だけが遠方に伝わる現象が**波（波動）**である．

　波を伝える物質を**媒質**という．なお，真空は光の波を伝える性質をもっているので，真空も媒質と呼ぶことができる．また，波を発生させるものを**波源**という．

6.1.2　縦波と横波

　図6.1 (a) のように，固体物質の一部分（図の点線で囲まれた部分）が何らかの原因で，静止したつり合いの位置から図の上方にずれたとしよう[1]．このとき，その部分は上方の物質を押すだけでなく，左右や下方の

---

[1] 鉄や岩石のような固体にも，ゴムのような弾性が多少あり，いくらか伸縮したり変形したりすることができる．

物質も一緒に上方へ引きずっていこうとして，周囲の物質に力を加える．そうすると反作用（図の下向きの矢印）が発生して，周囲の物質からその部分に対して，元の位置に引き戻そうとする**復元力**が加えられる．

復元力によって元の位置に引き戻されたとき，物質には**慣性**があるから，その部分は引き戻された勢いでつり合いの位置を通り越して再びずれる．こうして振動運動が続くことになる．物質の一部分がこのように振動して周囲の物質に力を及ぼすと，振動運動は次々と隣り合う物質に伝わっていく．こうして波が発生する．

図 6.1 (b) のように，固体物質の一部分が上下方向に振動する場合，物質の振動方向と平行な方向（図の上下方向）に伝わっていく波を**縦波**という．縦波の中では物質が伸縮して，物質中の圧力や密度が変動する．このため，縦波は**疎密波**とも呼ばれる．また，物質の振動方向と垂直な方向（図の左右方向や紙面の表裏の方向）に伝わる波を**横波**という．

物質の振動運動である波は，固体中では横波も縦波も伝わるが，液体中や気体中では縦波だけが伝わることができる．なお，電場と磁場の振動である**電磁波**（光の波）は横波であるが，伝わるしくみが他の横波とは異なり，物質がない真空中を伝わるとともに，気体中や液体中をも伝わることができる．

水と空気の境界面である水面に生じる波は**表面波**（または境界波）と呼ばれる．表面波は横波でも縦波でもなく，いわば横波と縦波とが入り混じった状態で，水面付近の水は鉛直面内で楕円運動をする．水深が深くなるにつれてこの運動は小さくなる（運動の軌跡は扁平になる）．表面（媒質の境界面）を波が伝わるのは，重力や液体の**表面張力**が復元力として働いているからである．

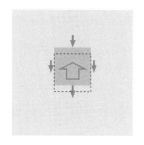

(a)

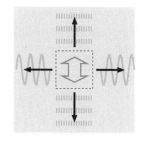

(b)

図 **6.1** (a) 固体物質中の点線で囲まれた部分が上方にずれると，上面と下面および側面からこの部分に対して，下方へ引き戻そうとする力が加えられる．(b) 固体物質中の点線で囲まれた部分が上下方向に振動すると，その振動運動が上下方向には縦波として伝わり，左右前後の方向には振動運動が横波として伝わっていく．

【例題 1】 物質の振動運動である波については，液体中や気体中ではなぜ横波が伝わらないのか，その理由を説明せよ．

解答 液体や気体の中では，固体と同様に媒質が押し合うと反発力を生じ，引っ張り合うと引力を生じて縦波が伝わる．しかし媒質が横方向にずれ合うときは，固体のような弾性がないので，元に戻そうとする復元力は生じずにずれたままになり，横波は伝わらない．

問題 1 糸電話で糸を伝わる波は横波か縦波のどちらの種類の波か．理由も説明せよ．

6.1.3　単振動と単調波

第 4 章で説明したように，ばねの弾性力が**フックの法則**で表されるとき，ばねに結ばれた小球は**単振動**をする．単振動はいろいろな振動運動の中で最も基本的な振動形態である．小球のつり合いの位置からの**変位**を u_0 とすると，単振動の変位は時間 t の関数として

$$u_0(t) = A \sin\left(2\pi\frac{t}{T} + \phi\right) \tag{6.1}$$

のように正弦関数（または余弦関数）で表される．ここで，A を**振幅**という．T は振動の**周期**であり，$2\pi t/T + \phi$ を**位相**という．時間 t が 1 周期 T 経過するごとに，位相は 2π 変化して同じ変位の振動状態に戻る．周期の逆数 $f = 1/T$ を**振動数**（または**周波数**）といい，単位時間あたりの振動の回数を表す．時間の単位が秒である場合の振動数の単位をヘルツ（記号 Hz）という．振動数 f の 2π 倍にあたる

$$\omega = 2\pi f = \frac{2\pi}{T} \tag{6.2}$$

を**角振動数**（または**角速度，角周波数**）という．

物質中のある点が式 (6.1) で表される単振動をし，その点（波源）を原点として振動運動が波となって，x 軸の正方向に伝わっていくとしよう．この波が伝わる速さを v とすると，原点の振動状態が x 軸上の任意の点 x まで伝わるには，x/v だけの時間を要する．振動の変位がそのままの状態で伝わっていくとすると，時刻 t における点 x での変位 $u(t,x)$ は，時刻 $t' = t - x/v$ における原点での変位 $u_0(t')$ と等しいから，

$$u(t,x) = A\sin\left(2\pi\frac{t - x/v}{T} + \phi\right) = A\sin\left(2\pi\frac{t}{T} - 2\pi\frac{x}{\lambda} + \phi\right) \tag{6.3}$$

と表される．ここで，$\lambda = vT$ を波の**波長**という．波長は隣り合う山と山（または谷と谷）の間隔を表している．ある時刻 t の波形を見ると，位置 x が 1 波長 λ だけずれるごとに，位相は 2π 異なって同じ変位の振動状態になる．波長の逆数の 2π 倍にあたる

$$k = \frac{2\pi}{\lambda} \tag{6.4}$$

を**波数**という．波数 k は単位長さあたりに含まれる波の山の数または谷の数の 2π 倍を表す．

式 (6.3) で表される波を**単調波**（または**正弦波**）という．単調波はいろいろな波形の波の中で最も基本的な波形である．角振動数と波数を用いると，単調波の変位は

$$u(t,x) = A\sin(\omega t - kx + \phi) \tag{6.5}$$

と簡潔に表される．

単調波が伝わる速さ v は，位相（波の振動状態）が移動する速さであるから，**位相速度**とも呼ばれる．単調波の速さは波長と周期，振動数と周期，あるいは角振動数と波数を用いて

$$v = \frac{\lambda}{T} = f\lambda = \frac{\omega}{k} \tag{6.6}$$

のようにいろいろな表し方ができる．式 (6.3) または式 (6.5) で表される波は，時間の経過とともに波形が進んでいくから**進行波**という．

【例題2】 時刻 $t = 0$ のときの波形が $u(x) = -A\sin(2\pi x/\lambda - \phi)$ である単調波が，速さ v で x 軸の正方向に進んでいる．この波の任意の時刻 t における任意の点 x での変位を式で表せ．

解答 一般に，関数 $f(x)$ を x 軸の正方向に距離 ℓ だけ平行移動した関数は $f(x - \ell)$ と表される．したがって，波形 $u(x)$ が速さ v で x 軸の正方向に進むとき，時刻 t には距離 $\ell = vt$ だけ移動しているから，そのときの波形は $u(x - vt)$ と表される．したがって，答えは $u(x - vt) = -A\sin[2\pi(x - vt)/\lambda - \phi]$ である．$\lambda = vT$ であるから，この式は式 (6.3) と一致している．

> **問題2** x 軸の負方向に伝わる単調波の変位 u を式 (6.3) または式 (6.5) にならって表せ．

周期的に同じ波形が繰り返されて続く波を**連続波**という．連続波が単調波ではなく複雑な波形である場合は，角振動数（あるいは波長）や振幅が異なるいろいろな単調波（**成分波**）が重ね合わさった**合成波**であるとみなすことができる．**矩形波**や**鋸波**（のこぎり波）のようなとがった波形の波でさえも，無数の単調波が重ね合わさった波として表すことができる．

波形が周期的ではなく，単調波の重ね合わせでは表されない波も存在する．波の山あるいは谷がただ1つの波を**パルス波**（または**孤立波**）という．

【例題3】 単調波の振動のエネルギーは，角振動数の2乗に比例し，また振幅の2乗に比例することを示せ．

解答 単調波の変位を式 (6.5) で表すと，変位の時間的変化率すなわち媒質が振動する速度は，

$$V = \omega A\cos(\omega t - kx + \phi) \tag{6.7}$$

と表される．波のエネルギーはこの振動速度 V の 2 乗に比例する．V^2 の時間平均は $\dfrac{1}{2}\omega^2 A^2$ となるから，単調波のエネルギーは ω^2 および A^2 に比例する．

> **問題 3**　単調波の変位が式 (6.5) で表されるとき，媒質の振動速度の最大値 ωA と単調波が伝わる速さ v との比を，単調波の波長 λ と振幅 A とを用いて表せ．
>
> **問題 4**　波長 0.85 m，振動数 400 Hz，振幅 2.0 mm の単調波の振動速度の最大値と波の速さを求めよ．

6.1.4　波の干渉

　波は同じ位置に同時に 2 つあるいはそれ以上の波が重なり合うことができる．波の変位には正の部分（波の山）と負の部分（波の谷）とがあるから，波が重なり合うとき，山と山あるいは谷と谷が重なって変位がより大きくなり，波が強まることもあれば，山と谷が重なって変位が小さくなり，波が弱まることも起こる．このように波が重ね合わさって強まったり弱まったりする現象を波の**干渉**という．

　2 つの波が重なると，波形は複雑に変化するが，重なった波がその後分かれると元の 2 つの波形に戻る．波は重なってもそれぞれの波は影響し合うことなくそのまま独立に進んでいるとみなしてよい．これを**波の独立性**と呼ぶ．媒質がつり合いの位置から変位した状態が波であるから，2 つの波の変位をそれぞれ $u_1(t,x)$ および $u_2(t,x)$ としてこれらの波が重なると，重なった合成波の変位は，それぞれの波の変位の和 $u_1(t,x) + u_2(t,x)$ で表される．これを波の**重ね合わせの原理**という[2]．

　同じ角振動数と同じ振幅をもつ 2 つの**進行波**が反対向きに進んで重なり合うと，2 つの波の位相が常に一致する**同位相**の点が生じ，進行波の 2 倍の振幅で大きく振動する．このような点は移動せず定点となり，**腹**と呼ばれる．また，2 つの波の位相が常に逆になる（位相が π だけ異なる）**逆位相**の定点が生じ，その点は振動しなくなり，**節**と呼ばれる．このように振動の腹や節があるとともに，進んでいるようには見えない波を**定常波**（または**定在波**）という．

---

[2] 波の独立性および重ね合わせの原理は，真空中の電磁波については厳密に成り立つが，一般の波については必ずしも成り立たない．たとえば，海上の波は海岸に近づくと急峻になり，ついには波の山が砕けて白波が立つことがある．この現象は単なる波の重ね合わせでは起こらない．重ね合わせの原理は波の振幅が波長と比べて小さい場合に成り立つ近似法則である．それぞれの波（成分波）が独立性を失い，互いに影響し合って単純な重ね合わせではなくなる波を**非線形波**という．

【例題 4】 x 軸の正方向および負方向に伝わる 2 つの進行波 $u_1(t,x) = A\sin(\omega t - kx)$ と $u_2(t,x) = A\sin(\omega t + kx)$ とが重なって生じる定常波の変位を表せ.

解答 これら 2 つの進行波の重ね合わせは $u_1(t,x) + u_2(t,x) = 2A\sin\omega t \cos kx$ となる. このように, 定常波の変位 $u(t,x)$ は 2 変数の t と x とが分離され, $u(t,x) = f(t)g(x)$ のように, 時間の関数 $f(t)$ と位置の関数 $g(x)$ との積として表すことができる. 図 6.2 では, 各時刻における 2 つの進行波 $u_1(t,x)$ と $u_2(t,x)$ の波形およびこの 2 つの波が重なった合成波の波形が描かれている. 合成波が定常波になっていることがこの図から読み取れる.

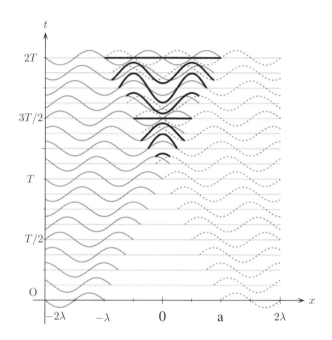

図 6.2 進行波 u_1 (灰色実線) が右方へ進み, u_1 と同じ波形の進行波 u_2 (灰色破線線) が左方へ進むと, 2 つの波が重なった合成波 (太線) は定常波になる. 下から順に 1/8 周期 $(\pi/4\omega)$ ごとの波形.

2 つの波源の振動が同位相 (振動の位相が同じ) で, 同じ波長 λ (同じ角振動数) の波を発生して, その波が広がっているとする. ある点からこれらの波源までの距離をそれぞれ ℓ_1 および ℓ_2 とする. このとき, m を自然数として,

$$|\ell_1 - \ell_2| = m\lambda \tag{6.8}$$

の関係が成り立つ場合は, その点では 2 つの波は同位相となって互いに

強め合う．また，

$$|\ell_1 - \ell_2| = \left(m + \frac{1}{2}\right)\lambda \tag{6.9}$$

の関係が成り立つ場合は，その点では 2 つの波は**逆位相**となって互いに弱め合う[3].

> **問題5** 2 つの進行波 $u_1(t,x) = A\sin(\omega t - kx)$ と $u_2(t,x) = A\sin(\omega t + kx)$ とが重なって生じる定常波のとなり合う腹と腹の間隔は，もとの進行波の波長の何倍か．また，腹のところで山と谷が入れ替わる時間は，もとの進行波の周期の何倍か．
>
> **問題6** 2 つの定常波 $u_1(t,x) = A\sin\omega t\,\sin kx$ と $u_2(t,x) = A\cos\omega t\,\cos kx$ が重なると，どのような波が生じるかを式で表せ．また，図 6.2 と同様な図を描いて，1/8 周期 $(\pi/4\omega)$ ごとの 2 つの定常波 $u_1(t,x)$ と $u_2(t,x)$ およびその合成波の波形を表せ．

6.1.5 波の伝わり方

波の位相が等しい面，たとえば波の山を連ねた面あるいは谷を連ねた面（または線）などを**波面**という．波が進む方向は波面に対して垂直である．1 点を波源として広がる波面は，球面（または円形）となり，**球面波（円形波）**という．また，波面が平面（または直線）の波は**平面波**という．

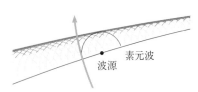

図 6.3 ホイヘンスの原理．波面の各点で生じる素元波の重なりによる包絡面が次の瞬間の波面となる．波はこの波面に対して垂直な方向に進む．

素元波
波源

ホイヘンスは波の伝わり方（波面の進み方）として，図 6.3 のように，ある波面ができるとその面上の媒質の各点が新たな波源となって，波の進む前方に球面波（**素元波**，要素波）を生じ，それらの素元波の重ね合わせで次の瞬間の波面ができ，次々と新たな波面が生じて波が進むと考えた（1678 年）．これを**ホイヘンスの原理**という．

この考え方を用いると，波のさまざまな現象を統一的に説明することができる．波の速さが波面上で異なっていると，速さが速い領域から遅い領域に向かって，波の伝わる方向が曲がっていくことや，波の反射の法則・屈折の法則などもこの原理により理解できる．

フェルマーは，任意の点 A から点 B へと伝わる光は，AB 間を最短時間で通過する経路を通ることを発見した（1661 年）．これを**フェルマーの原理**という[4]．この原理は光だけでなく，一般の波の伝わり方の原理とみなすことができる．波の伝わり方やさまざまな性質はホイヘンスの原理によってもフェルマーの原理によっても理解することができる．

---

[3] 式 (6.8) や式 (6.9) を満たす点を連ねた曲線は，2 つの波源を**焦点**とする**双曲線**になる．

[4] 厳密に述べると，最短時間とは限らず，一般に経過時間が極値になる経路を通る．

問題 7　海の波は沖合いでは真っすぐな平面波であっても，海岸線が曲がった遠浅の入り江に近づくと，波面の形は次第に入り江の曲がり方に近づき，最後には波面は海岸線とほぼ平行になって打ち寄せる．この現象がなぜ起こるのかをホイヘンスの原理によって説明せよ（ヒント：水深と比べて波長が長い波の速さは水深の 1/2 乗に比例する）．

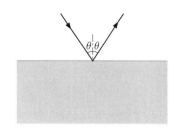

(a)

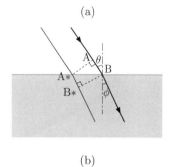

(b)

図 **6.4**　波の反射と屈折．(a) 反射の法則．媒質の境界で反射する波の反射角は入射角と等しい．(b) 屈折の法則．入射角と屈折角との間には式 (6.11) の関係が成り立つ．

6.1.6　波の反射

　媒質の境界に向かって進む波を**入射波**といい，境界で反射して戻る波を**反射波**という．光が鏡面や水面に当たって反射する場合など，図 6.4 (a) のように平面波が媒質の境界面で反射するとき，境界面の法線に対して入射波の進行方向のなす角 θ を**入射角**，反射波の進行方向のなす角 θ' を**反射角**という．この 2 つの角度の間には

$$\theta = \theta' \tag{6.10}$$

の関係がある．これを**反射の法則**という．

6.1.7　波の屈折

　図 6.5 のように，2 つの異なる媒質 1 と媒質 2 が境界面で接しているとき，媒質 1 の側から**入射波**が境界面に達すると，境界面で波の一部は反射して媒質 1 の中を逆向きに伝わる**反射波**となり，一部は境界面を透過して媒質 2 の中を伝わる**透過波**となる．波が異なる媒質中に入ったとき，その振動数（あるいは周期）は変わらないが，波の速さは一般に変化する．また，振幅も変化する．

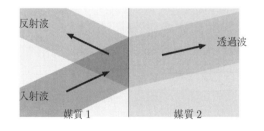

図 **6.5**　異なる媒質が接する境界で，入射波の一部は反射し一部は透過する．

　波の速さが異なる 2 つの媒質の境界面に斜めから入射した波が透過するとき，波の進行方向が変わり屈折するので，透過波は**屈折波**とも呼ばれ，屈折波の進行方向と境界面の法線とのなす角を**屈折角**という．図 6.4 (b) のように，媒質 1 から媒質 2 への入射角を θ，屈折角を ϕ とし，媒質 1 と媒質 2 における波の速さをそれぞれ v_1 および v_2 とすると，入射

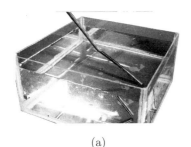

(a)

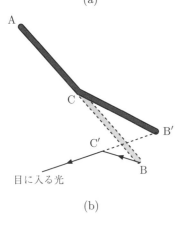

目に入る光

(b)

図 **6.6**　真っすぐな棒の一部が水中にあるとき，水中部分で反射した光は水面で屈折し，空気中に出て目に入る．目に入った光の方向の先に棒の像が見える．したがって，曲がって見える．(a) 写真．(b) 模式図．水中にある点 B から出た光は水面の点 C′ で屈折するので，水中の点 B′ から出ているように見える．

角 θ と屈折角 ϕ との間には

$$\frac{\sin\theta}{\sin\phi} = \frac{v_1}{v_2} = n_{12} = 一定 \qquad (6.11)$$

という関係がある，これを**屈折の法則**という．一定値 n_{12} を媒質 1 に対する媒質 2 の**屈折率**（相対屈折率）という．

問題 **8**　反射の法則をホイヘンスの原理によって説明せよ．

問題 **9**　屈折の法則をホイヘンスの原理によって説明せよ．

【**例題 5**】　真っすぐな棒の下部を水中に斜めに差し込んで，斜め上から眺めると棒が水面で折れ曲がって見えるのはなぜか説明せよ．

解 答　図 6.6 のように，棒 AB の一部 CB が水中にあるとする．CB で反射した光が水中から空気中へ屈折して出て目に入るとき，人は目に光が入ってくる方向の先にその物体の像を見る．すなわち，棒の水中内の下端 B で反射した光はあたかも B′ から来たように見えるので，棒は ACB′ のように水面で折れ曲がっているように見える．

6.1.8　波の回折

波が障害物のそばを通り過ぎるとき，図 6.7 のように，障害物の背後にいくらか回り込み，元の進行方向からそれた方向にも伝わっていく現象を波の**回折**といい，回折して進んでいく波を**回折波**という．一般に波の波長が長いほど，回り込む度合いは大きく，波長が短いほど，あまり回り込まないで直進する．

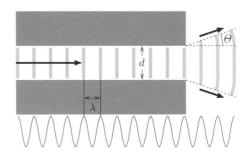

図 **6.7**　波の回折．波は障害物の背後に回り込み，広がって伝わる．回折角 Θ とスリットの間隔 d の間には $d\sin\Theta = \lambda$ の関係 (6.12) がある．

【例題 6】　波長 λ の単調波が幅 d の細長い隙間（スリット）を通過するとき，波はどれだけの角度まで回折するか．その角度を求めよ．

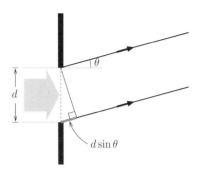

解答　図 6.8 のように，隙間に垂直に入射した波が角 θ だけそれた方向に伝わるとき，隙間の両端を通る波の経路の差は $d\sin\theta$ である．この 2 つの経路の差が波の波長 λ に等しいときの角度を $\theta = \Theta$ とすると，

$$d\sin\Theta = \lambda \tag{6.12}$$

となる．隙間を通過する波はこの角度 Θ で回折するとき，互いに干渉し合って消える．波の回折は主に $|\theta| < \Theta$ で起こるので，この角度 Θ を **回折角** という（このとき，波の位相が隙間の中心に対して反対称になるので，干渉して消える）．式 (6.12) からわかるように，隙間の幅 d が狭く波の波長 λ が大きいほど回折角 Θ は大きい．

図 **6.8**　幅 d の隙間に垂直に入射した波が回折して進む角度の範囲 $\theta < \Theta$ は，式 (6.12) で表される．

6.2　音

6.2.1　音の速さ

音（音波）は，気体や液体あるいは固体中を伝わる粗密波である．真空中では音は伝わらない．気体中の音の速さ c_s は詳しい考察によれば

$$c_s = \sqrt{\gamma\frac{p}{\rho}} = \sqrt{\gamma\frac{k_B T}{m}} \tag{6.13}$$

と表される．ここで，p と ρ はそれぞれ気体の圧力と密度，T は気体の絶対温度，m は気体分子 1 個の質量，k_B はボルツマン定数，γ は気体の定圧比熱と定積比熱の比（**比熱比**）である．気体が単原子の場合は比熱比は $\gamma = 5/3$，2 原子分子の場合は $\gamma = 7/5$ であり，混合気体である空気の場合もほぼ $\gamma = 7/5$ である．式 (6.13) は第 5 章の式 (5.20) とよく似ており，音速は気体分子の熱運動の平均速度に近いことを示している．

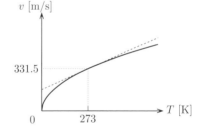

図 **6.9**　空気中の音速と絶対温度との関係．実線は式 (6.13)，破線は式 (6.14) を表す．

式 (6.13) からわかるように，気体中の音速は絶対温度の 1/2 乗に比例し，空気の場合は図 6.9 の実線のように表される．音速は音の高さや強さによって変化しないが，気体分子の質量が異なると音速は異なる．

大気の温度を摂氏 $t\,℃$ とすると，室温付近の 1 気圧の大気中の音速は，近似的に

$$c_s = 331.5 + 0.6\,t \quad \text{m/s} \tag{6.14}$$

と表され，図示すると図 6.9 の破線のようになる．

液体中の音速はおよそ $1.0 \sim 1.5\,\text{km/s}$ の範囲にあり，水中の音速はほぼ $1.5\,\text{km/s}$ である．固体中の音速はさらに速く，鉄を伝わる音の速さ

はほぼ 6.0 km/s である．また，地球深部の地震波に至っては 10 km/s を超える場合もある．

【例題 7】　18 ℃ の空気中を伝わる 440 Hz の音波の波長はいくらか．

解答　式 (6.14) で $t = 18$ ℃とすると，音速は $c_s = 342.3$ m/s，波長は $\lambda = c_s/f = 0.778$ m となる．

> **問題 10**　気体中の音波の速さ c_s は気体の圧力 p と 密度 ρ で決まるとして，次元解析により， c_s を p と ρ で表せ（式 (6.13) 参照）．
>
> **問題 11**　1 気圧，0 ℃のヘリウムの密度は，同じ圧力と温度の空気の密度の 0.138 倍である．このヘリウム気体中の音速はいくらか（ヒント：同じ圧力，同じ温度，同じ体積の気体中には同じ個数の分子を含むという**アボガドロの法則**を用いる．なお，ヘリウムは単原子分子である）．
>
> **問題 12**　2 点間に線密度 $\sigma = 0.005$ kg/m の弦を張力 $F = 98$ N で張り渡し，両端を固定した．この弦を伝わる波の速さは $v = \sqrt{F/\sigma}$ と表される．この弦を弾くと，波長 $\lambda = 0.35$ m の定常波が生じ，この振動により，音が発生した．気温を 14 ℃ として，この音の振動数および波長を求めよ．

6.2.2　音の強さ

　音には高い音や低い音がある．また，大きい（強い）音や小さい（弱い）音があり，音源から遠ざかると，音の高さは変わらないが音の強さは弱まる．さらに，同じ音の高さでも，楽器の種類によって音色が異なる．このように，音を特徴づける強さ・高さ・音色を**音の三要素**という．

　一般に，**波の強さ** I は波の進行方向に垂直な単位面積を単位時間に通過する波の振動エネルギーとして定義される．すなわち，単位体積中の波の振動エネルギー（**エネルギー密度**）と波の速さとの積が波の強さであり，波の強さの単位はエネルギー密度の単位 [J/m³] と速さの単位 [m/s] との積であり，[W/m²]=[J/m²s] となる．

　単調波の場合は，角振動数 ω，振幅 A の波が密度 ρ の媒質中で生じているとき，波のエネルギー密度 ε は

$$\varepsilon = \frac{1}{2}\rho\omega^2 A^2 \tag{6.15}$$

と表され，波の速さを v とすると，波の強さ I は

$$I = \varepsilon v = \frac{1}{2}\rho\omega^2 A^2 v \tag{6.16}$$

と表される．

　人間が受ける刺激の強さ Q と，刺激を受けた人が感じる感覚の強さ

E との間には，図 6.10 の曲線のように

$$\frac{E}{E_0} = \log_{10} \frac{Q}{Q_0} + 1 \qquad (6.17)$$

という対数関係があるといわれる．これは**ウェーバー・フェヒナーの法則**（1834 年）として知られており，味覚や嗅覚には当てはまらないが，視覚や聴覚にはこの法則が当てはまると考えられている．図 6.10 を見れば，人間は刺激の強さ Q が非常に弱いときはその強さの微妙な変化を感じ取ることができるが，Q が大きくなると強さの変化をあまり感じにくいということがわかる．

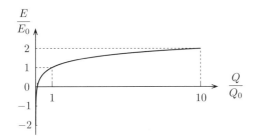

図 6.10 刺激の強さ Q と感覚の強さ E との間のウェーバー・フェヒナーの法則．

この法則をもとにして，人間が感じる音の大きさを，音の強さ I ではなくその対数 $\log_{10} I$ を用いて**音の強さのレベル** A_{I} として定義している．すなわち，音の大きさは

$$A_{\mathrm{I}} = 10 \log_{10} \left(\frac{I}{I_0} \right) \qquad (6.18)$$

として定義され，その単位を**デシベル** [dB] という．ここで，I_0 は人が聞き取ることができる**最小可聴音**（可聴しきい値）の強さであり，その値は

$$I_0 = 10^{-12} \ \mathrm{Wm^{-2}} \qquad (6.19)$$

と定義されている．最小可聴音の強さ $I = I_0$ のレベルは 0 dB である．また，人が苦痛を感じるような最大可聴音（痛みのしきい値）は 120～130 dB である．

> **問題 13** 音の強さのレベルと同様に対数を用いて定義された量には，他にどのようなものがあるか，例を 2 つ以上挙げよ．

6.2.3　音の高さと音色

音の高さは音波の振動数（周波数）によって決まる．人の**可聴周波数**はおよそ 20～20000 Hz である[5]．人の最小可聴周波数 20 Hz より振動数が小さい音を超低周波音という．超低周波音は目まいや吐き気などを起こす影響を人体に与えることがある．

また，人の最大可聴周波数 20 kHz より振動数が大きい音を**超音波**という．超音波は波長が短いので指向性がよく，液体や固体中ではかなり遠方まで伝わるので，水中で信号伝達用のソナー（水中音波探知機）に用いられる．また，非破壊検査法として，超音波パルスの反射波を用いる探傷法があり，その他にも，超音波加工・熔接・洗浄・殺菌・集塵・手術・病気の治療・種々の計測器などにおいても広く利用されている．

人が発する声の振動数は，およそ 80～1000 Hz である．音の振動数が約 1.06 倍になるごとに，半音高い音になり，振動数が 2（= 1.06^{12}）倍の音は1オクターブ高い音になる．

楽器の**音色**や人の音声などは，楽器の種類や人それぞれで異なる．それらの音は耳では同じ音の高さに聞こえても，聞こえる音の高さに相当する振動数をもつ**基本音**の他に，基本音の振動数の整数倍の振動数をもつ**倍音**（上音）が含まれており，その倍音の強さが楽器によって異なるためである．

単調波で表される音は振動数が決まっていて，**純音**と呼ばれる．音叉（おんさ）が出す音は純音である．楽器の音や人の音声は純音ではなく，単調波の重ね合わせで表される合成波である．振動数が整数倍の単調波をいろいろな強さで含んでいる状態を，音の**スペクトル**という．音色は音のスペクトルによって決まる．純音はただ1本の**線スペクトル**で表され，ある音の高さに聞こえる一般の音は，多数本の線スペクトルで表される．

【例題8】　最小可聴音の空気の振動の振幅 A はおよそどのくらいか評価せよ．ただし，音の振動数を 440 s^{-1}，音の速さを 340 m·s^{-1} とし，空気の密度を 1.3 kg·m^{-3} とする．

解答　式 (6.16) に，式 (6.19) と $\omega = 2\pi \times 440$ s^{-1}，$v = 340$ m·s^{-1}，$\rho = 1.3$ kg·m^{-3} を代入して，振幅 A を求めると $A = 2.4 \times 10^{-11}$ m

---

[5] 犬はおよそ 15～50000 Hz の音を聞くことができる．このため，犬笛は高い振動数の音を出し，人には聞こえないが犬には聞こえる．イルカやコウモリはさらに高い振動数の 160 kHz（イルカ），200 kHz（コウモリ）までの音を聞くことができる．

となる．この振幅は原子 1 個の大きさより小さい．

> **問題 14**　標準強度 (100 dB) の音波による空気の振動の振幅 A を求めよ．
>
> **問題 15**　音速を 340 m/s として，人の可聴周波数は空気中の音の波長ではどの範囲にあたるか．

同じ向きに伝わる 2 つの進行波の振動数（あるいは波長）がわずかに異なるとき，それら 2 つの波が重なってできる合成波の振幅は周期的に変動する．音波の場合はこの変動により，釣鐘の音のように「ウォーン・ウォーン…」と音の強さが周期的に変化して聞こえる．この現象をうなりという．2 つの波の振動数をそれぞれ f_1 および f_2 とし，うなりの周期を T_0 とすると，時間 T_0 の間に 2 つの波の数は 1 つずれることになるから，$|f_1 T_0 - f_2 T_0| = 1$ となる．したがって，うなりの周期は

$$T_0 = \frac{1}{|f_1 - f_2|} \tag{6.20}$$

と表される．

6.2.4　固有振動と共振・共鳴

両端を固定した弦を擦ったり弾いたりして弦に横波を発生させるとき，弦の固定した端を**固定端**という．また，細い管の開口部に息を吹きかけて管内の**気柱**に縦波を発生させるとき，気柱の開口端を**自由端**という．一般に，媒質の境界で媒質が力を受けずに自由に変位できる状態が自由端であり，変位できない状態が固定端である．管の両端が開口端の場合を**開管**といい，管の一端が閉じている場合を**閉管**という．管の閉じた一端は気柱の固定端になる．

一般に，自由端で波が反射する場合は，入射波の変位がそのまま反射波の変位となって入射した方向と反対の方向へ進む．一方，固定端で波が反射する場合は，入射波の変位の符号を反転した波が反射波となって進む．したがって，単調波が反射する場合は，自由端では反射波の**位相は入射波と変わらず**，固定端では反射波の位相は入射波に対して反転する（位相は π だけずれる）ことになる．入射波と反射波が重なって生じる合成波は**定常波**になり，自由端はその定常波の腹になり，固定端は節になる．

弦や気柱の例のように，媒質の両端が固定端や自由端になっていて，両端で波が反射する場合は，媒質内に特定の波長（あるいは振動数）の定常波だけが**励起**される．この現象を**共振・共鳴**という[6]．また，この特

---

[6] 気柱は管外の空気と開口端で接していて，開口端の内外で媒質の性質は同じであるが，媒質の形すなわち横の広がりが境界で不連続的に変わるため，境界で反射波を生じる．

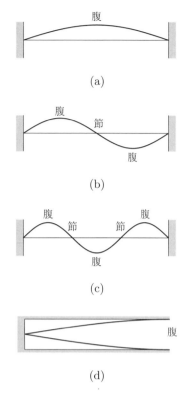

(a)

(b)

(c)

(d)

図 6.11　固有振動. 上の 3 例はそれぞれ弦の基本振動, 2 倍振動および 3 倍振動であり. 下の例は閉管の気柱の基本振動である.

定の定常波による媒質の振動を**固有振動**といい, その振動数を**固有振動数**という.

固有振動のうち, 最も振動数が低い振動を**基本振動**（基本音）といい, 基本振動の整数倍の振動を**倍振動**（倍音）という. 図 6.11 は固有振動の例である. 図 6.11 (a) – 図 6.11 (c) は両端を固定した弦の固有振動であり, それぞれ基本振動・2 倍振動・3 倍振動が描かれている. たとえば, 図 6.11 (c) は 3 倍振動であり, 定常波の腹は 3 個, 節は 2 個である. 図 6.11 (d) は閉管内の気柱の固有振動である. この図で, 左端は閉じた固定端で, 右端は開いた自由端である. その基本振動は管の長さの 4 倍の波長をもつ定常波である.

【例題 9】　固定端で反射する波の変位が入射波に対して反転する理由を述べよ.

解答　固定端では弦は変位できないから, 固定端に入射する波の変位と, 固定端で反射する波の変位の和, すなわち合成波の変位は常に 0 である. したがって, 固定端では反射波の変位は常に入射波の変位と大きさが等しく, 符号が逆になる.

問題 16　開管の基本振動の波長は, 気柱の長さの何倍か. 基本振動の次に低い振動は何倍振動か. また, 閉管の基本振動の次に低い振動は何倍振動か.

6.2.5　ドップラー効果

ドップラーは光や音などの波について研究し, 波源や観測者が動いているときは, 観測者が測定する振動数は波源の振動数とは異なることを理論的に見いだした（1842 年）. この現象を**ドップラー効果**という. 一般に, 波源と観測者の間の距離が狭まりつつあるとき, 観測者が測定する波の振動数は波源の振動数と比べて大きくなり, 距離が広がりつつあるとき, 波の振動数は小さくなる.

音の場合, 観測者が聞く音の振動数が大きくなると, 音源が出す音よりも高く聞こえ, 振動数が小さくなると, 音源が出す音よりも低く聞こえる.

図 6.12 のように, 音源から音が観測者に向かう方向を正として, 音源が速度 V_A で動き, 観測者が速度 V_B で動いている場合を考えよう. 音速を c_s として, このとき音源が出す音の振動数 f_A と観測者が聞く音の振動数 f_B との間には,

$$\frac{f_B}{f_A} = \frac{c_s - V_B}{c_s - V_A} \tag{6.21}$$

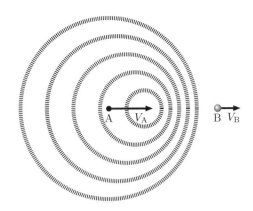

図 6.12　ドップラー効果．音源や観測者が動いているときは，観測者には音源の振動数とは異なった振動数の音が聞こえる．

の関係がある．この式は V_A や V_B が負の場合にも成り立つ．

　式 (6.21) を理解するためには，交通機関の運行を表すダイヤグラムと同様に，図 6.13 のように，横軸に時間 t をとり，縦軸に位置 x をとって，傾いた直線によって，伝播する波や等速で動く波源あるいは観測者などを表すとわかりやすい．たとえば，傾きが 0 の直線は静止状態を表し，傾きが大きい直線ほど大きい速度で動いている状態を表す．通常は，音源や観測者の速さよりも音波の方が速いから，音の伝播を表す直線の傾きが最も大きい．

　図 6.13 で，太い破線 S_1 と S_2 は速さ c_s で伝播する音波を表し，実

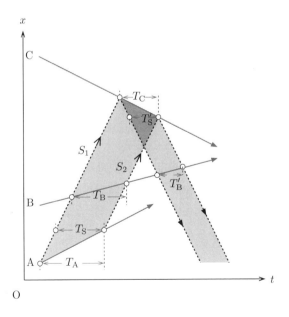

図 6.13　波の伝播（破線 S_1, S_2）と波源 A や観測者 B，反射板 C の動きを示すダイヤグラム．

線 A は速度 V_A で動いている音源，実線 B は速度 V_B で移動してい
る観測者，実線 C は速度 V_C で動いている反射板（図 6.13 においては
$V_C < 0$）を表している．音源 A が時間 T_A の間，音を出したとする．
このとき，音の伝播している領域は，図中で灰色の部分で表されている．
音が進む方向の前方に静止している観測者 S にはこの音は時間 T_S の
間，聞こえ，観測者 B には時間 T_B の間，聞こえたとする．また，反
射板には時間 T_C の間この音が当たり続け，反射板によって反射した音
は，静止観測者 S には時間 $T_S{}'$ の間，聞こえ，観測者 B には時間 $T_B{}'$
の間，聞こえたとする．

　図 6.13 を見ると，時間 T_A と T_S との間には次の関係があることがわ
かる．音源 A が速度 V_A で時間 T_A の間に移動した距離（縦軸 x の間
隔）は，音が速さ c_s で時間 $T_A - T_S$ の間に伝播した距離と等しいから，

$$V_A T_A = c_s(T_A - T_S) \tag{6.22}$$

の関係が成り立つ．静止観測者 S が時間 T_S の間に聞く音の波の個数は，
音源が時間 T_A の間に出した音の波の個数と等しい．したがって，静止
者が聞く音の振動数を f_S とし，音源が出す音の振動数を f_A とすると，

$$f_A T_A = f_S T_S \tag{6.23}$$

である．式 (6.22) を用いて式 (6.23) を書き直すと，

$$\frac{f_S}{f_A} = \frac{T_A}{T_S} = \frac{c_s}{c_s - V_A} \tag{6.24}$$

と表される．式 (6.22) を導いたときと同様に考えると，時間 T_B と T_S
との間には，

$$V_B T_B = c_s(T_B - T_S) \tag{6.25}$$

の関係がある．したがって，観測者 B が聞く音の振動数を f_B とすると，

$$\frac{f_B}{f_S} = \frac{T_S}{T_B} = \frac{c_s - V_B}{c_s} \tag{6.26}$$

となる．式 (6.24) と式 (6.26) とから，式 (6.21) が成り立つことがわか
る．図 6.13 を見ると，観測者 B の直線と音源 A の直線の傾きが異なる
ために，時間 T_B と T_A とが異なり，その結果ドップラー効果を生じる
ことがわかる．一般に，互いの間隔が狭まりつつあるときは $T_B < T_A$
となり，観測者が聞く音の振動数 f は増大し，間隔が開きつつあるとき
は $T_B > T_A$ となって，振動数 f は減少する．
　また，

$$V_C T_C = c_s(T_C - T_S) \tag{6.27}$$

$$V_C T_C = -c_s(T_C - T_S{}') \tag{6.28}$$

$$V_B T_B' = -c_s(T_B' - T_S{}') \tag{6.29}$$

などの式を用いると，反射板で反射した音を観測者 B が聞くときの振動
数 $f_B{}'$ などを求めることもできる．

　光のドップラー効果では，光源の色とは異なった色の光が観測される
ことになる．観測者が測定する光の振動数が光源の光の振動数より大き
い場合を**青方偏移**，小さい場合を**赤方偏移**と呼ぶ[7]．19 世紀中頃，ドッ
プラーは，現在光のドップラー効果と呼ばれているこの効果が将来，天
体の運動や距離を決める方法になるだろうと予言した．実際，今日では
この方法で天体の運動や距離などが測定されている．また，ハッブルは
銀河のドップラー効果を観測して，宇宙は膨張しているという大発見に
至り（1929 年），ドップラーの予言は豊かな実を結ぶことになった．

【**例題 10**】　　救急車が時速 54 km で目の前を通り過ぎるとき，サ
イレンの音の高さは救急車が通り過ぎる前後でどれだけ変化するか．
音速を 340 m/s として計算せよ．

解答　救急車の速さは 15 m/s である．救急車が近づくときのサイ
レンの振動数は音源の振動数の $340/(340-15)$ 倍に，遠ざかるときは
$340/(340+15)$ 倍に聞こえる．よって，通り過ぎる瞬間に，振動数は
$325/355 = 1/1.092$ 倍に変化して聞こえる．振動数が $1/1.06$ 倍になる
と音の高さは半音下がり，$1/1.12$ 倍になると全音下がるので，この場合
は半音と全音の間の変化にあたる．

> **問題 17**　図 6.13 において，音源が発する振動数 f_A Hz の音が長く続く場
> 合は，観測者 B には，音源から直接に伝わる音と反射板に当たって反射し
> た音とが同時に聞こえる．この 2 つの音が重なってうなりを生じたとして，
> うなりの振動数を求めよ．

6.3　光

6.3.1　光とは何か

　電気と磁気の基本法則をまとめ上げたマクスウェルは，その法則に基
づいて，電場と磁場の横波（**電磁波**）が存在することを予言した．さら
に，理論的に予言された電磁波の真空中や媒質中での速さは，当時実験
的に知られていた光の速さときわめてよく一致し，光も横波であること
から，光の正体は電磁波であることを予言した（1861 年）．

---

[7] 音波については，バローがホルン奏者を機関車に乗せて実験し，この効果を確かめ
た（1845 年）．光については，フィゾーがフラウンホーファー線と呼ばれる太陽か
らの光の**スペクトル**の中に見られる暗線を利用してドップラー効果の存在を示した
（1848 年）．

　電磁波は電荷の振動（加速度運動）によって発生する．ヘルツは電気火花によって実際に電磁波を発生させる実験に成功し，その存在を実証した．さらに，電磁波が光と同じように**反射・屈折・偏光**などの性質をもつことを実証した（1888 年）．これによりマクスウェル理論は確固たるものになり，電磁波としての光の本性も明らかになった．

　光をプリズムで分解すると，可視光の赤色の外側に目に見えない波長の長い**赤外線**が存在し，紫色の外側に波長の短い**紫外線**が存在することが発見された．赤外線は熱作用が強いので，**熱線**とも呼ばれる．

　その後，**X 線**や放射線の 1 つである**ガンマ線**（γ 線）が発見され，これらも電磁波であることが明らかになった．電磁波は振動数が大きく，波長が短い方から順に，ガンマ線・X 線・紫外線・可視光・赤外線・マイクロ波・電波などに分類される．一般に，電磁波は波の性質と粒子の性質を同時にもっており，波長が短い電磁波ほど，粒子的性質が強く現れ，波長が長い電磁波ほど波動的性質が強く現れることが多い．表 6.1 に，主な電磁波の名称と振動数および波長を示しておこう．振動数と波長との積は光速度（式 (6.30) ）である．

表 6.1　主な電磁波の名称と振動数および波長．

名称	振動数 (Hz)	波長 (m)
電波	$3 \sim 3 \times 10^{12}$	$10^{8} \sim 10^{-4}$
マイクロ波	$3 \times 10^{8} \sim 10^{12}$	$1 \sim 3 \times 10^{-4}$
赤外線	$10^{12} \sim 3.8 \times 10^{14}$	$3 \times 10^{-4} \sim 7.8 \times 10^{-7}$
可視光	$3.8 \times 10^{14} \sim 7.8 \times 10^{14}$	$7.8 \times 10^{-7} \sim 3.8 \times 10^{-7}$
紫外線	$7.8 \times 10^{14} \sim 3 \times 10^{17}$	$3.8 \times 10^{-7} \sim 10^{-9}$
X 線	$3 \times 10^{16} \sim 3 \times 10^{19}$	$10^{-8} \sim 10^{-11}$
ガンマ線	$\gtrsim 3 \times 10^{18}$	$\lesssim 10^{-10}$

　電磁波は進行方向に対して垂直な面内で，図 6.14 に描かれているように電場と磁場とが互いに垂直に振動している．**自然光**は多数の光の集まりであり，光の進行方向が揃っていても，それに垂直な電場の振動方向はそれぞれの光で異なり，いろいろな方向を向いている．それに対して，電場の振動方向が揃っている光を**偏光**（光が偏っている）という[8]．偏光には直線偏光（平面偏光)，円偏光，楕円偏光がある．

　偏光板を光の進行方向に対して垂直に置くと，1 方向に振動する光だけを通すので，通過した光は直線偏光である．2 枚の偏光板を重ねて光を通し，1 方の偏光板を回転させていくと，90 度回転するごとに通過し

---

[8] ティンダルは，大気中の微粒子によって直角方向に散乱される光は偏っていることを発見した．蜜蜂などは，移動に空の偏光を利用しているといわれる．中世のヴァイキングも空に日長石をかざして，偏光の方向を知ったという．

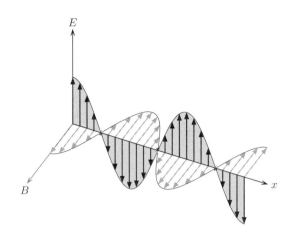

図 6.14　電磁波：振動する電場と磁場の横波．x: 電磁波の伝播方向．

た光の明るさが明るくなったり暗くなったりする．偏光の現象は光が横波であることを示している．

6.3.2　光の速さ

電磁波の速さ c は，真空中では振動数や波長に依存せず，

$$c = 2.99792458 \times 10^8 \text{ m/s} \tag{6.30}$$

であり，**光速度**と呼ばれる[9]．この値はあらゆる物質の移動速度の最大限界である．現在ではこの値を基準として，長さの単位が決められている．

一般に，物体の速度や波の速度は絶対的なものではなく，何を静止基準とするかによって異なる相対的なものである（**ガリレイの相対性原理**，2.3.1 節参照）．速度について述べるときには何を基準としているかが明確でなければならない．たとえば，音速は式 (6.13) や式 (6.14) で表されるが，その音速の静止基準は地球大地ではなく，音を伝える媒質である空気を基準とした速さである．

それでは，式 (6.30) で表される真空中の電磁波の速さは何を基準とした速さなのだろうか．真空を基準とするのだろうか．その答えは「真空中を任意の速さで動いている任意の物体を基準としてよい」ということである．任意の物体に対する真空中の電磁波の相対的な速さは，その物体が動いていても変わらないのである．これを**光速度不変の原理**という[10]．

---

[9] フィゾーは高速回転する歯車を使って光速度を初めて測定した（1849 年）．フーコーは高速回転する鏡を使って精度のよい測定を行ない（1862 年），水中での光の速さも測定した（1850 年）．

[10] この一見不思議な事実は，「動く系での時間の進み方や空間の距離は静止系とは異なる」などの現象を説明した**アインシュタインの相対性理論**によって矛盾なく理解することができる．

　　物質中での光の速さは真空中の速さより遅く $1/n$ 倍になる．この n を物質の**絶対屈折率**という[11]．水やガラス中では，光の振動数が大きいほど絶対屈折率が大きく光の速さは遅くなる．このように単調波の振動数（あるいは波長）が異なると波の伝わる速さが異なる現象を波の**分散**という．

　　一方，音の速さ c_s は音の振動数によって変わることがない．このように，波の速さが振動数によらないことを**分散性**がないという．

> **問題 18**　電子レンジの電磁波の振動数は 2.45 GHz である．このマイクロ波の波長はいくらか．

6.3.3　光のスペクトル

　　可視光の波長は短い紫色から長い赤色までおよそ $0.38\,\mu\mathrm{m} \sim 0.77\,\mu\mathrm{m}$ の範囲にある（表 6.2）．**レーザー光**や**ナトリウムランプ**が出す光あるいは炎色反応で出る光のように，特定の振動数（または波長）をもつ単調波の光を**単色光**といい，その色は波長の順に分類することができる．それに対して，一般に物体の色（物体が反射する光の色）は肌色，黄土色，苔色などのように複雑であり，光がいろいろな波長の単色光をいろいろな強さで含んでいる．このように光がいろいろな波長の単色光を含むとき，光に含まれる単色光の強度分布を光の**スペクトル**という．音色が音のスペクトルによって決まるように，物体の色あいは光のスペクトルによって決まる．

表 6.2　可視光の色と波長（概数）

色	波長 (μm)
紫	0.38 – 0.43
青	0.43 – 0.49
緑	0.49 – 0.55
黄	0.55 – 0.59
橙	0.59 – 0.64
赤	0.64 – 0.77

　　人間が物体の色を感じる光には，放射光・反射光・透過光がある．物体が自ら光を放つ**放射光**は蛍や発光バクテリアの光のように化学反応によって出ることもあるが，通常は物体が高温になることにより放射される．これを**熱放射**という．物体の単位表面積から放射される熱放射の強さは物体の絶対温度 T の 4 乗に比例する．これを**ステファン・ボルツマンの法則**という．

　　熱放射による放射光は可視光だけでなく，赤外線や紫外線など，いろいろな波長の光を含む．これを**連続スペクトル**という（これに対してナトリウムランプの光やレーザー光のように特定の波長でのみ強い光の強度を示す光のスペクトルを**線スペクトル**という）．その熱放射の中で最も強く放射される光の波長 λ_m は，物体の絶対温度 T に反比例し，

$$\lambda_\mathrm{m} T = 0.0029 \ \mathrm{m \cdot K} \tag{6.31}$$

と表され，物体が高温になるほど短い波長の光が強く放射される．これ

---

[11] 媒質 1 および媒質 2 の絶対屈折率をそれぞれ n_1, n_2 とすると，それらの比 n_2/n_1 が式 (6.11) の右辺の**相対屈折率** n_{12} になる．

をウィーン (**Wien**) の変位則という[12].

絶対温度が 300 K 前後の地上の物体はおよそ $\lambda_m = 10\mu$ m の遠赤外線を放射しているが，目には見えない．常温の物体が目に見えるのは**反射光**による．物体がいろいろに色づいて見えるのは，太陽光のどの波長の光を吸収しやすいかあるいは反射しやすいかという性質が，物体の種類によって異なるためである．

太陽や白熱電球が発する光のように，さまざまな波長の単色光を含む光は**白色光**と呼ばれ，目には色があるようには見えない．また，目には同じ紫色に見えても，単色光の紫色の場合もあれば，赤い光と青い光が混ざり合って紫色に見える場合もある．このように光が目に入ったとき，どのような色として感じるかという人の視覚や脳の仕組みは単純ではない．

人の網膜には明るさを感じる**視細胞**の他に，主として赤・緑・青の可視光にそれぞれ反応する 3 種類の視細胞があり，この反応の強弱の組み合わせによって，人の脳は無数の色の感覚を生み出している[13].

プリズム（三角形状のガラス）に白色光が入射すると，光の分散性によって，光の振動数が大きいほど屈折角が大きく，白色光は虹色の光に分離してプリズムを透過するので，光のスペクトルが分解されて赤から紫の色の帯が得られる[14]. また，大気中に浮かぶ微細な無数の水滴に太陽光が入射すると，水滴内で屈折してさまざまな波長の光に分離し，虹の現象を生じる．

6.3.4　光の干渉

光が伝わる途中で，2 つ以上の異なる経路に光が分かれて伝わった後に再び重なり合うと，**干渉**して光のスペクトルの中で特定の振動数の光が強まったり弱まったりする．光の振動数（または周期）は異なる媒質中でも変わらないから，この干渉効果は，異なる経路を伝わっている間の経過時間の差が光の振動周期の何倍にあたるかにより決まる．

単色光が絶対屈折率 n の媒質中を距離 ℓ だけ通過するとき，距離 ℓ と絶対屈折率 n との積 $n\ell$ を**光学的距離**または**光路長**という．この距離を通過する時間を t とすると，媒質中の光の速さは $v = c/n$ であり，

---

[12] 「ヴィーン」と訳されることもある

[13] 鶏や金魚にはこの 3 種類に加えて紫に反応する視細胞がある．蝶や蜂はさらに紫外線に反応する視細胞をもち，5 種類の視細胞がある．一方，犬や兎には赤と青に反応する 2 種類の視細胞しかない．

[14] ニュートンは白色光をプリズムで分解し，赤から紫までの色の帯を観測し，また分解した光を重ね合わせると再び白色光になることを示した（1666 年）．

$\ell = vt$ であるから，

$$n\ell = nvt = ct \tag{6.32}$$

の関係がある．光速度 c は不変定数であるから，光学的距離はその距離を光が通過する時間だけで決まる値である．したがって，途中で異なる経路に分かれた光が再び重なったときの干渉効果は，経路の光学的距離の差（**光路差**）が真空中の光の波長の何倍にあたるかにより決まる．

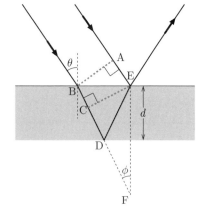

図6.15 薄膜の干渉：膜の表面で反射する光（経路 A-E）と，膜に入って裏面で反射する光（経路 B-C-D-E）とが重なって干渉を起こす．

シャボン玉や水面に浮かんだ油膜のような薄膜は色づいて見えることがある．これは光の干渉によって起こる現象である．図 6.15 のように，シャボン液の絶対屈折率を n とし，シャボン膜の厚みを d としよう．この薄い膜に，波長 λ の光が膜に入射角 θ で入射するとき，光の一部は膜の表面で反射し（経路 AE），残りは表面で屈折して屈折角 φ で膜に入った後，裏面で反射して再び膜を通過して空気中へ出る（経路 BDE）．これらの2つの経路を通った光の位相が一致して強め合う条件を求めよう．

図 6.15 の AB は光の進む方向に対して垂直な1つの波面であり，光の位相が等しい面である．また CE も位相が等しい波面である．したがって，経路 AE と経路 BC とは，光学的距離が等しい[15]．これより，2つの経路 AE と BDE の光学的距離の差は CDE の光学的距離

$$n\,2d\,\cos\phi = 2d(n^2 - \sin^2\theta)^{1/2} \tag{6.33}$$

に相当する．

ところで，屈折率が小さい媒質から屈折率が大きい媒質に入射して境界面で反射するとき，光の位相は反転する（π だけずれる）．逆に屈折率が大きい媒質から小さい媒質に入射して境界面で反射するときは，位相は変わらない．このため，シャボン膜の表面で反射するときは光の位相は反転し，膜の裏面で反射するときは位相は変わらない．このことを考慮すると，光学的距離の差（式 (6.33)）が真空中の光の波長 λ の半整数倍（$\lambda/2$ の奇数倍）であれば，2つの光が再び重なったとき同位相になり，強め合う．したがって，反射角 θ の方向に干渉によって強め合う光の波長は，$m = 0,\ 1,\ 2,\ \cdots$ として[16]，

$$\lambda = \frac{4d}{2m+1}(n^2 - \sin^2\theta)^{1/2} \tag{6.34}$$

と表される．こうして白色光が薄膜で反射するときは，反射角によって強く反射される光の色が異なるので，色づいて見えることになる．

問題19 シャボン玉の膜が厚すぎても薄すぎても色づいては見えなくなる．その理由を述べよ．

---

[15] このことから屈折の法則が導かれる．逆に，屈折の法則を用いると，経路 AE と経路 BC は光学的距離が等しいことがわかる．

[16] m を干渉の次数と呼ぶ．

6.3.5　光の回折

　光は真空中を直進する．大気中でも直進性が強く，光は細い隙間を通ってもほとんど回折せずに直進する．これは光の波長が目に見える隙間の幅と比べてはるかに短いからである（式 (6.12) 参照）．しかし，大気中では上空から地面に向かって空気の密度が濃くなるので，光の屈折率は地面に近いほど増大して光の速さがわずかに遅くなる．このため，水平に長い距離を進む光はわずかながら次第に下方へ屈折する．また，何らかの気象現象により地面や海面近くと上空との間に密度の違いが生じると，光はその境界面で屈折し，蜃気楼[17]や逃げ水[18]などの現象を生じることがある．

　隙間（スリット）の幅が光の波長程度に狭くなると，光も大きく**回折**する．このきわめて細いスリットを多数個並べたものを**回折格子**という．金属面やガラス板に細い溝を等間隔に刻んだ回折格子は，光を**スペクトル**に分解する素子として用いられる．この溝と溝の間隔を**格子定数**といい，通常は 1 μm 前後である．図 6.16 はガラス板に溝を刻んだ回折格子である．この回折格子に白色光を当てると，図 6.16 のように溝の間の平らな面の部分で光は透過（金属面のときは反射）し，回折して干渉し合う．光が干渉して強まり合う角度は波長によって異なるために光は**分散**し，スペクトルが得られる．

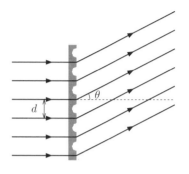

図 6.16　回折格子.

【例題 11】　波長 λ の波が，等間隔に並んだ多数個の細長い隙間（スリット）に垂直に入射するとき，回折波が強まる角度を求めよ．各隙間の幅は波の波長と比べて十分狭いとし，隣り合う隙間の間隔を $d\ (> \lambda)$ とする．

解答　隙間に垂直に入射した波が角 θ だけ回折して進むとき，隣り合う隙間を通る 2 つの波の経路差は $d\sin\theta$ になる．この経路差が波の波長の整数倍になるとき，2 つの波は互いに干渉し合って強まる．したがって回折波が強まる角度を Θ とすると，

$$d\sin\Theta = m\lambda \quad (m = 0, 1,\ 2,\ \cdots) \tag{6.35}$$

である．

> **問題 20**　CD（コンパクトディスク）の記録面が色づいて見えるのはなぜか説明せよ．

---

[17] 冬や春に特定の地域で起こる稀な現象であるが，遠方の船や島，海から見た陸地の建物などが，空中に浮き上がって見えたり，逆に海に沈んで見えたり，また上下反転して見えたりする現象.

[18] 暑い日には舗装道路上の遠方が水に濡れたように黒っぽく光ることがある．近づくとその場所は逃げて遠ざかったり消え失せたりする．これを逃げ水という.

6.3.6　光の屈折・散乱

　水中から空気中へ入射する光は，入射角がある角度 i_0 以上になると，完全反射して水中に戻り，空気中に出ることはない．この現象を**全反射**という．また，この角度 i_0 を**臨界角**という．入射角が臨界角のとき，屈折角は最大値 $\pi/2$ になる．空気に対する水の相対屈折率を n とすると，水中から空気中への臨界角は

$$\sin i_0 = \frac{1}{n} \tag{6.36}$$

で与えられる．**光ファイバー**と呼ばれる細長いガラス繊維は，その曲がった経路に沿って，全反射の現象を用いて光の強さをあまり弱めることなく遠方まで光を送ることができる．

　密度の微細な揺らぎがある大気中の空気分子や微粒子に光が当たると，光は四方に**散乱**される．光の波長 λ と比べて十分小さい分子や微粒子に当たって散乱される光は**レイリー散乱**と呼ばれ，その強度は，λ^{-4} に比例する．したがって，光の波長 λ が短いほど散乱される割合は大きい．このため，近くの山と比べて遠方になるほど山は青く見える．また，太陽に近い方角の空は白色に近いが，太陽から離れた方角の空は青く見える．他方，夕日や夕焼けは赤い．これらの現象も光の散乱の波長依存性によって理解することができる．

> **問題 21**　緑色の光の波長 $(5 \times 10^{-7}\text{m})$ は空気中の分子の平均間隔の何倍か．ただし，空気の密度を $1.3\ \text{kg·m}^{-3}$，空気分子 1 個の平均質量を 4.8×10^{-26} kg·m^{-3} とし，分子が格子状に並んでいると仮定して空気分子の平均間隔を求めよ．

【例題 12】　　寒い冬に，吐く息が白く見えるのはなぜか説明せよ．

解答　大気中の水分子の量が同じでも，水分子がバラバラに分離した水蒸気の状態では目に見えず，水分子が凝結した水滴の状態では，湯気・霧・雲などとなって目に見える．吐く息の中に含まれる水蒸気の量は同じでも，冬の外気で冷やされて凝結し水滴に変わると，白く見えるようになる．なお，水分子は空気中に浮遊するエアロゾル微粒子などを核として凝結する．

　水分子の量が等しければ，水蒸気でも水滴でも光は同じように個々の水分子と衝突し，散乱されて目に入る度合いは等しいと思われるのに，なぜ水滴になると目に入る光の量が非常に増えるのか．その理由は次のとおりである．

水滴内の水分子どうしの間隔は，光の波長と比べて非常に短いので，個々の水分子によって散乱される光の位相は互いに一致し，干渉によって強め合う．このため強い散乱光となって目に見える．

一方，水蒸気の個々の分子どうしの間隔は広く，バラバラに分布しているため，分子によって散乱される光の位相もそれぞれ異なり，それらが干渉によって強まるという効果は起こらない．このため，散乱光は非常に弱く，透明になる．なお，光の波長に比べて水滴がはるかに大きくなると，干渉によって強まる効果はやはり失われ，水滴は透明になっていく．

6.3.7 レンズと球面鏡

鏡を見ると，鏡の奥に像が見える．物体はそこに存在しないのに，どうして物体の像が見えるのだろうか．その逆に，物体があっても，そこに物体が見えるとは限らない．一般に，物体であれ像であれ，それがある距離に見えるというのはどういう現象なのだろうか．単に光が眼に入ってくるだけでは，光がどの距離からやってきたかはわからない．図6.17のように，光の束がある一点から（放射状に）広がって眼に入るとき，そこに物体あるいは像が存在するように見えるのである．

ガラスの表面を球面に近い曲面に磨いたレンズを光が通過すると，光は屈折してレンズの厚みが大きい方へと曲がる．中心が膨らんだ凸レンズを通過した光は，レンズの光軸に向かう方向に屈折し，光束が収束する．一方，中心が凹んだ凹レンズを通過した光は，レンズの光軸から離れる方向に屈折し，光束が広がる．また，凹面鏡や凸面鏡は光を反射した後，やはり光束が収束したり広がったりして，レンズと似た働きをする．

遠方の物体から出た光束がレンズや鏡に入射するときは，ほぼ平行な光束となっている．平行光束はレンズで屈折し，あるいは鏡で反射する．その後，光束は凸レンズや凹面鏡ではある一点に収束した後に広がる．また凹レンズや凸面鏡を通過した光束は（ある一点から放射状に出たかのように）広がる．この点を焦点といい，レンズや鏡の位置から焦点までの距離を焦点距離という．

遠方の物体から出た光束はこの焦点から広がるので，焦点には倒立した実像や正立した虚像が見えることになる．その像の大きさと遠方の物体の大きさとの比を像の倍率という．めがねや顕微鏡，望遠鏡などさまざまな光学機器は，このようにレンズや鏡が像をつくる性質を利用している．

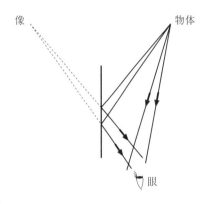

図 **6.17** 光束の広がりと像.

　遠方でなく，近くの物体から出た光束の場合も，レンズや鏡に入射した後，焦点の付近のある一点に収束したり，ある一点から出たように広がるので，やはりその点に像をつくる．図 6.18 のように，凸レンズの焦点の 1 つ F′ の左側に物体 AB を置くと，物体の点 A から出た光束はレンズを通った後，レンズの反対側の点 A′ に収束し，そこから再び広がる．そこで，A′ より右方の位置からレンズを見ると，A′ の位置に物体の倒立像（実像）が見える．レンズの焦点距離を f，レンズから物体 AB までの距離を a，実像までの距離を b とすると，**写像公式**と呼ばれる次の関係式

$$\frac{1}{a} + \frac{1}{b} = \frac{1}{f} \tag{6.37}$$

が成り立つ．また，像の倍率 (A′B′/AB) は b/a によって表される．

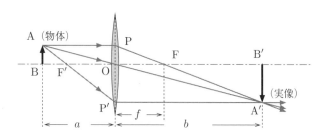

図 6.18　凸レンズがつくる物体の像.

【例題 13】　近視用の眼鏡には，どのようなレンズが用いられるか答えよ.

解答　近眼の人は眼球の水晶体の焦点が網膜の位置より手前にある．そこで凹レンズを用いて水晶体に入射する光を広げ，焦点距離を網膜の位置まで伸ばす．

【例題 14】　2 つの部屋が窓で仕切られ，一方の部屋からは窓を通して他方の部屋の中が見えるが，他方の部屋からは窓が鏡になっていて光を反射し，隣の部屋の中が見えない．このマジック・ミラーの原理を説明せよ.

解答　光が A 点から B 点に伝わることができるなら，必ず B 点から A 点に逆に伝わることができる．これを**相反性の原理**という．A 室から B 室へ光が通るなら，B 室から A 室へも光は通ることができる．しかし，B 室を A 室と比べて暗くしておくと，B 室から A 室に入射する弱い光は，A 室から B 室に向かう強い光の反射光の中にかき消されて，

A 室からは B 室の様子がほとんど見えなくなってしまう．さらに透過光に対して反射光の割合を増すために，銀などの薄膜を張って窓ガラスを半透明にしている．

> **問題 22**　遠方の光源の光が凸レンズの**光軸**に平行に入射し，レンズの焦点に向かって進むときの光波の波面を図に表せ．

─────────────── **第 6 章　演習問題** ───────────────

1．地震が発生した後，ある地点に最初の P 波が伝わってから主要動の S 波が伝わるまで，初期微動が 10 秒間続いた．P 波の速さを 7.8 km/s，S 波の速さを 4.4 km/s として，その地点から震源までの距離を求めよ．

2．海底地震によって引き起こされる津波の伝わる速さ v は重力加速度 g と水深 h によって決まるとして，次元解析により v の式を求めよ．ただし，次元解析だけでは決まらない係数を 1 とすること．次に，津波が水深 4.5 km の太平洋を伝わるとして，津波の伝播速度を求め，新幹線の速さ（およそ 300 km/h）と比較せよ．

3．フェルマーの原理を用いて (1) 反射の法則と (2) 屈折の法則をそれぞれ説明せよ．

4．人に聞こえる音の最大周波数と最小周波数とは何オクターブ異なるか．

5．(1) 深さ h の水底に沈んだコインを斜めから見ると，水面からの深さ h' の位置に浮き上がって鉛直下方から角度 θ をなす方向に見えた．空気に対する水の相対屈折率を n として，h' を求めよ．ただし，コインの真上にその像が生じるわけではないことに注意せよ．
(2) 水を張ったプールの水底は平らなのに，近くでは水底が深く見え，遠くでは浮き上がって見える理由を説明せよ．

6．次の 2 つの現象をホイヘンスの原理およびフェルマーの原理に基づいてそれぞれ説明せよ．(1)　逃げ水，(2)　蜃気楼．

7．太陽の方角に対して直角の方向の空からくる光は偏っている．偏光の理由を説明せよ．

8．虫眼鏡（凸レンズ）で物体を見ると，なぜ物体が拡大されて見えるのか．その理由を説明せよ．

9．車やバイクのサイドミラーに球面鏡が用いられるのはなぜか．その理由を答えよ．

10．望遠鏡には放物面鏡が用いられる．なぜ球面鏡ではないのだろうか．その理由を答えよ．

11．次の現象の理由を考えてみよう．
(1) 左目を瞑って人指し指と中指を立てて右目から 1～2 cm 離してかざし，2 本の指の極めて狭い隙間からもれてくる光を見ると，隙間と平行に幾筋もの黒い線が並んで見えるのはなぜか．この隙間の幅はどれほどか調べよ．
(2) 砂地や布地は水に濡れると黒っぽくなり，乾くと白っぽくなるのはなぜか説明せよ．
(3) 吸わないときにタバコから出る煙は紫煙と呼ばれるように青っぽく見えるが，吸った口から吐いた煙は白いのはなぜか説明せよ．
(4) ヘリウムガスを吸って声を出すと，声が高くなるのはなぜか説明せよ．

(5) ガラスや水のように透明な物質中を光は衝突・散乱せずに透過できる．光は透明な物質を構成する分子となぜ衝突・散乱しないのか説明せよ．

(6) 地平線に近い太陽や月が少し平たい楕円形に見えるのはなぜか．また，天頂にあるときに比べて大きく見えるのはなぜか説明せよ．

第 7 章

電 荷 と 電 場

　雷は雲と地表の間で電気が流れる現象である．また，乾燥した季節に
金属の物体に手を触れると，「パチッ」と音がして小さな光が発生するこ
とがある．これも人間の体と金属の間で電気が流れる現象である．現在
の私たちの生活に欠くことのできない「電気」とはどのようなものなの
か，この章ではその実体や性質について学ぶ．

7.1　静電気

7.1.1　電荷

　どのような物質であっても，1 g の物質中には電気を帯びた粒子が，
およそ $10^{23} \sim 10^{24}$ 個も含まれている．いわば，物質は電気の固まりで
ある[1]．それにもかかわらず，日常的には「物質が電気を帯びている」と
明確に認識されることはまれである．それはなぜなのか考えてみよう．
なお，ここでは「電気」と日常的に呼ばれる目に見えない「もの」の源
を，**電荷**と名づけることにしよう．また，物体中の電荷の量を**電気量**と
呼び，単位として**クーロン (C)** を用いる．

　質量と電荷は物質が普遍的にもっている最も基本的な 2 つの属性であ
る．質量は万有引力の法則により，物体の間に引力のみを発生する．こ
れに対して電荷には正電荷と負電荷の 2 種類があり，同種の電荷どうし
は反発して互いに遠ざけ合い，正負の電荷どうしは引きつけ合って互い
に接近しようとする．この斥力や引力を**静電気力**という（図 7.1）．静電
気力は非常に強い力であるために，物質中に含まれる正電荷の量と負電
荷の量に差があると，容易に余分な電荷をもつ粒子がはじき出されたり，
あるいは足りない電荷をもつ粒子を外から引き込んだりして，物質内の
正負の電荷の量が等しくなってしまう．この状態を**電気的中和**という．
通常，物質は強い電気力によって中和しているために，見かけ上電気を

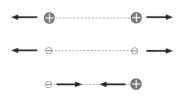

図 7.1　電荷どうしが及ぼし合う力．

---

　[1] 物質のさまざまな性質，たとえば硬さや色合いなどほとんどの性質は電気的な現象
　によるものである．

帯びていないので，電荷の存在に気づきにくいのである[2]．これが最初の問いに対する答えである．物質中には多くの電荷が存在していても，全体としてはほぼ電気的に中和しているため，強い静電気力は現れない．

　物体が電気を帯びることを**帯電**という．帯電現象は，物体を構成する原子の構造とも深く関係している．原子は正の電荷をもつ1つの**原子核**と負の電荷をもついくつかの**電子**からなる．普通の状態では，原子がもつ電気量の総和は0であるが，原子から電子が放出されたり，原子が余分な電子を受け取ったりすると，原子は正または負の電気量をもつことになる．この状態の原子を**イオン**といい，正に帯電した原子を正イオン，負に帯電した原子を負イオンという．また，原子から放出された電子は，物体内や真空中を自由に動き回ることがある．これを**自由電子**という．電子がもつ電気量を $-e$ で表すと，e の値は

$$e = 1.60217733 \times 10^{-19} \text{ C} \tag{7.1}$$

であり，この量 e を**電気素量**という．これが帯電している物体の電気量の最小単位であり，電気量の移動もこの単位ごとに行なわれる．

7.1.2　静電気力と電場

　帯電する物体は必ず大きさをもつが，ここでは大きさを無視することができる静止した2つの点状の電荷（**点電荷**）の間に作用する静電気力について調べよう．2つの点電荷の間には**クーロン力**と呼ばれる静電気力 $\boldsymbol{F}$ が作用する．電荷 Q から距離 r [m] 離れた点にある q [C] の電荷が受ける力 $\boldsymbol{F}$ は

$$\boldsymbol{F} = k\frac{Qq}{r^2}\boldsymbol{e}_r \quad [\text{N}] \tag{7.2}$$

と表される．これを**クーロンの法則**と呼ぶ．ここで，$\boldsymbol{e}_r$ は電荷 Q から電荷 q に向かう単位ベクトルである．静電気力は Q と q を結ぶ線上にあり，Q と q が同符号のとき斥力，異符号のとき引力である．また，k を**クーロンの法則の比例定数**と呼び，その値は

$$k = \frac{1}{4\pi\varepsilon_0} = 8.988 \times 10^9 \quad [\text{Nm}^2/\text{C}^2] \tag{7.3}$$

である．この比例定数の中に現れる ε_0 は**真空の誘電率**と呼ばれる定数であり，その値は

$$\varepsilon_0 = 8.854 \times 10^{-12} \text{ [C}^2/\text{Nm}^2] \tag{7.4}$$

である．式 (7.2) は万有引力と同じように，2つの点電荷の間に作用する力が，その間の距離の2乗に反比例することを示している．

---

[2] 電気的に中和していても，電気的性質が消えるわけではない．物質どうしが接触したときの摩擦力や抗力の発生などは電気的現象である．

　少し見方を変えて，電荷 Q がもう 1 つの電荷 q に直接に力を及ぼしているのではなく，電荷 Q は周辺の空間にある影響を与えて，その影響を受けた空間の性質によって，点電荷 q は力を受けていると考えよう．このとき，Q が空間に与える性質を**電場**と呼ぶ．点電荷 q がこの電場の中に存在すれば，点電荷 q はこの電場によって力を受ける．Q が周辺の空間につくる電場 $\boldsymbol{E}$ はベクトル量であり，単位電荷あたりの静電気力として定義され，

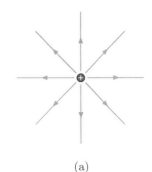

(a)

$$E = \frac{\boldsymbol{F}}{q} = \frac{1}{4\pi\varepsilon_0}\frac{Q}{r^2}\boldsymbol{e}_r \ [\mathrm{N/C}] \tag{7.5}$$

と表される．

　点電荷 q を Q がつくる電場から受ける力の向きに沿って少しずつ動かしていくと，その軌跡は Q を中心とした直線を描く．空間に形成される電場は，必ずしも 1 つの点電荷のみによってつくり出されるとは限らないので，そのときには一般の電場中で点電荷が描く軌跡は曲線となる．正の点電荷が電場中で描くこのような曲線を**電気力線**という（図 7.2 参照）．

　真空中に置かれた Q [C] の電荷が生み出す電気力線の数を

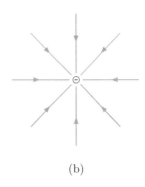

(b)

図 7.2 点電荷のつくる電気力線．

$$\frac{Q}{\varepsilon_0} \ [\text{本}]^3 \tag{7.6}$$

と定義すると，電場の方向に垂直な面を貫く電気力線の 1 m² あたりの本数は，電場の大きさ $E = |\boldsymbol{E}|$ と等しくなる．したがって，電気力線を描いて電場を表せば，点電荷が受ける力の向きは電気力線の向きから求まり，受ける力の大きさは電気力線の密度から求められる．

　点電荷のまわりの電場について考えてみよう．一点に電気量 Q [C] の電荷があるとき，その電荷を中心とする半径 r [m] の球面を考えると，その球面を貫く電気力線の数は Q/ε_0 本である．球の表面積は $4\pi r^2$ なので，電場の大きさ $E(r)$ は

$$E(r) = \frac{Q}{\varepsilon_0}\frac{1}{4\pi r^2} = \frac{1}{4\pi\varepsilon_0}\frac{Q}{r^2} \quad [\mathrm{N/C}] \tag{7.7}$$

となり，式 (7.5) の $\boldsymbol{E}$ の絶対値と一致する．

　2 個以上（n 個）の電荷がそれぞれ異なる位置にあるとき，ある場所 $\boldsymbol{x}$ における電場 $\boldsymbol{E}(\boldsymbol{x})$ は，それぞれの電荷がつくる電場 $\boldsymbol{E}_1(\boldsymbol{x}), \boldsymbol{E}_2(\boldsymbol{x}), \cdots, \boldsymbol{E}_n(\boldsymbol{x})$ を重ねあわせたものになり，

$$\boldsymbol{E}(\boldsymbol{x}) = \boldsymbol{E}_1(\boldsymbol{x}) + \boldsymbol{E}_2(\boldsymbol{x}) + \cdots + \boldsymbol{E}_n(\boldsymbol{x}) \tag{7.8}$$

と表される．これを電場の**重ね合わせの原理**という．合成された電場はベクトルの和であるから，強め合う場合だけでなく，電場の向きに応じ

---

³ 電気力線の数 Q/ε_0 の単位を [本] と表すが，その次元は [N m²/C] であり，無次元ではない．また，一般にその値は整数ではない．

て弱め合う場合も打ち消し合う場合もある.

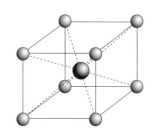

図 **7.3**　立方体の 8 個の頂点と中心に置かれた電荷.

【例題 1】　図 7.3 のように，1 辺の長さ L [m] の立方体の 8 個の頂点のそれぞれに q [C] に帯電した小球が固定されており，立方体の中心にも Q [C] に帯電した小球が置かれているとする．次の問いに答えよ.

(1) 中心の小球（電荷）に働く力の大きさと向きを求めよ.

(2) 8 個の q に帯電した小球のうち，1 個だけを取り去ったとき，中心の小球（電荷）に働く力を求めよ.

解答　(1) 向かい合う頂点どうしを結ぶ 4 本の対角線は中心の 1 点で交わる．1 本の対角線の両端にあってそれぞれ電荷 q をもつ 2 個の小球が，中心の小球に及ぼす力は大きさが同じで逆向きである．したがって，その合力は 0 となる．すべての対角線について同様に考えられるので，結局中央の小球に及ぼされるクーロン力の合力は 0 となる.

(2) 4 本の対角線のうち 3 本はその両端に同じ大きさに帯電した小球があるので，その両端の電荷から及ぼされるクーロン力の合力は 0 である．対角線の一方にしか電荷がない場合は，その力が打ち消されずに作用する．中心の小球と頂点の小球の間の距離は $(\sqrt{3}/2)L$ [m] だから，中心の小球に及ぼされる力の大きさ F [N] は，

$$F = \frac{1}{4\pi\varepsilon_0}\frac{Qq}{\left(\dfrac{\sqrt{3}}{2}L\right)^2} = \frac{Qq}{3\pi\varepsilon_0 L^2}$$

となる．力の向きは，q と Q が同じ符号であれば，中心から小球のない頂点へ向かう向きであり，異なる符号であれば中心から小球がある頂点へ向かう向きである.

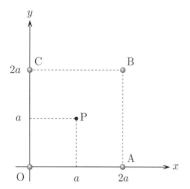

図 **7.4**　1 辺の長さが $2a$ である正方形の 4 つの頂点に置かれた電荷.

> **問題 1**　図 7.4 のように，xy 平面上の正方形 OABC の各頂点に電荷が置かれている．ここで，点 A, B, C の座標はそれぞれ $(2a,0)$, $(2a,2a)$, $(0,2a)$ であり，点 O, A, B, C に置かれた電荷の大きさは $2q$, $2q$, q, q である．このとき，(a,a) の位置 P における電場 $\boldsymbol{E}$ の x 成分と y 成分を求めよ.

【例題 2】　電子の大きさは非常に小さく，電子が数多く集まると雲のように空間的に分布する．半径 R [m] の球内に一様に電子が存在し，単位体積あたりの電子の個数は n [1/m³] であるとき，球の表面における電場の強さ E [N/C] を求めよ.

解答 球内に存在する全電荷 Q [C] は

$$Q = \frac{4}{3}\pi R^3 \times n \times (-e)$$

である．したがって，球の表面を貫く電気力線の総数は

$$\frac{|Q|}{\varepsilon_0} = \frac{4\pi R^3 ne}{3\varepsilon_0}$$

となる．電荷は球内で一様に分布しているので，電気力線は球の表面を一様に貫いていると考えてよい．そこで，単位面積あたりの電気力線の数として定義された電場 E の大きさは，球の表面上で一定で

$$E = \frac{4\pi R^3 ne}{3\varepsilon_0}\frac{1}{4\pi R^2} = \frac{Rne}{3\varepsilon_0}$$

となる．$Q < 0$ であるから電気力線の向きは，球の内部の電荷に向かう向きであり，球対称性から球の中心に向かうことがわかる．

7.1.3 静電誘導と誘電分極

時間的に変化しない電場を静電場（静電界）という．静電場の問題を考えるとき，前節の例題2に見られるように，電気力線を用いると容易に解が得られることがある．電気力線は正電荷から出て負電荷に入るので，これらの電荷にそれぞれ始点と終点をもつと考えることができる．点電荷が1つだけある場合のように，無限遠点が電気力線の終点または始点となることもある．これまでは真空中に電荷があると考えてきたが，物体が存在するときには電気力線はどのような振る舞いをするか考えてみよう．

電荷が物体の内部を移動することを，電流あるいは電気が流れるという．物体の内部に自由電子が数多く存在して，物体の中を自由に移動できるとき，物体には電気が流れやすい．このような物体を**導体**と呼び，金属などがこの例である．逆に，自由電子があまり多く存在しない物体では電気が流れにくく，**不導体**あるいは**絶縁体**と呼ばれる．

物体を帯電させると，帯電した電荷の量に応じて外部に電気力線を発生する．図7.5 (b) または図7.5 (c) のように，帯電した物体を導体に近づけると，帯電体から導体に向かって電気力線が発生する．電気力線は導体の帯電体に面した側に到達し，そこに帯電体と反対符号の電荷が現れる．帯電体とは遠い側（反対側）の導体表面から電気力線がさらに外部に伸びていくなら，その表面には，帯電体と同じ符号の電荷が現れていることになる．もともと導体がもっていた電気量が0であれば，帯電体に面する側に現れた電気量と，反対側の面に現れた電気量は同じとなるはずである．このように外部電荷や電場により，導体の表面に電荷が生じることを**静電誘導**という．

(a) 通常の導体内の電荷分布

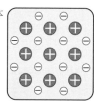

(b) 正電荷を近づけた場合の電荷分布

(c) 負電荷を近づけた場合の電荷分布

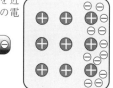

図7.5　静電誘導の説明図（模式図）．

静電誘導が生じるとき，近くにある帯電体と反対符号の電荷による引力が，遠くにある同じ符号の電荷どうしの反発力よりも大きいので，総合的には帯電体と導体との間に引力が働く．また，導体の中では電場を打ち消すように自由電子が速やかに移動するので，導体内の電場が 0 となるよう表面に電荷が分布することになる．

図 **7.6** 誘電分極の説明図 (模式図).

同様に，帯電した物体を不導体に近づけると，不導体を構成する原子や分子の中で，図 7.6 のように正電荷と負電荷が互いに逆方向に少し移動し，その結果，導体の静電誘導の場合と同じように，帯電体に面した側には反対符号の電荷が現れ，帯電体と反対の面には同じ符号の電荷が現れる．この電荷の偏りを**分極**といい，これによって表面に電荷が発生する現象を**誘電分極**という．この現象のため，不導体を**誘電体**とも呼ぶ．導体の静電誘導の場合には導体に導線を取り付けて，自由電子の形で電気量を外部に取り出すことが可能であるが，不導体の場合には電荷が原子や分子に束縛されているので，電荷を外部に取り出すことができない．

7.1.4 電位

電荷 q [C] に帯電した物体は，大きさ E [N/C] の一様な電場中にあるとき，電場 $\boldsymbol{E}$ の方向に大きさ qE [N] の力を受ける．この力にともなって物体は電場によるエネルギーをもち，物体がその力を受けながら運動すれば，電場から運動エネルギーを得ることになる．これは質量をもつ物体が，地球上で位置エネルギーをもち，落下することによって運動エネルギーを得るのと同じである．

図 7.7 のように，この一様な電場 $\boldsymbol{E}$ の向きに x 軸をとり，電荷 q に帯電した物体が x 軸上の点 P から点 Q へ移動したとする．PQ 間の距離を ℓ とすると，物体が P から Q へ移動する間に，電場（静電気）が物体にした仕事 W [J] は

$$W = q\,E\,\ell \tag{7.9}$$

である．この間に物体の運動エネルギーが K_P [J] から K_Q [J] に変化したとすると

$$K_\mathrm{Q} - K_\mathrm{P} = W \tag{7.10}$$

となる．

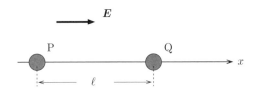

図 **7.7** 電場のする仕事.

　静電気力は 3.4 節で学んだ**保存力**の 1 つである．静電場が存在すると，電荷をもつ物体には静電気力が作用し，この力に対応する**位置エネルギー** U [J] が存在する．物体が PQ 間を移動する間にその位置エネルギーが U_P [J] から U_Q [J] に変化したとすると，

$$U_P - U_Q = W \qquad (7.11)$$

となる．単位電荷あたりの静電場の位置エネルギー U/q [J/C] を電位といい，その単位は**ボルト** (V) である．すなわち，$1\,\text{V} = 1\,\text{J/C}$ である．

　点 P と点 Q の電位をそれぞれ V_P [V] および V_Q [V] とすると，式 (7.9) と式 (7.11) より，

$$V_P - V_Q = \frac{1}{q}(U_P - U_Q) = E\ell \qquad (7.12)$$

となる．$V_P - V_Q$ を点 PQ 間の**電位差**といい，電場の強さ E [N/C] は電位差を用いて

$$E = \frac{V_P - V_Q}{\ell} \qquad (7.13)$$

と表される．電位の単位 [V] を用いると，電場の単位 [N/C] は [V/m] とも表される．

【例題3】　一様な電場 E [N/C] 中に q [C] に帯電した質量 m [kg] の小球を置くと，小球は電場による力を受けて動き出した．小球が距離 L [m] だけ進んだ後の運動エネルギーを求めよ．

解答　電場の向きに x 軸をとり，時刻 $t = 0$ [s] における小球の位置を原点 O とする．小球に作用する力の大きさは qE [N] なので，運動方程式は

$$m\frac{\mathrm{d}^2 x}{\mathrm{d}t^2} = qE$$

となる．これを時間 $t = 0$ において小球の速さ $\mathrm{d}x/\mathrm{d}t$ が 0 であることに注意して，時間 t について積分すると，

$$m\frac{\mathrm{d}x}{\mathrm{d}t} = qEt$$

が得られる．小球が時刻 $t = 0$ で $x = 0$ にあることに注意して，もう一度時間 t について積分すると，

$$x = \frac{qE}{2m}\,t^2$$

となる．これより，小球が距離 L 進むのに要する時間 t_L [s] は，上式で $x = L$ とおいて，

$$t_L = \sqrt{\frac{2mL}{qE}}$$

のように求められる．このときの小球の速さは，

$$v = \frac{qE}{m} t_L$$

であるので，運動エネルギーは

$$\frac{1}{2}mv^2 = \frac{q^2 E^2}{2m} \frac{2mL}{qE} = qEL$$

と求められる．

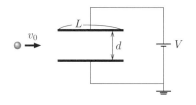

図 **7.8**　一様電場中に入射する帯電粒子の運動.

> **問題2**　図 7.8 のように，2 枚の平行平板が間隔 d [m] 離れて置かれている．下側の平板を接地し，上側の平板に V [V] の電位を与える．このとき，平板間だけに一様な電場が生じ，平板間以外には電場がないとする．平板間に電荷 q [C] をもつ質量 m [kg] の小球を速さ v_0 [m/s] で平板に平行に入射する．平板間の水平距離を L [m] とするとき，小球が平板間を通過する前後の運動エネルギーの変化を調べよ．

　これまで，一様な電場について考えてきたが，電場が位置によって異なる場合について考えよう．一様な電場の場合には，式 (7.12) で表されるように，電位差 V は距離 ℓ と比例関係にあるが，一様でない場合には比例しない．しかし，距離 ℓ が非常に短いときは，電位差は距離に比例すると考えることができる．一般に，電場 $\boldsymbol{E}$ は 3 方向成分 $\boldsymbol{E} = (E_x, E_y, E_z)$ をもっているが，ここでは x 方向成分 E_x とその方向の電位差のみを考える．2 つの点 P と Q の x 座標を x および $x+\ell$ とし，その電位を $V(x, y, z)$ および $V(x+\ell, y, z)$ と表して式 (7.12) に代入する．距離 ℓ が小さければ小さいほど，電位差と距離との比例関係はより正確になるので，$\ell \to 0$ の極限をとると，

$$E_x(x, y, z) = -\lim_{\ell \to 0} \frac{V(x+\ell, y, z) - V(x, y, z)}{\ell} = -\frac{\mathrm{d}V(x, y, z)}{\mathrm{d}x} \tag{7.14}$$

と表される．基準点を $\mathrm{O}(0, y, z)$ とすると，点 $\mathrm{P}(x, y, z)$ の電位 V_P は，(7.14) 式を x について O から P まで積分することによって次のように得られる：

$$V_\mathrm{P} = -\int_\mathrm{O}^\mathrm{P} E_x(x, y, z)\,\mathrm{d}x. \tag{7.15}$$

　これを用いて Q [C] の点電荷がつくる電位 $V(r)$ を計算しよう．点電荷からの距離を r とすると，その地点での半径方向（$\boldsymbol{r}$ 方向）の電場の強さ $E(r)$ は式 (7.5) で与えられる．電位 0 V の基準点を $r \to \infty$ の点に選び，式 (7.15) を用いて計算すると，

$$V(r) = -\int_\infty^r \frac{1}{4\pi\varepsilon_0} \frac{Q}{r^2}\,\mathrm{d}r = \frac{1}{4\pi\varepsilon_0} \frac{Q}{r} = k\frac{Q}{r} \tag{7.16}$$

が得られる．

　空間全体にわたって広がっている電場の様子を理解するため，同じ電位の点からなる面を考える．この面を**等電位面**といい，等電位面上のどの点においても電気力線はこの面と垂直に交わる．一定の電位差ごとに

等電位面を描いたとき，面の間隔が狭く密な部分では電場が強く，面の間隔が広く疎な部分では電場が弱い．正負の 2 つの点電荷が置かれているとき，これら 2 つの点電荷を含む断面内における点電荷周囲の等電位面（等電位線）と電気力線は図 7.9 のようになる．電気力線と等電位面は直交しており，等電位面を考えることは静電場を図式的に理解する上で有用である．

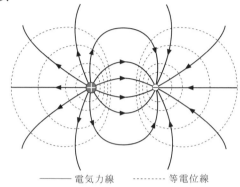

——— 電気力線　········· 等電位線

図 **7.9**　2 つの点電荷による電気力線と等電位面.

【例題 4】　x 軸上の 2 点 $x = -a$ と a [m] の位置にそれぞれ $-q$ と q [C] の点電荷が置かれているとき，y 軸上の各点での電位 V [V] と y 方向の電場 E_y [V/m] を求めよ．ただし，電位の基準点を無限遠点とする．

解答　電位の基準点を無限遠点に選ぶと，式 (7.16) より $x = \pm a$ の位置の $\pm q$ の電荷が $y = h$ の点につくる電位 V_+ と V_- は

$$V_+ = \frac{1}{4\pi\varepsilon_0}\frac{q}{\sqrt{a^2 + h^2}}, \qquad V_- = \frac{1}{4\pi\varepsilon_0}\frac{-q}{\sqrt{a^2 + h^2}}$$

である．これらの電位の和が $y = h$ における電位 V となるので，h に依存せず y 軸上のすべての点で $V = 0$ V である．y 軸上で電位 V は 0 V で一定であるから，式 (7.14) より y 方向の電場 E_y は 0 V/m となる．電場の x 方向成分は明らかに 0 ではない．z 軸上の電場の z 方向成分はどうなるか，考えてみること．

　問題 **3**　半径 R [m] の薄い金属の円板の表面が一様に正に帯電している．円の中心を原点として，円板の表面に沿って (r,θ) 座標をとり，円板に垂直に z 軸をとる．この円板の xz 平面での電気力線と等電位面を描け．
　問題 **4**　4 個の電荷が図 7.4（問題 1）と同じように配置されているとき，点 $(a,a,0)$ を通り，z 軸に平行な直線上の電位 $V(z)$ [V] を求めよ．

　一定の電場 $\boldsymbol{E}$ 中を運動する粒子を考える．電場の強さを $E(x)$ [N/C] とし，電場の方向に x 軸をとる．この電場中を q [C] に帯電した質量 m [kg]

の粒子が x 方向に運動するとしよう. 電場 $E(x)$ 中では, 基準点 O を適当に選ぶと, 式 (7.15) から電位 $V(x)$ が決まり, この電位から粒子が位置 x にあるときの位置エネルギー $qV(x)$ がわかる. エネルギー保存則より, 位置エネルギーと運動エネルギーの和は一定となるので, 粒子の速さを v とすると,

$$qV(x) + \frac{1}{2}mv^2 = 一定 \tag{7.17}$$

が得られる. このエネルギー保存の式が荷電粒子の運動方程式

$$m\frac{\mathrm{d}v}{\mathrm{d}t} = qE(x) \tag{7.18}$$

から導かれることを示そう. まず, 運動方程式の両辺に速度 v を掛けて, 時間 t [s] について積分すると,

$$\int_{t_1}^{t_2} m\,v\frac{\mathrm{d}v}{\mathrm{d}t}\,\mathrm{d}t = \int_{t_1}^{t_2} qE(x(t))v(t)\,\mathrm{d}t. \tag{7.19}$$

と表される. 式 (7.19) の左辺の積分を行なうために, 運動エネルギー $mv^2/2$ を時間について微分すると

$$\frac{\mathrm{d}}{\mathrm{d}t}\left\{\frac{1}{2}mv^2\right\} = mv\frac{\mathrm{d}v}{\mathrm{d}t} \tag{7.20}$$

となることに注意する. この式を用いると, 式 (7.19) の左辺は

$$左辺 = \int_{t_1}^{t_2} \frac{\mathrm{d}}{\mathrm{d}t}\left\{\frac{1}{2}mv^2\right\}\,\mathrm{d}t = \frac{1}{2}mv(t_2)^2 - \frac{1}{2}mv(t_1)^2 \tag{7.21}$$

となる. 一方, 式 (7.19) の右辺の積分は時間 t の積分を, 位置座標 x の積分に変換することができ, $v(t) = \mathrm{d}x(t)/\mathrm{d}t$, $E(x) = -\mathrm{d}V(x)/\mathrm{d}x$ であることを用いると,

$$右辺 = \int_{t_1}^{t_2} qE(x)\frac{\mathrm{d}x}{\mathrm{d}t}\,\mathrm{d}t = q\int_{x(t_1)}^{x(t_2)} E(x)\,\mathrm{d}x = -qV(x(t_2)) + qV(x(t_1)) \tag{7.22}$$

となる. ここで, 式 (7.15) を用いた. 式 (7.21) と式 (7.22) より

$$\frac{1}{2}mv(t_1)^2 + qV(x(t_1)) = \frac{1}{2}mv(t_2)^2 + qV(x(t_2)) = 一定 \tag{7.23}$$

となり, 式 (7.17) が得られる.

【例題 5】　原点 O に電荷 Q $(Q > 0)$ をもつ小球が固定されている. ある時刻 $t = 0$ において, 電荷 $-q$ $(q > 0)$ をもつ質量 m の小球が x 軸上の点 $x = a$ にあり, その速度は x 軸の正方向で大きさは v_0 であった. この小球は電場から力を受けながら, しばらく x 方向正の向きに運動していたが, あるところで一瞬止まり, 逆向きすなわち原点に向かって運動し始めた. この一瞬止まるときの小球の位置を求めよ.

解答 原点にある帯電した小球がつくる電位は

$$V(x) = \frac{1}{4\pi\varepsilon_0}\frac{Q}{x}$$

である．一瞬止まるときの位置を $x = b$ とすると，その位置では小球の速度が 0 で運動エネルギーが 0 となる．これに注意して a と b の 2 点に対してエネルギー保存則 (7.17) を適用すると

$$\frac{1}{2}mv_0{}^2 - \frac{1}{4\pi\varepsilon_0}\frac{qQ}{a} = -\frac{1}{4\pi\varepsilon_0}\frac{qQ}{b}$$

となる．この式の左辺から，速度 v_0 が大きすぎると，左辺が正になってこの式を満たす b が存在しないことがわかる．これは，x の正方向に向かって小球が運動し続けることを意味する．このようなことが起こらない場合は，この式を b について解いて

$$b = \frac{a}{1-\alpha}, \quad \alpha = \frac{2\pi\varepsilon_0 mv_0{}^2 a}{qQ}$$

を得る．

7.2　コンデンサー

同種の電荷は互いに反発し合うため，孤立した小さな導体に大きな電気量を蓄えることは難しいが，接近した 2 個の導体の一方に正電荷 Q，他方に負電荷 $-Q$ を帯電させると，2 個の導体の電荷は互いに引き合うので，大きな電気量を蓄えることができる．このような電荷を蓄えるための 2 個の導体の組（素子）を**コンデンサー**（またはキャパシター）という．正負の電荷を蓄えた 2 個の導体間には電位差 V が生じる．帯電する電気量を 2 倍にすると，導体の周辺に生じる電場の強さも 2 倍になり，導体間の電位差も 2 倍になる．このように，帯電した電気量と電位差とは比例し，

$$Q = CV \tag{7.24}$$

の関係がある．ここで，比例定数 C は**電気容量**と呼ばれ，その単位は F（ファラド）$=$ C/V $=$ C^2/J である．1 ファラドという単位は日常で実際に使うには大きすぎるので，通常は μF（マイクロファラド $= 10^{-6}$F）などを用いる．電気容量の大きさは 2 個の導体の形と配置によって決まり，一般に導体どうしが接近するにつれて増大する．

7.2.1　平行板コンデンサーの電気容量

コンデンサーの最も基本的な形状は 1 対の平板である．2 枚の平板を極板といい，平行に置かれた 2 枚の同じ大きさの極板の組を**平行板コンデンサー**という．間隔 d で平行に置かれた 2 枚の極板がそれぞ

れ Q と $-Q$ に帯電しているとき，極板間の電位差 V を計算して，平行板コンデンサーの電気容量を求めよう.

まず正電荷 Q が面積 S の平板に一様に広がって帯電しているとき，その電荷から出る電気力線について考える（図7.10）. この平板には単位面積あたり Q/S の電荷が帯電している. したがって，単位面積あたりの電荷から出る電気力線の本数は $Q/(\varepsilon_0 S)$ であり，平板の両側にそれぞれ $Q/(2\varepsilon_0 S)$ ずつ出ている. 平板の中心付近で発生する電気力線は，その周辺の電荷から発生する電気力線と互いに干渉をしたり，交わったりはしない. このため，図7.10に描かれているように，電気力線は平板の両側へ平板に対して垂直に真っすぐ出ることになる. したがって，両端付近を除いて，平板に平行な単位面積を貫く電気力線の本数，すなわち電場の強さ E は

$$E = \frac{Q}{2\varepsilon_0 S} \tag{7.25}$$

である.

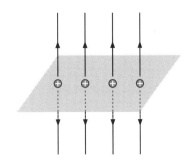

図 **7.10** 帯電した1枚の極板付近の電気力線.

次に，負電荷 $-Q$ が面積 S の平板に一様に広がって帯電しているときを考える. このときも電気力線は，正電荷が帯電している平板の場合と同様に，板の中心付近では平板の両側から平板に対して垂直に入っている. したがって，この平板の中心付近では，電場の強さ E は式(7.25)と等しい.

これら正電荷 Q と負電荷 $-Q$ に帯電した2枚の極板 A と B を距離 d だけ隔てて，図7.11のように平行に置く. 2枚の極板がつくる電場は重ね合わせの原理により，それぞれがつくる電場の和になる. それらの電場は大きさが等しく，2枚の極板の中間では電場の向きは一致し，極板の外側では向きが逆になるので，平行板コンデンサーの外側では電場が打ち消し合って0になり，内側では電場の大きさは1枚の極板の電場の2倍になって $E = Q/\varepsilon_0 S$ となる[4].

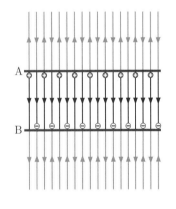

図 **7.11** コンデンサー付近の電場.

コンデンサーの極板の大きさと比べると，一般に極板の間隔 d は非常に小さい. このとき，平行板コンデンサーの内側の電場はほぼ一様と考えることができる. したがって，極板間の電位差 V は電場 E と極板の間隔 d との積で与えられ，$V = Qd/\varepsilon_0 S$ となる. これより，平行板コンデンサーの電気容量 C は

$$C = \frac{Q}{V} = \varepsilon_0 \frac{S}{d} \tag{7.26}$$

と求められる. なお，極板間の電位差 V は**電圧**とも呼ばれる.

電気容量 C のコンデンサーに電池を接続して電圧 V を加えると，電

---

[4] 正負に帯電した極板を接近させて平行板コンデンサーとすると，平行板の外側の面にあった正負の電荷は極板が向き合う内側の面へと移動する. ただし，平行板コンデンサーの周辺の場は電荷が内側に移動しても同じ大きさになる.

流が流れてコンデンサーに電気量 $Q = CV$ が蓄えられる．蓄える電気量を大きくするには，電圧 V を大きくするか，電気容量 C を大きくすればよい．加える電圧を大きくすると，電圧に比例して蓄えられる電気量も増大するが，電圧を大きくしすぎると，極板間で放電現象が発生する．これは絶縁破壊と呼ばれ，コンデンサーを安全に使用するためには起こしてはならない現象である．このために実際のコンデンサーでは，安全に使用できる最大の電圧という意味で**耐電圧**が示されている．この耐電圧によってコンデンサーに蓄えられる電荷の最大値も決まることになる．

【例題6】 1辺の長さが1 cm である正方形の2枚の極板を1 mm 離して平行に置き，平行板コンデンサーとする．その両端に30 V の電池を接続し，十分長い時間が経過した後にこのコンデンサーに蓄えられる電荷を求めよ．

解答 このコンデンサーの電気容量は

$$C = \varepsilon_0 \frac{S}{d} = 8.85 \times 10^{-12} \frac{(1.0 \times 10^{-2})^2}{1.0 \times 10^{-3}} = 8.85 \times 10^{-13} \text{ F}$$

である．したがって，コンデンサーに蓄えられる電荷は

$$Q = CV = (8.85 \times 10^{-13}) \times 30 = 2.67 \times 10^{-11} \text{ C}$$

である．

7.2.2 コンデンサーの接続

いくつかのコンデンサーを並列に接続したときの**合成容量**について考える．図 7.12 のように電気容量がそれぞれ C_1 と C_2 [F] の2つのコンデンサーを並列に接続し，電圧 V [V] の電池に接続する．このとき，2つのコンデンサーの両端の電圧はともに V であり，蓄えられる電荷はそれぞれ $C_1 V$ および $C_2 V$ となる．したがって，2つのコンデンサーに蓄えられる電荷の総量 Q [C] は，

$$Q = C_1 V_1 + C_2 V_2 = (C_1 + C_2)V \tag{7.27}$$

である．2つのコンデンサーをまとめて電気容量 C [F] の1つのコンデンサーとみなすと，合成容量は総電気量と電圧の比により，

$$C = \frac{Q}{V} = C_1 + C_2 \tag{7.28}$$

となる．

3個以上のコンデンサーを並列につなぐ場合にも同様に考えることができる．電気容量 $C_1, C_2, \cdots, C_n$ [F] の n 個のコンデンサーを並列に

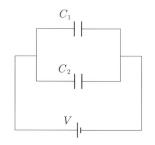

図 7.12 コンデンサーの並列接続．

接続し，電圧 V [V] の電池につなぐ．これら n 個のコンデンサーを1つのコンデンサーとみなした場合の合成容量 C [F] は，

$$C = C_1 + C_2 + \cdots + C_n \tag{7.29}$$

と表される．

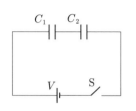

図 7.13　コンデンサーの直列接続.

次に，複数のコンデンサーを直列に接続したときの合成容量を求めよう．図 7.13 のように電気容量が C_1 [F] および C_2 [F] の2つのコンデンサーを直列に接続し，電圧 V [V] の電池につなぐ．初めにスイッチ S は開いており，これらのコンデンサーには電荷が蓄えられていなかったとする．コンデンサー C_1 の右側の極板とコンデンサー C_2 の左側の極板はつながっており，スイッチを閉じる前のこれら2つの極板の電荷の和は 0 である．スイッチを閉じると，2つのコンデンサーにはそれぞれ電荷 Q_1 [C] と Q_2 [C] が蓄えられる．図 7.13 において，C_1 の右側の極板には $-Q_1$，C_2 の左側の極板には Q_2 が蓄えられることになるが，これらの極板には電池から電荷が供給されないので，これらの電荷の和は 0 のまま変化しない．よって，$(-Q_1) + Q_2 = 0$ なので，$Q_1 = Q_2$ であることがわかる．2つのコンデンサーの両端の電圧を，それぞれ V_1，V_2 [V] とすると，

$$Q_1 = C_1 V_1, \quad Q_2 = C_2 V_2 \tag{7.30}$$

となる．これらの電圧の和が電池の電圧と等しくなるので

$$V = V_1 + V_2 = \frac{Q_1}{C_1} + \frac{Q_2}{C_2} = Q_1 \left(\frac{1}{C_1} + \frac{1}{C_2} \right) \tag{7.31}$$

の関係がある．したがって，これらのコンデンサーを1つのコンデンサーとみなした場合の合成容量を C [F]，蓄えられる電荷を Q [C] とすると，$Q = Q_1$，$Q = CV$ より

$$\frac{1}{C} = \frac{V}{Q} = \frac{1}{C_1} + \frac{1}{C_2} \tag{7.32}$$

の関係が得られる．

3個以上のコンデンサーを直列につなぐ場合も同様に考えることができる．電気容量 $C_1, C_2, \cdots, C_n$ [F] の n 個のコンデンサーを直列に接続し，電圧 V [V] の電池につなぐ．これら n 個のコンデンサーを1つのコンデンサーとみなした場合の合成容量 C [F] は

$$\frac{1}{C} = \frac{1}{C_1} + \frac{1}{C_2} + \cdots + \frac{1}{C_n} \tag{7.33}$$

と表される．

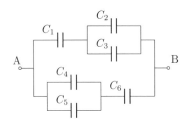

【例題 7】   図 7.14 のように，6 個のコンデンサー $C_1 \sim C_6$ を接続する．これらのコンデンサーの電気容量はそれぞれ 3.0, 1.0, 2.0, 3.0, 2.0, 5.0 μF である．これらのコンデンサーを 1 個のコンデンサーとみなした場合の A, B 間の合成容量を求めよ．

図 7.14   コンデンサーの接続．

解答   コンデンサー C_2 と C_3 は並列接続なので，これら 2 つの合成容量は $C_2 + C_3 = 3.0\ \mu$F である．これらのコンデンサーはコンデンサー C_1 と直列に接続されているので，その合成容量 C_a は

$$\frac{1}{C_a} = \frac{1}{C_1} + \frac{1}{C_2 + C_3} = \frac{1}{3.0} + \frac{1}{1.0 + 2.0} = \frac{2}{3} \quad \Rightarrow \quad C_a = 1.5\ \mu\text{F}$$

である．コンデンサー C_4 と C_5 は並列接続なので，これら 2 つの合成容量は $C_4 + C_5 = 5.0\ \mu$F である．これらのコンデンサーはコンデンサー C_6 と直列接続されているので，その合成容量 C_b は

$$\frac{1}{C_b} = \frac{1}{C_4 + C_5} + \frac{1}{C_6} = \frac{1}{3.0 + 2.0} + \frac{1}{5.0} = \frac{2}{5} \quad \Rightarrow \quad C_b = 2.5\ \mu\text{F}$$

となる．電気容量が C_a, C_b のコンデンサーが並列に接続されていると考えることができるので，求める 2 つの端子 A, B 間の合成容量は

$$C_a + C_b = 1.5 + 2.5 = 4.0\ \mu\text{F}$$

と求められる．

【例題 8】   図 7.15 のようにそれぞれの電気容量が 7.0 μF および 3.0 μF のコンデンサー C_1 と C_2 を 20 V の電池に接続する．初めは 2 つのスイッチ S_1 と S_2 はともに開いており，コンデンサーには電荷は蓄えられていない．スイッチ S_1 を閉じ，十分時間が経過した後にスイッチ S_1 を開く．その後にスイッチ S_2 を閉じた．スイッチ S_2 を閉じる前と閉じた後に十分時間が経過したときのコンデンサー C_1 に蓄えられる電気量の差を求めよ．

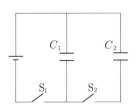

図 7.15   コンデンサーと電池の接続．

解答   スイッチ S_1 を閉じて十分時間が経過した後にコンデンサー C_1 に蓄えられる電気量は

$$C_1 V = (7.0 \times 10^{-6}) \times 20 = 1.4 \times 10^{-4}\ \text{C}$$

である．スイッチ S_1 を開き，スイッチ S_2 を閉じた状態では，コンデンサー C_1 と C_2 は並列に接続されているので，これらの両端の電圧は等しい．この電圧を V_0 [V] とする．スイッチ S_2 を閉じる前にコンデンサー C_1 の上側の極板に蓄えられた電気量は $+1.4 \times 10^{-4}$ C である．この電気量が，スイッチ S_2 を閉じて十分時間が経過した後にコンデン

サー C_1 と C_2 の上側の極板に蓄えられる電気量の和に等しいので,

$$1.4 \times 10^{-4} = C_1 V_0 + C_2 V_0 = (C_1 + C_2)V_0 = (10 \times 10^{-6})V_0$$

が成り立つ. したがって, $V_0 = 14$ V となり, スイッチ S_2 を閉じた後でコンデンサー C_1 に蓄えられる電気量は

$$C_1 V_0 = (7.0 \times 10^{-6}) \times 14 = 9.8 \times 10^{-5} \text{ C}$$

である. これらより, スイッチ S_2 を閉じることによって, 蓄えられていた電気量は

$$1.4 \times 10^{-4} - 9.8 \times 10^{-5} = 4.2 \times 10^{-5} \text{ C}$$

だけ減少する.

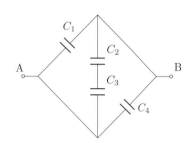

図 7.16　コンデンサーの接続.

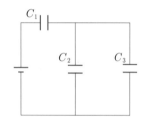

図 7.17　コンデンサーと電池の接続.

表 7.1　室温での物質の比誘電率 (真空を 1 とする).

物　　質	比誘電率
空　気	1.00059
ナイロン	3.4
ガラス	$3 \sim 10$
紙	3.7
水	80

問題 5　図 7.16 のように 4 個のコンデンサーを接続する. これらのコンデンサーを 1 個のコンデンサーとみなしたときの A, B 間の合成容量を求めよ.

問題 6　それぞれの電気容量が $3C$, C および $5C$ [F] の 3 つのコンデンサー C_1, C_2, C_3 と電圧 V [V] の電池を図 7.17 のように接続する. これら 3 つのコンデンサーの合成電気容量と, それぞれのコンデンサーの両端の電圧を求めよ.

7.2.3　コンデンサーと誘電分極

コンデンサーの内部を誘電体で満たすと, 電極に誘起された電荷に応じて誘電分極を生じ (7.1.3 節図 7.6 参照), その結果, 誘電体内部に生じる正味の電場は元の電場 $\boldsymbol{E}_0$ と比べて $\boldsymbol{E}_0/\varepsilon_r$ に弱められる ($\varepsilon_r > 1$). この ε_r を誘電体の**比誘電率**と呼ぶ. 比誘電率は物質によって決まる無次元量である. 媒質の誘電率は, 真空の誘電率を ε_0 として, $\varepsilon = \varepsilon_r \varepsilon_0$ と表される.

誘電体内部では電場の大きさが $1/\varepsilon_r$ 倍に減少するので, 電気力線の本数も $1/\varepsilon_r$ 倍に減少する. 代表的な誘電体材料の比誘電率を表にすると, 表 7.1 のようになる. この表の中で水の比誘電率は特に大きい. 水の中ではクーロン力は 1/80 倍に減少するので, イオン結合をしている分子の結合力が弱まり, 正負のイオンに分離しやすくなる.

平行板コンデンサーの間に誘電体を挿入すると, コンデンサーの電気容量はどのように変化するだろうか. 平行板コンデンサーの電気容量は式 (7.26) で表されるように誘電率に比例するから, 比誘電率 ε_r の誘電体を挿入すると, コンデンサーの電気容量は極板間が真空の場合と比べて ε_r 倍になる. このとき 2 つの場合が考えられる. 1 つはコンデンサーが電源から切り離されている場合であり, このときは, 誘電体を挿入しても極板上の電気量 Q [C] が不変に保たれるので, 誘電体内の電場が減

少し，それに伴って極板間の電位差 V [V] も $1/\varepsilon_r$ 倍に減少する．したがって，Q [C] と V [V] との比である電気容量が増大することになる．他方，コンデンサーが電源と接続されていて，極板間の電位差 V [V] が不変に保たれる場合は，誘電体を挿入したときにその電位差を不変に保つために電源から電荷が流入して極板上の電気量が ε_r 倍に増大するから，やはり電気容量が増大することになる．

【例題 9】　　面積 S [m^2] をもち極板の間隔が d [m] である平行板コンデンサー間に，極板と同じ面積で厚さ $d/2$，比誘電率 ε_r の誘電体を，図 7.18 のように一方の極板に接触させて入れる．このコンデンサーの電気容量は，誘電体を入れる前と比較してどのように変化するか調べよ．

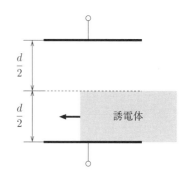

図 7.18　誘電体が入れられたコンデンサー．

解答　誘電体を挟まない場合のコンデンサーの電気容量 C_0 は式 (7.26) より，

$$C_0 = \varepsilon_0 \frac{S}{d}$$

である．面積が同じで厚さが $d/2$ の誘電体を挟むと，誘電体がある部分とない部分を別々の2つのコンデンサーとみなし，これらを直列に接続したと考えることができる．誘電体がない部分は，極板間隔が $d/2$ で面積 S，誘電率 ε_0 のコンデンサーなので，その電気容量 C_1 は

$$C_1 = \varepsilon_0 \frac{S}{d/2} = 2C_0$$

である．誘電体がある部分は，極板間隔が $d/2$ で面積 S，誘電率 $\varepsilon_r \varepsilon_0$ のコンデンサーなので，その電気容量 C_2 は

$$C_2 = \varepsilon_r \varepsilon_0 \frac{S}{d/2} = 2\varepsilon_r C_0$$

である．これらの2つのコンデンサーを直列接続したコンデンサーの電気容量 C' は式

$$\frac{1}{C'} = \frac{1}{C_1} + \frac{1}{C_2} = \frac{1}{2C_0} + \frac{1}{2\varepsilon_r C_0}$$

から

$$C' = \frac{2\varepsilon_r}{1 + \varepsilon_r} C_0$$

と求められる．したがって，誘電体を入れたことにより電気容量は $2\varepsilon_r/(1 + \varepsilon_r)$ 倍になる．表 7.1 に示したように，比誘電率は物質中では 1 よりも大きい値となるので，誘電体を挿入することにより電気容量は増大する．

7.2.4 コンデンサーに蓄えられるエネルギー

電気容量 C [F] のコンデンサーを電圧 V_0 [V] の電池につないで充電すると，コンデンサーは $Q_0 = CV_0$ [C] の電荷を蓄える．このとき，電池は Q_0 の電荷を失うから，電池が失う電気エネルギーは Q_0V_0 [J] である．一方，コンデンサーが蓄えるエネルギーは後に述べるようにその半分の $\frac{1}{2}Q_0V_0$ であり，残りの半分 $\frac{1}{2}Q_0V_0$ は，コンデンサーを充電する際に導線の抵抗や電池の内部抵抗で発生するジュール熱として失われる．

ここで，コンデンサーに蓄えられたエネルギーが $\frac{1}{2}Q_0V_0$ であることを説明しよう．電荷 Q_0 を充電したコンデンサーから電池を外し，コンデンサーの極板間を導線でつなぐと，電流が流れてコンデンサーの電荷は減少し，極板間の電圧も減少していく．コンデンサーの電荷が Q [C] に減少したとき，極板間の電圧も $V = Q/C$ [V] に減少する．この状態からさらに電荷がわずかに $\mathrm{d}Q$ [C] だけ減少したときに，コンデンサーが失う微小な電気エネルギーは

$$\mathrm{d}W = V\,\mathrm{d}Q = \frac{Q}{C}\,\mathrm{d}Q \tag{7.34}$$

である（図 7.19）．したがって，Q_0 から放電して $Q = 0$ になるまでに失われる総エネルギー，すなわち充電したコンデンサーが蓄えていたエネルギー W [J] は

$$W = \int_0^W \mathrm{d}W = \int_0^{Q_0} \frac{Q}{C}\,\mathrm{d}Q = \frac{1}{2}\frac{Q_0{}^2}{C} \tag{7.35}$$

となる．これは $Q_0 = CV_0$ の関係を用いると

$$W = \frac{1}{2}CV_0{}^2 = \frac{1}{2}Q_0V_0 \tag{7.36}$$

とも表される．

コンデンサーがもつエネルギーは，電極に蓄えられた電荷がもつ電気エネルギーであるとみなすことができるが，コンデンサーの極板間に生じる電場自体にエネルギーがあるとみなすこともできる．一般に真空中に大きさ E [V/m] の電場があるとき，その真空中には単位体積あたり $\frac{1}{2}\varepsilon_0 E^2$ [J/m^3] の**電場のエネルギー**がある．コンデンサーの極板間の体積は Sd [m^3] であり，極板間の電場の大きさは $E = V_0/d$ [V/m] であるから，極板間の電場のエネルギーの総量は，$\frac{1}{2}\varepsilon_0 E^2 Sd = \frac{1}{2}\frac{\varepsilon_0 V_0{}^2 S}{d} = \frac{1}{2}CV_0{}^2$ [J] となり，式 (7.36) と一致することがわかる．ここで，コンデンサーの電気容量は $C = \varepsilon_0 S/d$ [F] であることを用いた．

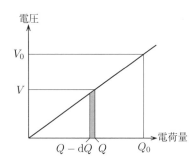

図 7.19 コンデンサーに蓄えられるエネルギー.

【**例題 10**】　電気容量 C [F] のコンデンサーを電圧 V [V] の電池につないで充電し，充電後電池をコンデンサーと切り離す．コンデンサーの 2 枚の極板は引き合っており，この力に逆らって極板間距離を 2 倍にするのに必要な仕事を求めよ．

解答　最初にコンデンサーに蓄えられていたエネルギーは式 (7.36) より，

$$\frac{1}{2}CV^2$$

である．コンデンサーの極板間距離を 2 倍にすると，式 (7.26) より，電気容量は $\frac{1}{2}C$ になる．コンデンサーに蓄えられている電荷は $Q = CV$ であり変化しないので，蓄えられているエネルギーは，式 (7.35) より

$$\frac{1}{2}\frac{(CV)^2}{\frac{1}{2}C} = CV^2$$

となる．したがって，コンデンサーに蓄えられるエネルギーは

$$CV^2 - \frac{1}{2}CV^2 = \frac{1}{2}CV^2$$

だけ増加し，極板を引き離すためにこの増加分の仕事をする必要がある．

問題 7　電気容量 C [F] のコンデンサーを電圧 V [V] の電池につないで充電し，充電後電池をコンデンサーと切り離す．このコンデンサーの極板間全体に比誘電率 ε_r の誘電体を入れる．この誘電体を極板間に入れるために必要な仕事を求めよ．

7.3　直流回路

　日常生活で使用する電気製品は，その内部に抵抗やコンデンサーやコイルなどの多数の素子からなる回路をもち，その回路はさまざまな機能を実現する役割を担っている．電気回路には，大きく分けて直流回路と交流回路がある．直流回路の知識は交流回路を学ぶ際の基礎となる．この節では直流回路について学ぶ．

7.3.1　オームの法則

　電荷の流れを**電流**といい，抵抗やコンデンサーなどのさまざまな部品や機器で構成された，電流の流れる閉じた経路を**回路**という．回路を構成する部品を**素子**と呼ぶ．素子や機器の間は**導線**で結ばれている．電流の大きさは，導線のある断面を 1 秒間に横切る電気量である．電流は記号 I で表すことが多く，単位は**アンペア (A)** で，1 A=1 C/s である．

　電流は導体中を流れるが，そのとき導体から抵抗を受ける．この抵抗

の大きさは導体の種類や形・大きさによって異なり，その大きさを**電気抵抗値**，あるいは単に**抵抗値**という．抵抗値の大きな導体は，回路を構成する 1 つの素子として用いられ，**電気抵抗**と呼ばれる．電気抵抗の抵抗値は記号 R で表すことが多く，単位はオーム (Ω) である．

電位差 V [V] を発生する電源を，抵抗値 R [Ω] の抵抗に図 7.20 のように接続する．回路を構成する素子や機器の両端の電位差を**電圧**という．抵抗を流れる電流 I [A] は抵抗の両端の電位差 V に比例し，その関係を

$$V = IR \tag{7.37}$$

と表したときの比例係数 R が抵抗値である．この比例関係を**オームの法則**という．抵抗を電流が流れる間に電圧は V だけ下がっている．これを抵抗による**電位降下**という．

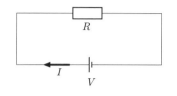

図 7.20　抵抗と電源の回路 (オームの法則)．

> **問題 8**　抵抗と電源からなる図 7.20 の回路に 1 A の電流が流れている．1 分間に回路中の導線のある断面を通過する電子の個数を求めよ．
>
> **問題 9**　感電で危険となるのは心臓に電流が流れる場合であり，その大きさが 50 mA 程度になると生命にも危険が及ぶとされている．両手で導線を持った場合の人間の抵抗を 3 kΩ とすると，危険となる電圧の大きさはどの程度であるか調べよ．ただし，ここで用いた抵抗の値として，導線を持つ手の状態が，たとえば汗をかいていたりして小さな値をとる場合を考える．人の抵抗値はさまざまな条件によって大きく変わるので，ここで求めた電圧が危険を判断する上で絶対的なものではない．

7.3.2　キルヒホッフの法則

電気回路中では素子や電源が複雑に組み合わされ，回路が枝分かれしていて電流が分かれて流れる場合が多い．回路中において，いくつかの導線が集まっている点を**節点**（または**分岐点**）という．節点には電流が流れ込んだり流れ出したりしているが，接点で電荷がわき出したり消えたりすることはないから，接点に流れ込む電流の和は，流れ出す電流の和に等しい．これを電気量保存の法則という．したがって，ある節点につながるすべての導線について，節点に流れ込む電流を $I_1, I_2, \cdots, I_n$ とし，節点から流れ出す電流を $I_1', I_2', \cdots, I_n'$ とすると，

$$I_1 + I_2 + \cdots + I_n = I_1' + I_2' + \cdots + I_n' \tag{7.38}$$

が成り立つ．これを**キルヒホッフの第 1 法則**という．たとえば，図 7.21 の節点 A において，I_1 と I_2 は流れ込む電流で，I_3 は流れ出す電流とすると，$I_1 + I_2 = I_3$ が成り立つ．実際に電流が流れる向きがわからないときでも，節点につながる一つひとつの導線について，適当に電流の向きを決めることにより，式 (7.38) は常に成り立つ．もし実際の電流の向きが適当に決めた向きと逆になっていれば，その電流の値は負となる．

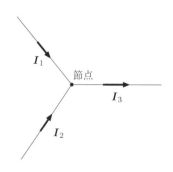

図 7.21　回路の節点に流出入する電流．

電流が流れる回路は，全体としては閉じた1つの経路（ループ）になっているが，複雑な回路の場合はいくつかの小さなループが集まって，回路を構成しているとみなすことができる．それらのループの1つについて，ループを1周する向きを適当に決めて，ループ中の電位の変化を考える．

電流が流れる直流回路の電位の変化には，**起電力**（定電圧電源）による電位の上昇と，抵抗での電位降下とがある．あるループを1周すると電位は元の値に戻るから，ループ中の起電力と抵抗での電位の変化の総和は0になる．言い換えると，ループ中の起電力による電位の上昇の和は，抵抗での電位降下の和に等しい．すなわち，ループ中の起電力による電位の上昇を $E_1, E_2, \cdots, E_n$ とし，抵抗における電位降下を $I_1 R_1, I_2 R_2, \cdots I_n R_n$ とすると，

$$E_1 + E_2 + \cdots + E_n = I_1 R_1 + I_2 R_2 + \cdots + I_n R_n \tag{7.39}$$

が成り立つ．これを**キルヒホッフの第2法則**という．まずループを1周する向きを定め，その向きに起電力が上昇する場合を正，その逆向きの場合を負とする．また，抵抗での電位降下については，抵抗を流れる電流の向きがループを1周する向きと同じ場合は正で，逆向きの場合は負（すなわち電位上昇）とする．

キルヒホッフの第1法則と第2法則を組み合わせることにより，回路を流れる電流 $I_1, I_2, \cdots$ を求めることができる．例として，図 7.22 のループを考える．ループを1周する向きを ABCDA の順とし，電流は AB の向きに I_1 が流れ，DC の向きに I_2 が流れるとすると，電流 I_1 はループの向きと同じであり，電流 I_2（第1法則より $I_2 = -I_1$）は逆向きなので，ループ中の抵抗での電位降下の和は $I_1 R_1 - I_2 R_2$ である．また，起電力 E_1 はループの向きと逆向きであり，E_2 は同じ向きなので，ループ中の起電力による電位の増加の和は $-E_1 + E_2$ である．したがって，

$$-E_1 + E_2 = I_1 R_1 - I_2 R_2 \tag{7.40}$$

となる．

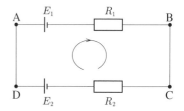

図 7.22 キルヒホッフの第2法則.

【**例題 11**】　図 7.23 に示すように，抵抗値がそれぞれ 8.0 Ω と 10.0 Ω の抵抗 R_1, R_2 と，起電力が 6.0 V と 12.0 V の電池 E_1, E_2 を直列につなぐ．このとき，時計回りに流れる電流を I [A] とする．この回路で電池 E_1 は電流の向きと起電力の向きが同じであるが，電池 E_2 は電流の向きと起電力の向きが逆であることに注意して，電流 I [A] を求めよ．

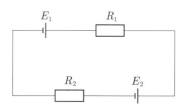

図 7.23 電気回路.

解答 キルヒホッフの第 2 法則を用いると,

$$E_1 - E_2 - IR_1 - IR_2 = 0$$

が得られる.これを整理して,抵抗値と起電力の値をそれぞれ代入すると,電流値

$$I = \frac{E_1 - E_2}{R_1 + R_2} = \frac{6.0 - 12.0}{8.0 + 10.0} = -0.33 \text{ A}$$

が得られる.この回路には反時計回りに 0.33 A の電流が流れる.

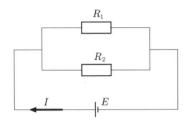

図 **7.24**　電気回路.

【例題 12】　図 7.24 のように,抵抗値がそれぞれ 8.0 Ω と 4.0 Ω の抵抗 R_1, R_2 が並列に接続され,それらが起電力 12 V の電池 E に接続されている.回路を流れる電流 I [A] を求めよ.

解答 抵抗 R_1 と R_2 に流れる電流を I_1, I_2 [A] とする.抵抗 R_1 と電池 E で形成されるループについてキルヒホッフの第 2 法則を適用すると

$$E - I_1 R_1 = 0 \quad \Rightarrow \quad I_1 = \frac{E}{R_1} = 1.5 \text{ A}$$

となり,R_2 と E で形成されるループに対してキルヒホッフの第 2 法則を適用すると

$$E - I_2 R_2 = 0 \quad \Rightarrow \quad I_2 = \frac{E}{R_2} = 3.0 \text{ A}$$

が得られる.電流 I はキルヒホッフの第 1 法則より

$$I = I_1 + I_2 = 4.5 \text{ A}$$

と求められる.

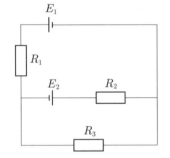

図 **7.25**　電気回路.

問題 10　抵抗値がそれぞれ 4.0 Ω, 6.0 Ω, 2.0 Ω の 3 つの抵抗 R_1, R_2, R_3 と,起電力が 14 V, 10 V の 2 個の電池 E_1, E_2 を図 7.25 のように接続する.抵抗 R_1, R_2, R_3 に流れる電流 I_1, I_2, I_3 [A] を求めよ.

問題 11　抵抗値が 7.0 Ω, 5.0 Ω, 2.0 Ω の 3 つの抵抗 R_1, R_2, R_3 と,2 つの電池 E_1, E_2 を図 7.26 のように接続する.電池 E_1 の起電力は 15 V であるが,もう 1 つの電池 E_2 の起電力は未知である.電池 E_2 の起電力を調べるため,図 7.26 に示す位置に電流計を入れて電流を測定したところ,2.0 A であった.電池 E_2 の起電力を求めよ.

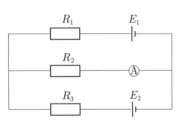

図 **7.26**　電気回路.

7.4　抵抗

7.4.1　抵抗率

　ここでは,導体の抵抗値と導体の種類や形との関係を考えよう.そのために図 7.27 のような導体を考える.導体は断面積が S [m^2],長さが L [m] の円柱形の棒であり,この導体棒の両端に電圧 V [V] を加える.このとき,導体棒の内部には一様な電場 V/L [N/C] が生じる.この電場

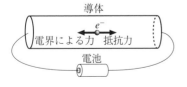

図 **7.27**　抵抗率.

によって，電荷 $-e$ [C] をもつ導体内の自由電子は，大きさ eV/L [N] の力を受けて運動する．

電子が運動するとき，導体を構成する粒子（原子）から抵抗力を受ける．この抵抗力の大きさは自由電子の運動する速さ v に比例するので，この比例定数を k とすると，kv [N] と表すことができる．この抵抗力と，導体中の電場による力の 2 つがつり合っていると考えれば，$eV/L = kv$ が得られる．これから，導体内の自由電子の速さは

$$v = \frac{eV}{kL} \tag{7.41}$$

と表される．ここで，導体内に $1\,\mathrm{m}^3$ あたり n 個の自由電子があるとすると，導体棒のある断面を 1 秒間に通過する電子の個数は nvS [1/s] であり，導体棒を流れる電流を I [A] とすると，$I = envS$ となる．この式に上で求めた電子の速さの式 (7.41) を代入すると，

$$I = \frac{e^2 nSV}{kL} \quad \Rightarrow \quad V = I\frac{kL}{e^2 nS} \tag{7.42}$$

を得る．これをオームの法則と比較すると，この導体棒の抵抗値を R [Ω] とおいて，

$$R = \frac{k}{e^2 n}\frac{L}{S} \equiv \rho\frac{L}{S} \tag{7.43}$$

となる．この式から，導体棒（または導線）の抵抗値 R は，導体の長さ L に比例し，断面積 S に反比例することがわかる．その比例定数 ρ は電気抵抗率あるいは単に**抵抗率**と呼ばれ，

$$\rho = \frac{k}{ne^2} \tag{7.44}$$

で表される．抵抗率の単位は $\Omega\cdot\mathrm{m}$ である．電気抵抗は電流の流れにくさを表し，導体内を電子が運動するときに導体を構成する原子から受ける抵抗力に比例している．導体の温度が高くなると，導体を構成する原子は激しく振動するので，電子の運動に対して生じる抵抗力がより大きくなり，抵抗率 ρ は温度 T の関数として近似的に，

$$\rho = \rho_0\left[1 + \alpha\left(T - T_0\right)\right] \tag{7.45}$$

と表される．ここで，ρ_0 [Ωm] は温度 T_0 [K] における抵抗率の値で，通常 $T_0 = 20\,°C$ とすることが多い．α は抵抗の**温度係数**と呼ばれ，抵抗率 ρ_0 とともにそれぞれの物質に固有な値をとる．$T_0 = 20\,°C$ における ρ_0 と α の値をいくつかの物質について表にすると表7.2のようになる．この表ではシリコンの抵抗率は他に比べて圧倒的に大きく，金属類は総じて小さな値であることがわかる．

表 **7.2**　物質の抵抗率と温度係数.

物　　　　質	抵抗率 ρ_0 [$\Omega\,$m]	温度係数　α [K^{-1}]
銀	1.6×10^{-8}	3.8×10^{-3}
銅	1.7×10^{-8}	3.9×10^{-3}
アルミニウム	2.8×10^{-8}	3.9×10^{-3}
タングステン	5.6×10^{-8}	4.5×10^{-3}
ゲルマニウム	4.6×10^{-1}	-4.8×10^{-2}
シ　リ　コ　ン	6.4×10^{2}	-7.5×10^{-2}

【例題 13】　　長さ 1.0 m, 断面積 1.0 mm^2 のニクロム線の両端に 1.5 V の電圧を加えると, 1.4 A の電流が流れた. このニクロム線の抵抗率を求めよ.

解答　ニクロム線の抵抗値 R [Ω] は

$$R = \frac{1.5}{1.4} = 1.07 \ \Omega$$

であり, 1.0 mm^2=1.0×10^{-6} m^2 であることを用いると, 抵抗率 ρ [$\Omega\,$m] は

$$1.07 \ \Omega = \rho \ \frac{1.0 \ \text{m}}{1.0 \times 10^{-6} \ \text{m}^2}, \quad \therefore \rho = 1.1 \times 10^{-6} \ \Omega\,\text{m}$$

と求められる.

【例題 14】　　タングステンフィラメントに電流を流して発光する電球に, 電流を流し始めた直後はフィラメントの温度が 20 °C で抵抗値は 19.0 Ω であった. しばらく点灯し続けた後で再びフィラメントの抵抗値を測定したところ 140 Ω であった. このときのフィラメントの温度を求めよ. ただし, この間のフィラメントの平均温度係数を $\alpha = 5.1\times10^{-3}$ K^{-1} とする. また, 温度の変化によるフィラメント形状の変化は起こらないものとする.

解答　抵抗値 R [Ω] を表 7.1 の温度係数を用いて表すと, フィラメントの長さを L [m], 断面積を S [m^2] として

$$R = \rho_0 \left[1 + 5.1 \times 10^{-3} \left(T - T_0 \right) \right] \frac{L}{S}$$

となる. ここで, $T_0 = 20$°C とすると, $T = 20$ °C において $R = 19.0 \ \Omega$ より

$$19.0 = \rho_0 \frac{L}{S}$$

の関係が得られる．これを用いて抵抗と温度の関係式を書き直すと

$$R = 19.0 \left[1 + 5.1 \times 10^{-3} \left(T - 20.0 \right) \right]$$

となり，この式に $R = 140 \ \Omega$ を代入して

$$T = 1.27 \times 10^3 \ \mathrm{K}$$

を得る．

7.4.2 抵抗で発生する熱

抵抗 $R \ [\Omega]$ の導体の両端に電圧 $V \ [\mathrm{V}]$ を加えると，オームの法則 $V = RI$ に従って電流 $I \ [\mathrm{A}]$ が流れる．また，導体に電流が流れると熱が発生する．このときに発生する発熱量 $Q \ [\mathrm{J}]$ は，電流が流れた時間を $t \ [\mathrm{s}]$ とすると，

$$Q = IVt \tag{7.46}$$

と表される．この関係を**ジュールの法則**といい，発生した熱を**ジュール熱**という．

電流が行なう仕事 $W \ [\mathrm{J}]$ は一般に**電力量**と呼ばれ，仕事は熱に変わるだけでなく，運動エネルギーや光などに変えることもできる．1 秒間に電流が行なう仕事，すなわち仕事率 $P \ [\mathrm{W}]$ を**電力**といい，その単位 $\mathrm{W} \ (=\mathrm{J/s})$ をワットと呼ぶ．電流が抵抗で熱に変わるときの電力は $P = Q/t$ であるから

$$P = IV = I^2 R = \frac{V^2}{R} \tag{7.47}$$

の関係が得られる．

導体を電流が流れると熱が発生する仕組みは，雲から雨粒が落下する現象に似ている．雨粒は重力を受けて落下速度を増そうとするが，空気の抵抗により減速されて，最終的には，速度が一定となって落下する．このとき雨粒が落下によって失う位置エネルギーは，雨粒の運動エネルギーを増加させる代わりに空気や雨粒の熱エネルギーやまわりの空気の運動を誘起して空気の運動エネルギーなどに変化する．それと同様に，導体の両端に電圧が加えられると，導体内には電場が発生し，導体中の自由電子は電場から力を受けて運動してその速度を増そうとするが，導体の抵抗で速度を一定に保って，熱を発生しつつ運動する．このとき自由電子が失う電気的な位置エネルギーは，電子を加速させる代わりに熱エネルギーに変わる．

> **問題 12** 電荷 Q が蓄えられているコンデンサーに，抵抗値 R の抵抗を接続する．抵抗を接続した瞬間の抵抗両端の電位差は Q/C である．抵抗をつないだ時刻から抵抗両端の電位差が $Q/(2C)$ となるまでの間に抵抗で熱となって失われるエネルギーの大きさを求めよ．

7.4.3   抵抗の接続

図 7.28 のように，回路のループ上で抵抗を直列に複数個接続することを，抵抗の**直列接続**という．

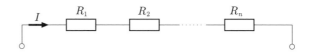

図 **7.28**   抵抗の直列接続.

一般に直列接続した n 個の抵抗 $R_1, R_2, \cdots, R_n$ [Ω] に電流 I [A] が流れるとき，これらの抵抗による電圧降下の和は，

$$R_1 I + R_2 I + \cdots R_n I = (R_1 + R_2 + \cdots R_n) I \tag{7.48}$$

となる．電圧降下と電流の比より，これらの抵抗全体は抵抗値 $R_1 + R_2 + \cdots R_n$ [Ω] の 1 つの抵抗とみなすことができる．このように，n 個の抵抗を 1 つの抵抗とみなした場合の抵抗値 R [Ω] を**合成抵抗値**という．n 個の抵抗を直列に接続した場合の合成抵抗値は

$$R = R_1 + R_2 + \cdots R_n \tag{7.49}$$

である．このように抵抗を直列接続すると，合成抵抗値は個別の抵抗の抵抗値よりも増大する．

図 7.29 のように，抵抗を並列に複数個接続することを，**並列接続**という．この図の左右の節点 AB 間の電圧が V [V] であるとき，抵抗値が $R_1, R_2, \cdots, R_n$ [Ω] の抵抗に流れる電流をそれぞれ $I_1, I_2, \cdots, I_n$ [A] とすると，

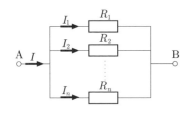

図 **7.29**   抵抗の並列接続.

$$V = I_1 R_1 = I_2 R_2 = \cdots = I_n R_n \tag{7.50}$$

が成り立つ．節点 A から流れ込む電流を I [A] とすると，キルヒホッフの第 1 法則により，

$$I = I_1 + I_2 + \cdots I_n \tag{7.51}$$

である．また，並列接続した抵抗の合成抵抗値を R [Ω] とすると，オームの法則により $I = V/R$ が成り立つから，この式と式 (7.50) を式 (7.51) に代入すると，

$$\frac{V}{R} = \frac{V}{R_1} + \frac{V}{R_2} + \cdots + \frac{V}{R_n} \tag{7.52}$$

と表される．したがって，並列接続のばあいは，合成抵抗値の逆数が

$$\frac{1}{R} = \frac{1}{R_1} + \frac{1}{R_2} + \cdots + \frac{1}{R_n} \tag{7.53}$$

と表されることになる．このように抵抗を並列接続すると，合成抵抗値は各抵抗値よりも減少する．

——————— 第 7 章　演習問題 ———————

1. 電場中で自由に動くことができる帯電粒子は，常に電気力線に沿って運動するかどうか調べよ．

2. 真空中で間隔 0.20 m の平行金属板が電圧 1.5×10^2 V の電池の両極に接続されている．初めに静止していた 1 個の電子が一方の極板から出発して，他方の極板に到達したときにもつ運動エネルギー（$mv^2/2$）はいくらか．ただし，重力の影響を無視する．

3. 電荷 2.0×10^{-6} C をもつ小球 A と 電荷 -3.0×10^{-6} C をもつ小球 B が距離 1.0 m 離れて置かれている．小球 A に働く静電気力の大きさと向きを答えよ．また A と B の中点 C における電場の大きさと向きを答えよ．

4. 図 7.30 のように豆電球 2 個と電池がある．豆電球が 2 個とも点灯するようにこれらを導線でつなげ．直列接続と並列接続では明るさが何倍異なるか答えよ．

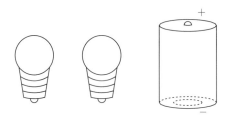

図 **7.30**　2 つの豆電球と電池の結線．

5. ある抵抗を 12 V の直流電源に接続したところ，その消費電力は 10 W であった．この抵抗を 2 個直列に接続して 12 V の直流電源につなぐとき 2 個の抵抗で消費される電力を求めよ．

6. 長さ 20 m の一様な抵抗線を電圧 10 V に接続すると，抵抗線内部の電場の大きさはいくらか．

7. 導体棒に電圧を加えて電流を流すとジュール熱が発生する．電圧を一定に保って，導体棒の長さを 2 倍に増すと，発生する熱は何倍になるか．また，導体棒の長さを変えず，断面積を 2 倍にすると，発生する熱は何倍になるか．

8. 平行板コンデンサーが電池に接続されて帯電している状態のまま，平行板の間隔を広げると，コンデンサーと電池に蓄えられている（静電）エネルギーの和は増加するか減少するか答えよ．

9. 図 7.18 のように極板が $\pm Q$ に帯電している平行板コンデンサーに，誘電体を挿入するとき，誘電体は吸い込まれるような引力を受けるか，それとも押し出されるような斥力を受けるか答えよ．(1) コンデンサーが電圧 V の電池に接続されている場合と (2) 電池から切り離されている場合のそれぞれについて考えよ（ヒント：コンデンサーと誘電体との間に斥力が働くときには，誘電体を挿入することによって，コンデンサーと電池に蓄えられているエネルギーの和が増え，引力が働くときは，挿入するとエネルギーが減る）．

第 8 章

電 流 と 磁 場

　東西南北の方位を調べるコンパスは，紀元前 13 世紀に中国で用いられていたという記録が残っている．コンパスは磁石の針（磁針）を用いている．磁石には **N 極** と **S 極** があり，コンパスの磁針の N 極は北を指し，S 極は南を指す．自分の位置を測定する手段のなかった当時には，たとえば船の運航において重要な道具だったであろう．また，磁石の周囲には **磁場** があり，金属などを引きつけることが知られていた．さらに，16 世紀には，磁石は常に N 極と S 極をもち，これらの極が単独で現れることがないことが発見された．19 世紀になると，アンペール (Ampère) やファラデー (Faraday) らによって電流と磁場の関係が発見され，現在知られている磁場の性質が明らかにされた．この章では，これらの性質について学ぶ．

8.1　磁場

8.1.1　磁石と磁場

　磁石が互いに引きつけ合ったり，反発し合ったりする力を **磁気力** と呼ぶ．これは静電気力と似ており，電気量に相当するものとして **磁気量** を考えることができて，単位としてウェーバー [Wb] を用いる．N 極，S 極の磁気量が，それぞれ静電気の正電荷，負電荷に対応するが，磁石では N 極だけ，あるいは S 極だけを取り出すことができないところは静電気と大きく異なっている．コンパスの磁針の N 極，S 極がそれぞれ北，南を向くのは，コンパスが地球という巨大な磁石の作る磁場（地磁気）から磁気力を受けるためである．

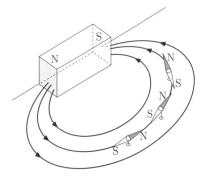

図 8.1　磁石の周囲に発生する磁力線を，コンパスを移動することにより描く．

　磁石の周囲にコンパスを置くと，コンパスの針は場所によってさまざまな方向を指す．図 8.1 のように水平面に磁石を置き，そのまわりにコンパスを置く．コンパスの磁針の S 極から N 極に向かう方向に，コンパスを少し動かすと，磁針の向きが少し変化する．そこで，再び磁針の S 極から N 極に向かう方向にコンパスを少し動かす．この操作を繰

り返すと，コンパスの動いた後に1つの曲線が描かれる．このようにして描かれる曲線を**磁力線**と呼び，コンパスを動かしていった向きを各点での磁力線の向きとする．すなわち，こうして描いた磁力線上の各点で，コンパスの磁針は磁力線の接線方向と平行で，その N 極は磁力線の向きを指している．

磁石から遠いところではコンパスの受ける磁気力は弱くなるが，磁石から発生する磁力線は空間全体に広がっており，すべての磁力線は磁石の N 極から出発して，元の磁石の S 極に到達する．この磁力線で表される場を**磁場**と呼ぶ．磁場は向きと大きさをもつベクトル量で $\boldsymbol{H}$ と表し，**磁場の強さ**（略して単に磁場ともいう）と呼ばれる．磁場 $\boldsymbol{H}$ 中に磁気量 m [Wb] の磁石があるとき，下式で表される磁気力 $\boldsymbol{F}$ を受ける．

$$\boldsymbol{F} = m\boldsymbol{H} \tag{8.1}$$

この式から，磁場 $\boldsymbol{H}$ の単位は [N/Wb] で，後で説明するように [A/m] と等しい．

2つの磁石 A と B があるとき，これらの磁石がつくる磁場 $\boldsymbol{H}$ は，A と B のそれぞれの磁石がつくる磁場 $\boldsymbol{H}_\mathrm{A}$ と $\boldsymbol{H}_\mathrm{B}$ のベクトル和として，

$$\boldsymbol{H} = \boldsymbol{H}_\mathrm{A} + \boldsymbol{H}_\mathrm{B} \tag{8.2}$$

と表される．同じ磁石 A, B を N 極，S 極の向きが同じになるように平行に並べて置くと，これらの磁石の中点 O では，磁場の大きさが同じで向きも同じなので，2つの磁石の磁場は強め合う（図 8.2 (a)）．中点 O においては $\boldsymbol{H}_\mathrm{A} = \boldsymbol{H}_\mathrm{B}$ であるから，$\boldsymbol{H} = 2\boldsymbol{H}_\mathrm{A}$ となる．磁石 B の N 極，S 極の向きを逆にすると，中点 O において $\boldsymbol{H}_\mathrm{A} = -\boldsymbol{H}_\mathrm{B}$ となるので，これらの磁場は打ち消しあって $\boldsymbol{H} = 0$ となる（図 8.2 (b)）．

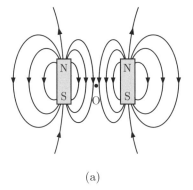

(a)

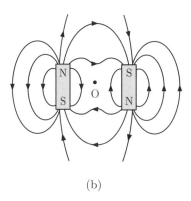

(b)

図 8.2 2つの磁石のつくる磁場．

【**例題 1**】 2個の棒磁石がつくる磁場について考える．図 8.3 のように，そのうちの1個の中心を座標の原点にして，N 極が x 軸の正方向を向くように x 軸上に置く．このとき，この磁石が y 軸上の $y = a$ の点につくる磁場が $(-H_0, 0, 0)$ であった．この磁石と同じもう1つの磁石を，中心が y 軸上の点 $y = 2a$ にくるようにして，N 極が z 軸の正方向を向くように z 軸と平行に置く．このとき，y 軸上の $y = a$ の点につくられる磁場の大きさを求めよ．

<u>解答</u> 同じ磁石が，磁石から同じ距離にある点につくる磁場の大きさは同じである．また，$y = 2a$ の位置に置いた磁石のつくる磁場の向きは，図 8.3 からわかるように z 軸の負の向きであり，$(0, 0, -H_0)$ となる．したがって，2つの磁石が y 軸上の $y = a$ の点につくる磁場は

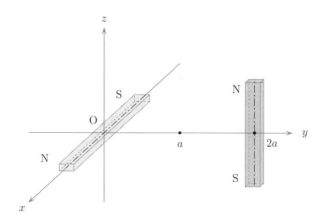

図 8.3　2 つの磁石のつくる磁場.

$(-H_0, 0, -H_0)$ となり，その大きさは $\sqrt{2}\,H_0\,[\mathrm{A/m}]$ である.

> **問題 1**　例題 1 と同じ 2 つの磁石を用いて，図 8.3 の $(0, 2a, 0)$ にある磁石を y 軸のまわりで 45° 回転させ，xz 平面の $z = x$ の直線と平行になるようにする．このときの点 $(0, a, 0)$ の磁場の強さ $\boldsymbol{H}$ を求めよ.

8.1.2　電流と磁場

　回路に電流を流すと，磁石の場合と同様に磁場を発生する．図 8.4 (a) と 8.4 (b) で示されている磁石とコイルは対応関係にあり，円筒形のコイルに図 8.4 (b) のように電流を流せば磁石の場合と同様な磁場が生じる．この図のようなコイルは磁石と同じ作用をするので**電磁石**とも呼ば

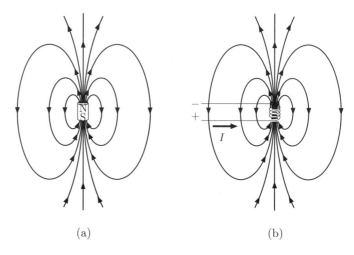

(a)　　　　　　　　　　　　　　　(b)

図 8.4　磁石周囲の磁力線とコイル周囲の磁力線.

れ，また，通常の磁石は電流が流れなくても**磁力**を保持しているという意味で**永久磁石**とも呼ばれる．コイルの内部に発生する磁場の強さ $\boldsymbol{H}$ は，コイルに流れる電流の方向に右ねじを回したとき，ねじが進む向きをもつ．その大きさはコイルに流れる電流に比例し，コイルの巻き数に関係する．

半径 a [m] の1回巻きの円形コイルに電流 I [A] が流れるとき，コイルの中心に発生する磁場の大きさ H は，

$$H = \frac{I}{2a} \quad [\text{A/m}] \tag{8.3}$$

で与えられる．また，長さが十分長い円筒状コイル（**ソレノイドコイル**とも呼ぶ）の内部の磁場の強さ $\boldsymbol{H}$ は一様であり，その大きさ H はコイルの半径によらず，コイルの巻き数を N，長さを ℓ [m] として，

$$H = \frac{NI}{\ell} \quad [\text{A/m}] \tag{8.4}$$

で与えられる（8.1.4 項アンペールの法則，例題 4 を参照）．

図 8.5 に示すような長い直線状の導線に電流を流したとき，電流の周辺に発生する磁場を小さな磁石やコンパスで調べると，磁力線は電線を中心とした同心円状であることがわかる．また，磁束密度の大きさは電流の値 I に比例し，導線からの距離 r [m] に逆比例して

$$H = \frac{I}{2\pi r} \quad [\text{A/m}] \tag{8.5}$$

と表される．

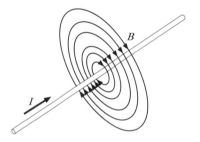

図 8.5 直線電流の周囲に発生する磁力線．

式 (8.3)，(8.4)，(8.5) が3つの代表的な電流形状についての磁束密度の式である．一般的な形状の回路に電流が流れる場合，空間に生じる磁束密度の分布を調べるためにはもっと詳細な計算が必要となる．また，これらの式から分かるように磁場の強さ $\boldsymbol{H}$ の単位は [A/m] でも表される．

【**例題 2**】　2つの直線電流がつくる磁場について考える．x 軸に沿って，その正方向に向かって流れる I [A] の直線電流と，y 軸上の $y = 2a$ [m] の点を通り，z 軸に平行な直線に沿ってその正方向に向かって流れる I [A] の直線電流がある．このとき，y 軸上の $y = a$ [m] の点 P につくられる磁場の強さ $\boldsymbol{H}$ を求めよ．

解答　x 軸に沿って流れる電流が点 P につくる磁場 $\boldsymbol{H}_1$ の大きさは，式 (8.5) より，$I/2\pi a$ [A/m] で，その向きは z 軸の正の向きである．また，もう一方の直線電流が点 P につくる磁場 $\boldsymbol{H}_2$ も，その大きさは $\boldsymbol{H}_1$ と同じで $I/2\pi a$ [A/m] であり，その向きは x 軸の正の向きとなる．し

たがって，点 P につくられる磁場 $\boldsymbol{H}$ はこれらの磁場の和となり，

$$\boldsymbol{H}_1 = \left(0,\, 0,\, \frac{I}{2\pi a}\right), \qquad \boldsymbol{H}_2 = \left(\frac{I}{2\pi a},\, 0,\, 0\right)$$

$$\boldsymbol{H} = \boldsymbol{H}_1 + \boldsymbol{H}_2 = \left(\frac{I}{2\pi a},\, 0,\, \frac{I}{2\pi a}\right) \quad [\mathrm{A/m}]$$

と求められる．

> **問題 2**　例題 2 と同じ 2 つの I [A] の直線電流が，点 $(0, 3a, 0)$ [m] につくる磁場の強さ $\boldsymbol{H}$ を求めよ．

8.1.3　物質の磁性

　磁場の中に物体が置かれたとき，物質が磁場に対して示す性質は材質に固有のものである．磁場に対して特に顕著な反応をする材料は磁石である．磁石は N 極と S 極をもち，その磁石をいくら細かく分割しても，分割された各部分は再び小さな磁石となって，それぞれが N 極と S 極をもつことになる．したがって，決して N 極や S 極が単独で現れることはない．この理由は磁石を構成する最小単位である原子・分子自体が，**磁性**と呼ばれる磁石の性質をもっており，全体として磁石の性質を示すからである．物体の磁性について考えるとき，その物体を**磁性体**と呼ぶ．

　磁性体を構成する原子や分子を微小磁石と考えると，外部磁場がないときにはそれらの微小磁石は一般には同じ向きではなく乱雑にいろいろな方向を向いている．このとき，個々の原子・分子がつくる磁場が打ち消しあってしまい，物体全体としては磁石の性質を示さない．ところが外部から磁場を加えると，微小磁石はある程度方向を揃えることにより磁石の性質を表す．

　磁場がない空間にたくさんのコンパスを置くと，それぞれのコンパスはばらばらの方向を向くだろう（図 8.6 (a)）．この空間に大きな磁石で一方向の磁場をつくり出すと，コンパスはいっせいに磁力線と平行になるよう向きを揃えると考えられる（図 8.6 (b)）．磁性体を磁場中に置いたとき，原子や分子は磁場中のコンパスのように，その微小磁石の向きが磁場の向きに反応してある程度変化する．磁場に対するこのような物質の反応を，物質の**磁化**という．

　磁場 $\boldsymbol{H}$ に磁化の効果を取り入れるため，**磁束密度ベクトル $\boldsymbol{B}$**（略して磁束密度ともいう）を下式で定義する．

$$\boldsymbol{B} = \mu\boldsymbol{H} \tag{8.6}$$

μ は物質の磁化の状態を表す物質定数で**透磁率**と呼ばれる．磁束密度の

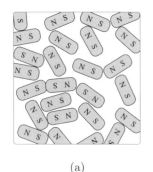

(a)

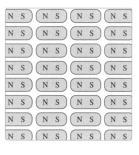

(b)

図 **8.6**　常磁性体の磁化の概念図．(a) 外部磁場がないとき．(b) 外部磁場があるとき．

単位はテスラ [T] で，基本単位と次の関係がある．

$$1 \text{ T} = 1 \ \frac{\text{N}}{\text{A·m}} \tag{8.7}$$

物質の存在しない真空における**真空の透磁率**を μ_0 で表し，その値は

$$\mu_0 = 4\pi \times 10^{-7} \qquad \text{T·m/A} \ (= \text{N/A}^2) \tag{8.8}$$

である．

　SI 単位系には含まれていないが，磁束密度の単位としてガウス [G] もよく使われ，1 G$=10^{-4}$ T である．身の回りにある磁石の磁場の大きさは 0.01 T 以下程度のものが多く，日常生活で 1 T を越えるような強い磁場をもつ磁石に出会うことはほとんどない．

　単位体積あたりの物質の磁化の強さと向きを表す物理量として**磁化ベクトル** $\boldsymbol{M}$ が用いられる．磁化ベクトルは，単位体積に含まれる原子や分子のつくる微小磁石の影響の総和であると考えることができる．

　磁性体内外の磁場は外部から磁性体に加えられる磁場 $\boldsymbol{H}$ と，磁性体の磁化によって生じる磁場 $\boldsymbol{M}$ との和でつくられ，磁束密度 $\boldsymbol{B}$ と次の関係がある．

$$\boldsymbol{B} = \mu_0(\boldsymbol{H} + \boldsymbol{M}) \tag{8.9}$$

磁性体の外部（真空中）においては，$\boldsymbol{M} = 0$ なので

$$\boldsymbol{B} = \mu_0\boldsymbol{H} \tag{8.10}$$

であり，磁束密度と磁場の強さとは普遍定数 μ_0 を除いて同じである．

　磁化ベクトル $\boldsymbol{M}$ は多くの場合では，磁場 $\boldsymbol{H}$ に比例するので，そのような物質については

$$\boldsymbol{M} = \chi\boldsymbol{H} \tag{8.11}$$

と表すことができる．このとき，式 (8.9) は

$$\boldsymbol{B} = \mu_0(1 + \chi)\boldsymbol{H} \tag{8.12}$$

となるので，μ と μ_0 の関係が次のように与えられる．

$$\mu = \mu_0(1 + \chi) \tag{8.13}$$

　誘電体の比誘電率と同様に，物質の磁性を表すには真空の透磁率 μ_0 との比である**比透磁率**

$$\mu_r = \frac{\mu}{\mu_0} \tag{8.14}$$

が用いられることが多い．磁化が外部から加えられた磁場と同じ向きに生じ，それによって磁性体内の磁場が強められる物質を**常磁性体**という．材質によっては磁化が逆向きに生じ，磁化によってむしろ磁性体内の磁場を弱める性質を示すものがある．このような物質を**反磁性体**という．鉄やニッケルは，常磁性体の中でも特に磁場を強くする性質をもつので，

表 8.1 室温での物質の比透磁率.

物　　質	比透磁率
空　　気	1.00000036
アルミニウム	1.000021
水	0.999991
銅	0.999990
鉄	8000
スーパーマロイ	6000000

強磁性体と呼ばれる．また，反強磁性を示す物質もある．主な物質の比透磁率をまとめると表8.1のようになる．

【例題3】　真空中で電流 I のまわりにつくられる磁束密度 B を表す式を，直線電流の場合，円電流の場合，ソレノイドコイルの場合のそれぞれについて求めよ．

解 答　真空中の磁場の強さ H と磁束密度 B の関係 (8.10) を用いると，半径 a の円電流の中心での磁場の式 (8.3)，単位長さあたり n 巻きのソレノイドコイル内部の磁場の式 (8.4)，直流電流から距離 r 離れた点での磁場の式 (8.5) は，それぞれ磁場の強さ H を用いて，

$$B = \frac{\mu_0 I}{2a} \quad [\text{T}] \qquad\qquad (\text{円電流}), \qquad (8.15)$$

$$B = \mu_0 n I \quad [\text{T}] \qquad\qquad (\text{コイル}), \qquad (8.16)$$

$$B = \frac{\mu_0 I}{2\pi r} \quad [\text{T}] \qquad\qquad (\text{直線電流}) \qquad (8.17)$$

と表される．

8.1.4　アンペールの法則

　直線電流 I から r 離れた点の磁束密度の大きさ B は式 (8.17) で表されるように，$\mu_0 I/2\pi r$ である．この式で，右辺の分母 $2\pi r$ は直線電流を中心とする半径 r の円周の長さを表している．したがって，磁束密度の大きさと円周の長さとの積は $B \times 2\pi r = \mu_0 I$ となり，その値は電流 I の大きさだけで決まり，半径 r には無関係となる．このことをもう少し詳しく考えてみよう．ここで，直流電流のまわりの "円周を回る正の向き" を定めよう．円周を一方向に周回するよう右ネジを回したときにネジが進む向きと，円の中心を通る直線電流の向きが一致するように，

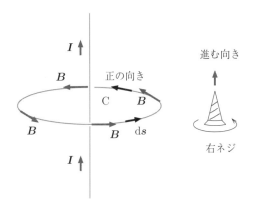

図 8.7　円周の正の向き．

円周を回る正の向きを定め，その向きをもつ円周を C とする（図 8.7）．その円周を微小部分に分割し，その微小な長さ ds と円周を回る向きとで表される微小ベクトル d$\boldsymbol{s}$ を考えると，d$\boldsymbol{s}$ の向きはその点に直線電流がつくる磁束密度ベクトル $\boldsymbol{B}$ の向きと一致している．したがって，内積 $\boldsymbol{B} \cdot \mathrm{d}\boldsymbol{s}$ は $B\,\mathrm{d}s$ に等しい．円周全体で $\boldsymbol{B} \cdot \mathrm{d}\boldsymbol{s}$ の総和をとることは，$B\,\mathrm{d}s$ の総和をとること，すなわち C に沿って 1 周積分をすることに等しい．直線電流の周囲は軸対称な状況なので，円周上で B は一定であり，ds の総和は円周の長さ $2\pi r$ であることを考えると，

$$\int_{\mathrm{C}} \boldsymbol{B} \cdot \mathrm{d}\boldsymbol{s} = \int_{\mathrm{C}} B\,\mathrm{d}s = \frac{\mu_0 I}{2\pi r}\,2\pi r = \mu_0 I$$

が成り立つ．

ここでの計算では $\boldsymbol{B}$ を，半径 r の円周上を 1 周するように積分した．このような閉じた経路に沿って行なう積分を周回積分と呼ぶ．直線電流を取り囲む任意の閉曲線上で周回積分を行なっても，その値は $\mu_0 I$ になることが証明できる．さらに，一般の曲線電流に対しても，それを取り囲むかってな閉曲線 C に沿っての周回積分について，

$$\int_{\mathrm{C}} \boldsymbol{B} \cdot \mathrm{d}\boldsymbol{s} = \mu_0 I \tag{8.18}$$

が成り立つ．これは磁束密度に関する基本的な法則であり，**アンペールの法則**と呼ばれる．

【例題 4】 円形ソレノイドコイル内部の磁場は．コイルの巻き数と長さを増していくと，コイル内部の磁力線の方向は円筒の軸に平行に近づき，単位面積あたりの磁力線の本数は一様に近づく．また，コイル外部の磁場は，巻き数の増加に伴って弱くなっていく．理想的な無限に長いコイルでは，コイル内部の磁力線は平行であり，コイル外部の磁場は 0 である．アンペールの法則を用いてソレノイドコイル内部の磁束密度を計算せよ．

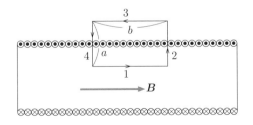

図 8.8 ソレノイドコイル内部に発生する磁束密度．

解答 図 8.8 はソレノイドコイルをその軸を通る面で切断した断面図である．この図のように，縦横の長さがそれぞれ a [m]，b [m] である長方形を考え，そこにアンペールの法則を適用する．コイルには I [A] の電流が流れていて，単位長さあたりの巻き数を n [1/m] とすると，長方形のつくる面を横切る電流は nbI となる．磁場の向きは円筒の軸に平行であり，経路 2 と 4 の上では $\boldsymbol{B} \cdot \mathrm{d}\boldsymbol{s} = 0$ である．また，経路 3 上では $\boldsymbol{B} = 0$ である．最後に残った経路 1 上では，磁場は一定で，向きは経路と平行である．これらより，

$$\int_{長方形} \boldsymbol{B} \cdot \mathrm{d}\boldsymbol{s} = \int_{経路 1} \boldsymbol{B} \cdot \mathrm{d}\boldsymbol{s} = B \int_{経路 1} \mathrm{d}s = Bb$$

が得られる．ここで，長方形を貫く電流が紙面裏から表の向きなので，反時計回りを正方向として積分を行なっている．アンペールの法則より，

$$Bb = \mu_0 nbI$$

となり，両辺を b で割るとコイル内部の磁場の大きさ B [T] は

$$B = \mu_0 nI \tag{8.19}$$

となることがわかる．ここまでの議論で，a の値を変えて経路 1 をコイル内の別の位置に動かしても経路 1 上の B の値は変わらないことが明らかなので，コイルの内部で磁場は一様であることがわかる．

8.2　磁場中に発生する力

8.2.1　ローレンツ力

磁束密度 $\boldsymbol{B}$ の一様な磁場中を，q に帯電した荷電粒子が速度 $\boldsymbol{v}$ で運動するとき，

$$\boldsymbol{F}_B = q\boldsymbol{v} \times \boldsymbol{B} \tag{8.20}$$

で表される力を受ける（図 8.9）．この力は**ローレンツ力**と呼ばれる．式 (8.20) の中にベクトルの外積が現れることからわかるように，ローレンツ力の方向は図 8.9 のように磁場の方向と粒子の運動の方向の双方に直交する．この力は常に $\boldsymbol{v}$ と直交しているので，式 (3.13) により運動エネルギーを一定に保つ．したがって，ローレンツ力は $\boldsymbol{v}$ の大きさ v を不変に保ち，$\boldsymbol{v}$ の向きだけを変える力である．この粒子に作用する力が磁場によるローレンツ力 $q\boldsymbol{v} \times \boldsymbol{B}$ のみであり $\boldsymbol{v}$ と $\boldsymbol{B}$ が直交する場合を考えると，作用する力の大きさは qvB で一定であり，その向きは磁場 $\boldsymbol{B}$ と垂直な面内にあるので，荷電粒子はこの面内で運動する．磁場の向きを紙面裏から表の向きとし，荷電粒子が紙面と平行な面内で運動しているとすると，$q > 0$ の場合には，力の向きは速度の向きに対して右へ $90°$ 回転した向きである．そのような運動はローレンツ力が向心力

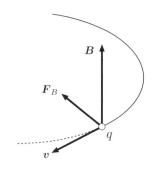

図 8.9　磁場中を運動する荷電粒子（$q > 0$）が受ける力．

となる等速円運動である．この円運動の回転半径を r_L とすると，

$$qvB = m\frac{v^2}{r_L}$$

の関係より，円運動の半径 r_L は

$$r_L = \frac{mv}{qB} \tag{8.21}$$

と表される．円周の長さは $2\pi r_L$ であるから，この円運動の周期 T は，

$$T = \frac{2\pi r_L}{v} = \frac{2\pi m}{qB} \tag{8.22}$$

となり，これを用いて角周波数 ω が

$$\omega = \frac{2\pi}{T} = \frac{qB}{m} \tag{8.23}$$

と求められる．この円運動を**サイクロトロン運動**といい，ω をサイクロトロン角周波数という．

【例題 5】 荷電粒子が磁場に垂直な速度成分だけでなく，平行な速度成分をもって運動するときの運動を調べよ．また，平行な速度成分のみをもつときの粒子の運動も調べよ．

解答 まず，荷電粒子が磁場に平行な成分 $\boldsymbol{v}_{||}$ と垂直な成分 $\boldsymbol{v}_\perp$ の両方の成分をもつ場合について考える．荷電粒子の速度 $\boldsymbol{v}$ を

$$\boldsymbol{v} = \boldsymbol{v}_{||} + \boldsymbol{v}_\perp$$

と表す．このとき，荷電粒子が受けるローレンツ力 $\boldsymbol{F}_B$ は

$$\boldsymbol{F}_B = q\boldsymbol{v} \times \boldsymbol{B} = q(\boldsymbol{v}_{||} + \boldsymbol{v}_\perp) \times \boldsymbol{B} = q\boldsymbol{v}_\perp \times \boldsymbol{B}$$

と表される．ここで，$q\boldsymbol{v}_{||} \times \boldsymbol{B}$ は平行なベクトルの外積であるから 0 となることを用いた．この式から，磁場に平行な速度成分 $\boldsymbol{v}_{||}$ はローレンツ力 $\boldsymbol{F}_B$ には影響せず，$\boldsymbol{F}_B$ の向きは $\boldsymbol{v}_\perp$ に垂直であることがわかる．したがって，磁場に垂直な方向の運動は，$\boldsymbol{v}_{||} = 0$ である場合の等速円運動と同じになる．また，磁場に平行な方向には力が作用しないので，磁場に平行な方向には速度 $\boldsymbol{v}_{||}$ の等速度運動を行なう．これらの 2 つの運動が同時に起こるので，荷電粒子はその中心軸が磁場に平行ならせんを描いて運動する（図 8.10）．

次に，$\boldsymbol{v}_\perp = 0$ の場合について考えると，ローレンツ力は $\boldsymbol{F}_B = 0$ となるので，磁場に平行な速度 $\boldsymbol{v}_{||}$ を一定に保って運動する．ただし，磁力線が直線でない場合には，ある瞬間にはローレンツ力が 0 であっても，荷電粒子が運動することによって磁力線と粒子の運動が平行でなくなり，磁場に垂直な速度成分が生じてローレンツ力を受けることとなって，荷電粒子は磁力線に巻きつくようならせん運動を行なう．

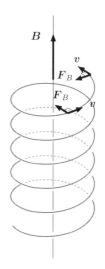

図 8.10 荷電粒子 ($q < 0$) のローレンツ力によるらせん運動.

> **問題 3**　電極間に 10 kV の電圧をかけて，陰極から出た電子が陽極に開けた小さな穴を垂直に通過して，水平方向北向きに運動する状態となった．この瞬間の時刻を 0 とする．地磁気は水平方向北向きから 60° 下方を向いており，その大きさは 64 μT である．電子の質量を 9.1×10^{-31} kg として以下の問いに答えよ．
> (1) 時刻 0 に電子が地磁気から受ける力の向きと大きさを求めよ．
> (2) 電子が水平方向に 0.1 m 運動する間にどれだけ偏向を受けるか調べよ．

8.2.2　電流が磁場から受ける力

　運動する電荷は磁場中でローレンツ力を受けるので，電荷の流れである電流も磁場中で力を受けることになる．長さ L [m] の真っすぐな導線に電流 I [A] が流れているとき，磁場 $\boldsymbol{B}$ 中で電流が受ける力 $\boldsymbol{F}_B$ を調べよう．導線中を速度 $\boldsymbol{v}$ で運動する 1 個の電子に作用する力は，式 (8.20) から，$-e\boldsymbol{v} \times \boldsymbol{B}$ である．導線の断面積が S [m^2] で，単位体積あたり n 個の自由電子が存在するとき，長さ L の導線中には nSL 個の自由電子があることになる．このとき，電流が受ける力 $\boldsymbol{F}_B$ はこれらの電子すべてに作用するローレンツ力の和であるから

$$\boldsymbol{F}_B = (-e\boldsymbol{v} \times \boldsymbol{B})nSL$$

となる．

　ところで，電流は導線の断面を 1 秒間に通過する電荷の量として定義できる．すべての電子が同じ速度 $\boldsymbol{v}$ で導線中を平行に運動しているとすると，1 秒間にある断面を通過することができる電子は，その断面の手前 $|\boldsymbol{v}|$ [m] 以内の位置にある電子である．この範囲にある電子の個数は $n|\boldsymbol{v}|S$ であり，断面を 1 秒に通過する電気量は $en|\boldsymbol{v}|S$ [C] であって，これが電流の大きさに等しい．ここで，電流は流れる方向をもつので，あらためて電流をベクトル量 $\boldsymbol{I}$ として定義すると，導線内ですべての電子の速度ベクトルが同じで $\boldsymbol{v}$ であるとすれば，$\boldsymbol{I}$ と $\boldsymbol{v}$ は反平行（逆向き）なので

$$\boldsymbol{I} = -en\boldsymbol{v}S \tag{8.24}$$

となる．これを用いて力 $\boldsymbol{F}_B$ を書き直すと，

$$\boldsymbol{F}_B = \boldsymbol{I} \times \boldsymbol{B}L \tag{8.25}$$

と表される．特に，電流の向きと磁場の向きが直交している場合の力の大きさ F_B は，

$$F_B = IBL \tag{8.26}$$

となる．

【例題6】　　平行な2本の電線を流れる電流が及ぼし合う力について考える．すなわち，無限に長い直線電流 I_1 と I_2 [A] が距離 a [m] 離れて平行で同じ向きに流れているとき，電流はそれぞれ磁場をつくり，その磁場によってそれぞれの電流は力を受ける．導線の長さ L [m] の部分に作用する力の大きさと向きをそれぞれの導線について求めよ．

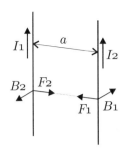

図 8.11　平行な直線電流の及ぼし合う力．

解答　電流 I_1 は z 軸 ($x = 0$) に沿って，その正の向きに流れており，電流 I_2 は $x = a$ の点を通って電流 I_1 と同じ向きに流れているとする．また，x 軸，y 軸，z 軸方向の単位ベクトルをそれぞれ i, j, k とする．電流 I_1 が $x = a$ の点につくる磁場 B_1 は，式 (8.17) により

$$B_1 = \frac{\mu_0 I_1}{2\pi a} j$$

となる．直線電流 I_2 が流れる導線の長さ L [m] の部分に作用する力 F_2 は，電流 I が $I = I_2 k$ と表されることに注意して式 (8.25) を用いると，

$$F_2 = (I_2 k) \times B_1 L = -\frac{\mu_0 I_1 I_2 L}{2\pi a} i \qquad (8.27)$$

と表される．同様に，電流 I_2 がつくる磁場 B_2 により直線電流 I_1 が流れる導線の長さ L [m] の部分に作用する力も同じ大きさで向きが逆になり，平行な電流は同じ大きさの力で引き合うことがわかる．

問題4　距離 a 離れて反平行な電流 I_1, I_2 が流れている場合に，それぞれの導線の長さ L の部分に作用する力の向きと大きさを求めよ．

問題5　2本の平行な導線がある．そのうちの1本の導線に沿って x 軸をとる．この導線と平行なもう1本の導線は $y = a$ ($a > 0$) を通る．x 軸上にある導線中を，正の向きに電流 I が流れていて，2本目の導線中にも電流が流れている．y 軸上の $y = b$ ($a < b$) の点で磁場の大きさが 0 であるとき，2本目の導線を流れる電流の大きさと向きを求めよ．

8.2.3　ホール効果

直方体の導体の両端に電圧を加えて図 8.12 のように x 方向に電流を流す．このとき，導体内では電荷 $-e$ をもった電子が一定の速度 v で x 軸負の方向に動いている．この導体全体を一様な磁場 B の中に置くと，導体内を動いている電子にはローレンツ力 $-ev \times B$ が作用する．磁場を電子の運動方向 (v の方向) に平行な成分 $B_{\parallel}$ と，垂直な成分 $B_{\perp}$ に分けて考えると，ローレンツ力は

$$F_B = -ev \times B = -ev \times (B_{\parallel} + B_{\perp}) = -ev \times B_{\perp}$$

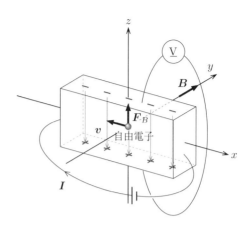

図 8.12　ホール効果. 自由電子 ($q = -e$) に働くローレンツ力 $\boldsymbol{F}_B$.

となり, $\boldsymbol{B}_\perp$ だけがローレンツ力に寄与する. 力の方向は電流の流れる
方向と $\boldsymbol{B}_\perp$ の方向に直交し, その方向に電荷が移動し, 導体の側面の両
端に電位差が現れる. この現象を**ホール効果**といい, 導体の両端に発生
する電圧を**ホール電圧**または**ホール起電力**という. ホール電圧は電流に
直交する方向の磁場の強さに比例しているので, ホール電圧を磁場の測
定に用いることができる. また, 発生するホール電圧の向きから, 電流
を担う粒子の電荷 q の正負を判定することができる. 図 8.12 では y 軸
の正方向に磁場 $\boldsymbol{B}\,(\boldsymbol{B} = \boldsymbol{B}_\perp)$ をかけており, このとき z 軸の正方向に
電場が生じている. これより $q < 0$ であると判定できる.

【例題 7】　真っすぐな薄い板状の導線が水平に置かれており, 水平方
向右向きに I [A] の電流が流れている. この導線の厚さは h [m] で,
電流が流れる方向と直角な方向の幅は d [m] で一定である. 鉛直方
向上向きに一様な大きさの磁場 B [T] を加える. この導線内部の
自由電子の密度を n [m^{-3}] として, 導線の両側に表れるホール電
圧 V [V] を求めよ.

解答　この導線の断面は長方形で, 厚さは h, 辺の長さは d である.
導線の両側に現れる電荷によって導体内につくられる電界を E [V/m]
とすると, ホール電圧 V を用いて

$$E = \frac{V}{d}$$

と表すことができる. 導体内の自由電子はこの電界から受ける力とロー
レンツ力がつり合って直進する. すべての自由電子が同じ速度 v [m/s]
で直進しているとすると, ローレンツ力の大きさは evB で, 電界から

受ける力の大きさは eE であるから,

$$evB = eE$$

が成り立つ. 単位時間にこの導線の断面を通過する自由電子の数は $nhdv$ であるから, この導線を流れる電流 I は

$$I = enhdv$$

と求められる. これらの式をまとめると

$$e\frac{I}{enhd}B = e\frac{V}{d}$$

となり,

$$V = \frac{IB}{enh}$$

が求めるホール電圧である.

問題 6 縦と横の長さがそれぞれ a [m] および b [m] の長方形の薄い板状の金属を, 平らな面が鉛直方向上向きになるように置く. 板の縦方向に x 軸をとり, 横方向に y 軸をとる. また, 鉛直上向きに z 軸をとり, この向きに一様な大きさの磁場 $\boldsymbol{B}$ を加える. この金属片を x 方向に一定速度 v で動かすとき, この金属片の側面両側に現れるホール電圧の大きさと向きを求めよ.

8.3 電磁誘導

8.3.1 磁束

図 8.13 のように, 針金を円形に巻いて作ったコイルの両端に検流計をつなぎ, コイルの中央部に向かって磁石を近づけたり遠ざけたりすると, 磁石が動いている間は電流が流れる. また, 逆に磁石を静止させてコイルを動かした場合にも同様に電流が流れる. これらの現象はコイル部分で磁場が変化することによって起電力が生じ, それによって電流が流れたと考えることができる. この現象を**電磁誘導**といい, このときコイルに生じる起電力を**誘導起電力**という. また, 誘導起電力に伴って発生する電流を**誘導電流**という. コイルの内部を貫く磁場を評価する量として, 磁束密度 B とコイルのつくる面積 S の積を**磁束 $\varPhi$** として

$$\varPhi = BS \tag{8.28}$$

で定義する. 磁束の単位は [T·m^2], あるいはウェーバー [Wb] である.

式 (8.28) の定義では, 磁場 $\boldsymbol{B}$ の向きがコイルの面に垂直であることを仮定している. より一般的には, 磁場 $\boldsymbol{B}$ がコイルの面と垂直でない場合にも定義することができる. ここで, 面ベクトル $\boldsymbol{S}$ を定義する. 面ベクトル $\boldsymbol{S}$ は面の面積を大きさとして, 面の法線の向きをもつベクト

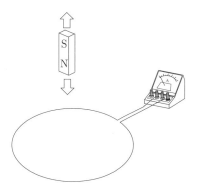

図 8.13 磁石の上下動による電磁誘導現象.

ルである. 面の法線方向と磁場のなす角を θ とすると, 磁束 $\varPhi$ は

$$\varPhi = B \cos \theta \, S = \boldsymbol{B} \cdot \boldsymbol{S}$$

で定義される. すなわち, 面を貫く磁束 $\varPhi$ のより一般的な定義は磁場 $\boldsymbol{B}$ が面を垂直に横切る成分 $B \cos \theta$ と面積 S の積である.

　次に, 任意の閉曲線に囲まれた曲面を貫く磁束 $\varPhi$ を計算してみよう. 曲面を非常に小さな多数の微小面に分割する. そのような非常に小さな面は平面と考えてもよい. 言い換えれば, 平面と考えてよいくらい小さな面に分割する. この微小面の面ベクトルを $\mathrm{d}\boldsymbol{S}$ とすると, 微小面を貫く磁束 $\mathrm{d}\varPhi$ は $\boldsymbol{B} \cdot \mathrm{d}\boldsymbol{S}$ となる. これを曲面のすべての微小面について足しあわせれば, 任意の曲面を貫く磁束 $\varPhi$ が

$$\varPhi = \int_S \mathrm{d}\varPhi = \int_S \boldsymbol{B} \cdot \mathrm{d}\boldsymbol{S} \tag{8.29}$$

と求められる (図 8.14).

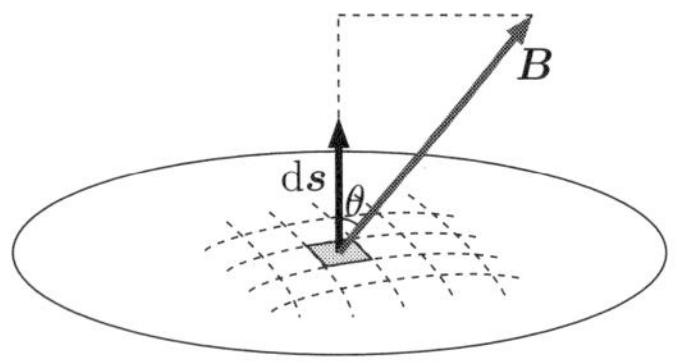

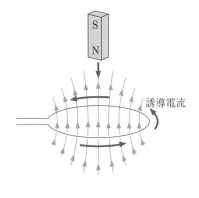

$$\mathrm{d}\varPhi = (|\boldsymbol{B}| \cos \theta) \times |\mathrm{d}\boldsymbol{s}| = \boldsymbol{B} \cdot \mathrm{d}\boldsymbol{s}$$

図 8.14　微小面を貫く磁束.

【例題 8】　半径が a [m] の 1 巻き円形コイルが一様な磁束密度 B [T] の空間に置かれている. 図 8.14 のように, 円形コイルの面が磁束密度に対して $\theta = 60°$ の角をなしているとき, コイルを貫く磁束を求めよ.

解答　コイルの面積は πa^2 [m²] であり, コイルの面と磁束密度ベクトルの間の角が $\theta = 60°$ であることから, 磁束は

$$\varPhi = \pi a^2 B \cos \frac{\pi}{3} = \frac{\pi a^2}{2} B \ [\text{Wb}] \tag{8.30}$$

と求められる.

> **問題 7**　1 本の導線があり, その導線を電流 I が流れている. 導線に沿って x 軸をとり, x 軸と垂直に y 軸をとる. 1 辺の長さが a の正方形の導線をその中心が $y = L \ (> a/2)$ を通るように xy 平面内に置く. この正方形の導線を貫く磁束の大きさを求めよ.

8.3.2　ファラデーの電磁誘導の法則

　コイルに磁石を近づけたり遠ざけたりする場合に電流が生じる電磁誘導現象 (図 8.13) に戻ろう. 電磁誘導では, 磁石が近づくことによる磁場の変化を打ち消そうとするように新たに磁場が発生する向きに電流が流れる. 言い換えると, この電流による磁場は, 磁石の動きを妨げる方向に生じるということもできる. たとえば, 水平に置かれたコイルに, 上方から磁石の N 極を近づけると, コイル内には下向きの磁場が大きくなる. このとき, 電磁誘導によってコイル内に磁石の近づく側から見て反時計回りの電流が流れ, 上向きの磁場が発生する. これをレンツの法則という (図 8.15).

図 8.15　レンツの法則.

コイルに磁石を近づける実験では，誘導起電力 V はコイルを貫く磁束 Φ の単位時間あたりの変化とその大きさが等しく符号は逆である．すなわち，時間 Δt の間に磁束が $\Delta\Phi$ だけ変化したとすると，誘導起電力 V は，

$$V = -\frac{\Delta\Phi}{\Delta t} \tag{8.31}$$

と表される．磁束の時間変化の割合が一定であれば，この式は正確であるが，時間変化の割合が一定でない場合には Δt を小さくしないと，この式から誘導起電力は正確に得られない．そこで，時間 Δt を 0 にする極限を考えると，式 (8.31) の割り算を微分で置き換えることができて，

$$V = -\frac{\mathrm{d}\Phi}{\mathrm{d}t} \tag{8.32}$$

となる．これが**ファラデーの電磁誘導の法則**である．符号を負とするのは，起電力がコイルを貫く磁束の変化を打ち消すように発生することを表すためである．

コイルの巻き数を N にすると，N 個の 1 巻きコイルを直列につないでいると考えることができるので，起電力 V は 1 巻きコイルの場合の N 倍となる．一方，コイルの面積も 1 巻きコイルの N 倍であると考えて磁束を計算すれば磁束も N 倍となるので，コイルに生じる起電力も 1 巻きコイルと同様に，

$$V = -\frac{\mathrm{d}\Phi}{\mathrm{d}t} \tag{8.33}$$

と表せる．

【**例題 9**】 磁束密度 B の一様な磁場中に，1 辺の長さが a の正方形をした N 巻きコイルを回転軸が磁場と直交するように置く．磁場の方向に z 方向をとり，コイルの回転軸に沿って x 軸をとる（図8.16）．コイルを軸のまわりで一定角速度 ω で回転させるときに，このコイルに生じる起電力 V を求めよ．ただし，時刻 $t=0$ でコイルの面は磁場に対して垂直（xy 平面に平行）であったとする．

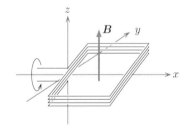

図 8.16 磁場中での N 巻きコイルの回転により生じる電流．

解答 コイルの面積は Na^2 であるが，磁場を切る面積 S はコイルの回転とともに変化し，面が磁場の向きと平行になる場合には $S=0$ となる．この面積 S を時間 t の式として表すと

$$S = Na^2\cos\omega t$$

となる．コイルを貫く磁束は $\Phi = BS$ であるから，式 (8.33) を用いて起電力 V は

$$V = -\frac{\mathrm{d}}{\mathrm{d}t}\left(BNa^2\cos\omega t\right) = NBa^2\omega\sin\omega t$$

のように得られる．

8.3.3　磁場中を運動する導線

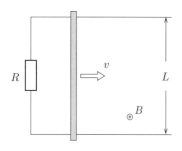

図 **8.17**　平行導線上を導体棒が動く回路を上から見た図.

　磁場 $\boldsymbol{B}$ が，図 8.17 のように紙面裏から表の向きに加えられており，紙面と平行な面上に間隔 L [m] の平行な導線が置かれている．導線の一端に R [Ω] の抵抗をつなぎ，導線に対して直角に置いた導体棒を一定速度 v [m/s] で平行な導線上を滑らせる．平行導線と抵抗および導体棒のつくる回路は，面積が変化するコイルと同様にみなすことができるので，このコイルを貫く磁束が変化することによって，起電力 V が発生する．導体棒は 1 秒間に v [m] 動くので，コイルの面積は 1 秒間に vL [m^2] 増加する．したがって，コイルを貫く磁束の 1 秒間の変化は BvL となり，ファラデーの電磁誘導の法則より，起電力 V は

$$V = -vBL \qquad (8.34)$$

となる．$v > 0$ ならばコイルの面積は大きくなるので，コイルを貫く磁束 $\varPhi$ も大きくなる．磁場は紙面裏から表に向かうから，起電力によって生じる磁場は紙面表から裏の向きで，発生する起電力は時計まわりの向きである．このため，反時計まわりを正として，式 (8.34) の右辺に負号が必要となる．

　この現象を別の角度から考えてみよう．導線上を滑る導体棒内の電子は，棒とともに速さ v で運動しているので，ローレンツ力 $-e\boldsymbol{v} \times \boldsymbol{B}$ が作用する．$\boldsymbol{v}$ と $\boldsymbol{B}$ は直交するので，力の向きは棒に平行で図の下から上向きで，大きさは evB である．この力を受け，自由電子は導体棒中の上方に偏るので，上向きの電場 $\boldsymbol{E}$ が発生し，この電場による下向きの力 $-e\boldsymbol{E}$ とローレンツ力 $-e\boldsymbol{v} \times \boldsymbol{B}$ とがつり合うことになる．この $\boldsymbol{E} = -\boldsymbol{v} \times \boldsymbol{B}$ によって，導体棒の両端に電位差 $V = -EL = -vBL$ を生じる．これはファラデーの法則から得られた結果の式 (8.34) と一致している．

【例題 10】　図 8.17 中の導線を速度 v で 1 秒間動かすのに必要な仕事と，抵抗で消費される電力が等しくなることを示せ．

解答　抵抗 R を流れる誘導電流 I [A] は

$$I = \frac{|V|}{R} = \frac{vBL}{R} \qquad (8.35)$$

と求められる．磁場 B 中で電流 I が流れる導体棒に作用する力の大きさ F [N] は，

$$F = IBL = \frac{vB^2L^2}{R} \qquad (8.36)$$

となり，力の向きは棒の運動する方向と逆向きとなる．棒を一定速度 v で動かす間，この力と同じ大きさで逆向きの力が加えられていることになる．この力が 1 秒間にする仕事 W は，棒が 1 秒間に動く距離が v で

あるから

$$W = Fv = \frac{(vBL)^2}{R} \tag{8.37}$$

となる.

この仕事で発生したエネルギーは,回路に接続されている抵抗 R で消費される.抵抗 R を流れる電流 I [A] から電力 P を計算すると,

$$P = I^2 R = \left(\frac{vBL}{R}\right)^2 R = \frac{(vBL)^2}{R}$$

となり,棒を一定速度で動かすために加えられている力がした仕事 W と大きさが同じであり,仕事がすべて抵抗で消費されることがわかる.

> **問題 8** 図 8.17 で描かれる回路全体を右側が低くなるように,水平方向に対して角 θ だけ傾ける.棒を最初静止させ,静かに固定をはずすと,重力の影響を受けて棒は動き始める.棒の質量を m,重力加速度を g として次の問いに答えよ.
> (1) しばらくすると,棒の速度は一定になる.このときの棒の速度を求めよ.
> (2) 棒の速度が一定であるとき,棒が運動することによって 1 秒間に失う位置エネルギーと,1 秒間に抵抗で発生する熱量のどちらが大きいか調べよ.

8.3.4 自己誘導

コイルに電流 I [A] が流れるとき,I に比例する磁場が発生する.したがって,電流により生じる磁力線がコイルを貫き,これによりコイルを貫く磁束 Φ [Wb] も電流 I に比例する.この比例定数を L として,$\Phi = LI$ と表すことにする.この L を**自己インダクタンス**という.自己インダクタンスの単位はヘンリー [H] である.電流 I が変化すると磁束 Φ も変化するので,誘導起電力 V が生じる.ファラデーの電磁誘導の式 (8.32) を用いると,誘導起電力は

$$V = -L\frac{dI}{dt} \tag{8.38}$$

と表される.式 (8.38) の右辺に現れるマイナスの符号は,起電力が電流の変化を妨げる向きに生じることを示している.これはコイルに流れる電流を増やそうとするとそれを妨げ,コイルに流れる電流を減らそうとしてもそれを妨げることを意味する.

> **問題 9** 長さ L の導線を用いて円形と正方形の閉じた回路をつくり,一様な磁場の中に,回路のつくる面が磁場に垂直になるように置く.この磁場を 1 秒間に ΔB ずつ強くするとき,回路の形が円形の場合と正方形の場合について回路に生じる起電力を求め,どちらの場合の起電力が大きくなるか調べよ.

8.3.5 磁場と電場のエネルギー

コイルに電流が流れているとき,コイルにはエネルギーが蓄えられている.このエネルギーはどのようなエネルギーであり,どのように消費

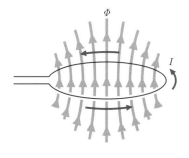

(a)

(b)

図 **8.18** 自己誘電と誘電起電力.(a) 1 巻きコイル.(b) コイルの誘導起電力.

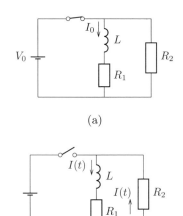

(a)

(b)

図 8.19 コイルに蓄えられるエネルギーと抵抗で消費される電力.

されるのだろうか．図 8.19 のような簡単な回路の場合について考えてみよう．図 8.19 (a) ではスイッチは閉じていて，自己インダクタンス L のコイルには，一定の電流 $I_0 = V_0/R_1$ が流れている．図 8.19 (b) のようにスイッチを切ると，電流は突然 0 とはならず，時間の関数 $I(t)$ となって，減少しながらコイル L，抵抗 R_1 と R_2 を流れ続け，その電流は L, R_1, R_2 からなる回路を一周する．このとき，抵抗 R_2 を流れる電流はスイッチを切る前とは逆の方向であることに注意する．この回路では R_1 と R_2 は直列接続なので，これらをまとめて抵抗 R と考える．したがって，コイル L と抵抗 R からなる回路には，時間 t [s] とともに変化する電流 $I(t)$ [A] が流れ，抵抗 R とコイル L の両端には，電流の時間変化に伴って，やはり時間とともに変化する電位差 $V(t)$ [V] が生じる．

スイッチを切断した後の回路内の電圧を考えると，回路は閉じているので，コイルによる起電力 V_L [V] と抵抗による電圧降下 V_R [V] とがつり合っている．すなわち，

$$V_L = V_R \quad \Rightarrow \quad -L\frac{\mathrm{d}I}{\mathrm{d}t} = RI \tag{8.39}$$

が成り立つ．ここで，$R = R_1 + R_2$ とおいた．回路を流れる電流に関するこのような方程式を**回路方程式**という．この場合，回路方程式は微分方程式である．式 (8.39) を変形すると

$$\frac{\mathrm{d}I}{\mathrm{d}t} = -\frac{R}{L}I \tag{8.40}$$

となる．この微分方程式は 1.10.1 節で学んだ変数分離形をしているので，

$$\frac{\mathrm{d}I}{I} = -\frac{R}{L}\mathrm{d}t$$

のように書き換えて，両辺を積分すると，

$$\log I = -\frac{R}{L}t + C \quad \Rightarrow \quad I = e^C e^{-\frac{R}{L}t} \tag{8.41}$$

となる．ここで，C は積分定数である．$t = 0$ において $I = I_0$ であることを用いて積分定数を決定すると

$$I = I_0\, e^{-\frac{R}{L}t} \tag{8.42}$$

となる．この式から，回路を流れる電流は図 8.20 のように，時間とともに指数関数的に減少し，急速に 0 に近づくことがわかる．

回路を流れる電流の微小時間 $\mathrm{d}t$ [s] での変化を考える．この微小な時間における電流の変化によって生じる起電力と電流は，$\mathrm{d}t$ の間は一定であると近似することができる．この起電力の大きさは式 (8.38) で表され，この間に運ばれる電荷は $I(t)\mathrm{d}t$ [C] である．したがって，この間に起電力が抵抗にする仕事 $\mathrm{d}W$ [J] は

$$\mathrm{d}W = V(t)I(t)\,\mathrm{d}t = -L\frac{\mathrm{d}I(t)}{\mathrm{d}t}I(t)\,\mathrm{d}t$$

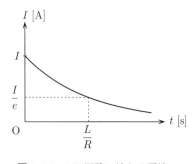

図 8.20 LR 回路に流れる電流.

と表される．時刻 $t = 0$ で電流は I_0 [A] で，最終的には電流が 0 A となる．スイッチを切ってから電流が 0 A となるまでに起電力のする仕事 W は

$$W = \int \mathrm{d}W = -\int_0^\infty L\, I(t) \frac{\mathrm{d}I(t)}{\mathrm{d}t}\, \mathrm{d}t = -L \int_{I_0}^0 I\, \mathrm{d}I = \frac{1}{2}L{I_0}^2 \tag{8.43}$$

となる．この起電力によって抵抗になされた仕事は，$t = 0$ でコイルに電流 I_0 が流れているときに，コイルに蓄えられていたエネルギー U [J] と等しいので，

$$U = \frac{1}{2}L{I_0}^2 \tag{8.44}$$

である．コイルに電流が流れているとき，コイルには磁場が発生しているので，その磁場にエネルギーが蓄えられていると考えられる．

【例題 11】　起電力 E の電池に自己インダクタンス L のコイルと抵抗値 R の抵抗を直列に接続する．回路を接続してから時間 t が経過したときに，電池がこの回路に供給する 1 秒あたりのエネルギーを求めよ．

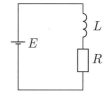

図 **8.21**　LR 直列回路.

解答　コイルの起電力を V_L とし，抵抗による電圧降下を V_R とすると，

$$E + V_L = V_R$$

が成り立つ．この式に，

$$V_L = -L\frac{\mathrm{d}I}{\mathrm{d}t}, \quad V_R = RI$$

を代入すると，

$$E - L\frac{\mathrm{d}I}{\mathrm{d}t} = RI$$

となる．この式は変数分離形をしているので，

$$\frac{1}{\left(I - \dfrac{E}{R}\right)}\, \mathrm{d}I = -\frac{R}{L}\, \mathrm{d}t$$

と書き直せる．この式の両辺を積分すると，積分定数を C として

$$\log\left(I - \frac{E}{R}\right) = -\frac{R}{L}t + C \quad \Rightarrow \quad I = e^C e^{-\frac{R}{L}t} + \frac{E}{R}$$

となる．$t = 0$ において $I = 0$ であることを用いて積分定数を決定すると

$$I = \frac{E}{R}\left(1 - e^{-\frac{R}{L}t}\right) \tag{8.45}$$

が得られる．

　電池はコイルに蓄えられるエネルギーと抵抗で消費される熱エネルギーを供給している．コイルに蓄えられるエネルギー U は式 (8.44) で

I_0 の代わりに，式 (8.45) で求められた電流 I を代入して，

$$U = \frac{1}{2}\,L\,I^2 = \frac{LE^2}{2R^2}\left(1 - e^{-\frac{R}{L}t}\right)^2$$

と表される．1 秒間にコイルに蓄えられるエネルギー ΔU は，U を時間で微分することによって

$$\Delta U = \frac{\mathrm{d}U}{\mathrm{d}t} = \frac{E^2}{R}\left(1 - e^{-\frac{R}{L}t}\right)e^{-\frac{R}{L}t} \tag{8.46}$$

となる．また，抵抗で 1 秒間に消費される熱エネルギー ΔW は，

$$\Delta W = I^2 R = \frac{E^2}{R}\left(1 - e^{-\frac{R}{L}t}\right)^2 \tag{8.47}$$

となる．これらのエネルギーの変化の和 $\Delta U + \Delta W$ が，1 秒間に電池から供給されるエネルギーであり，

$$\Delta U + \Delta W = \frac{E^2}{R}\left(1 - e^{-\frac{R}{L}t}\right) \tag{8.48}$$

と求められる．もちろん，この式は $E\,I$ に等しい.

> **問題 10**　図 8.19 (a) のように起電力 V_0 の電源に抵抗値 R_1 と R_2 の 2 つの抵抗と自己インダクタンス L のコイルが接続されている．時刻 $t = 0$ にスイッチを切るとき，時刻 t においてコイルに蓄えられているエネルギーを求めよ．

　これまで，コイルに蓄えられるエネルギーについて考えた．次の例題 12 によって，前章で学んだコンデンサーが蓄えるエネルギーとの比較を行なおう．コイルが空間に磁場を形成し，磁場のエネルギーとしてそのエネルギーを蓄えるのと同様，コンデンサーは平行平板間に電場を形成し，電場のエネルギーとしてそのエネルギーを蓄積する．このエネルギーは抵抗を介して，ジュール熱として取り出すことが可能である．

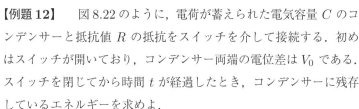

【例題 12】　　図 8.22 のように，電荷が蓄えられた電気容量 C のコンデンサーと抵抗値 R の抵抗をスイッチを介して接続する．初めはスイッチが開いており，コンデンサー両端の電位差は V_0 である．スイッチを閉じてから時間 t が経過したとき，コンデンサーに残存しているエネルギーを求めよ．

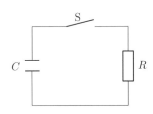

図 8.22　CR 回路に流れる電流.

解 答　スイッチが閉じられているときは，コンデンサー両端の電圧と抵抗両端の電圧は等しいので，コンデンサーが蓄える電荷を Q [C]，抵抗に流れる電流を I [A] とすれば，

$$\frac{Q}{C} = RI$$

が成り立つ．抵抗に電流が流れることにより，コンデンサーが蓄える電

荷は減少する．電流は電荷の変化率であることから，

$$I = -\frac{\mathrm{d}Q}{\mathrm{d}t}$$

と表すことができる．したがって，

$$R\frac{\mathrm{d}Q}{\mathrm{d}t} = -\frac{Q}{C}$$

が得られる．$t = 0$ では，コンデンサー両端の電圧は V_0 なので，この微分方程式の解は，

$$Q = CV_0 e^{-\frac{t}{CR}}$$

となる．したがって，式 (7.35) より時刻 t にコンデンサーが蓄えているエネルギー W は，

$$W = \frac{1}{2}CV_0{}^2 e^{-\frac{2t}{CR}}$$

と求められる．

8.3.6　相互誘導

　同軸の 2 つのコイルがあるとき，一方のコイルに流れる電流が変化すると他方のコイルに起電力が生じる．この現象を**相互誘導**という．図 8.23 のように，巻き数 N_1 のコイル 1 には電流 I_1 [A] が流れており，その外側に巻き数が N_2 のコイル 2 が置かれているとするとき，コイル 2 に生じる起電力 V_2 を求めよう．

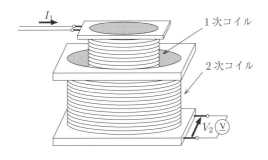

図 8.23　相互誘導作用現象.

　コイル 1 のつくる磁力線はコイル 2 も貫いているため，コイル 1 に流れる電流 I_1 が変化すると，コイル 2 を貫く磁束 Φ_2 が変化して，コイル 2 に誘導起電力 V_2 が発生するのである．Φ_2 はコイル 1 の電流 I_1 に比例していると考えることができるので，その比例定数を M とすると，$\Phi_2 = MI_1$ と表せる．このとき，ファラデーの電磁誘導の式から

$$V_2 = -\frac{\mathrm{d}\Phi_2}{\mathrm{d}t} = -M\frac{\mathrm{d}I_1}{\mathrm{d}t}$$

が得られる．ここで，M を相互インダクタンスといい，単位は自己インダクタンスと同じヘンリー [H] である．相互インダクタンスは 2 つの

コイルの位置関係や巻き数が変わると変化する．逆に，コイル 2 に流れている電流 I_2 が変化するとき，コイル 2 がつくる磁場が変化してコイル 1 を貫く磁束が変化するので，

$$V_1 = -M\,\frac{\mathrm{d}I_2}{\mathrm{d}t}$$

となる．これら 2 つの式で，相互インダクタンス M は同じ値となる．このため，添え字を省略して，どちらか一方のコイルを流れる電流 I が変化したときにもう一方のコイルに生じる起電力 V の関係を

$$V = -M\,\frac{\mathrm{d}I}{\mathrm{d}t} \tag{8.49}$$

と表すことができる．

> **問題 11**　長方形の鉄心の向かい合う 2 辺に，巻き数が N_1 と N_2 のコイルが巻かれている．巻き数 N_1 のコイルに抵抗値 R_1 の抵抗を接続した後に，電圧 $V_1 = Ae^{-\alpha(t-t_0)^2}$ を加えると，相互誘導によって巻き数 N_2 のコイルに誘導起電力 V_2 が発生する．この誘導起電力を求めよ．$\alpha = 1$, $t_0 = 5$ として，このときの電圧 V_1 と V_2 のグラフの概形を $0 \le t \le 10$ の範囲で描け．

8.4　交流回路

8.4.1　交流電圧と電流

　家庭で使用しているコンセントには**交流電気**が送られてきている．この交流電気の電圧 V_{AC} [V] は周期的に変化しており，

$$V_{\mathrm{AC}} = V_0 \sin\left(2\pi ft\right) \tag{8.50}$$

と表される．ここで，f は周波数であり，東日本では $f = 50$ Hz，西日本では 60 Hz である．ある時刻 t での交流電気の電圧（交流電圧）は式 (8.50) の右辺における正弦関数中の $2\pi ft$ の部分で決まる．これを交流電圧の**位相**という．$2\pi f$ をまとめて ω で表す場合も多い．このとき，ω を**角振動数**という．また，V_0 を**電圧振幅**という．

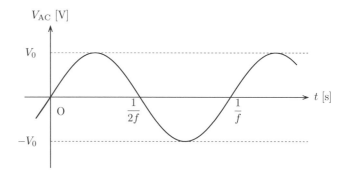

図 **8.24**　交流電圧の時間変化．

　一般家庭のコンセントに供給される交流電気の電圧は 100 V であるが, 図 8.24 で示される電圧の最大値 V_0 [V] は $\sqrt{2} \times 100 \simeq 141$ V である. すなわち式 (8.50) で $V_0 = \sqrt{2} \times 100$ V である. 後に説明するように, 電圧は振動しているので, 全体として平均すると 100 V になるということを意味している.

　電圧 $V = V_0 \sin \omega t$ [V] の交流電源に抵抗 R [Ω] を接続したとき, 電流 I [A] が流れるとすると, 抵抗での電圧降下は RI であるから,

$$V = RI$$

となる. したがって, 電流 I は

$$I = \frac{V_0}{R} \sin \omega t = I_0 \sin \omega t \tag{8.51}$$

と表される. ここで, I_0 [A] は**電流振幅**であり,

$$I_0 = \frac{V_0}{R} \tag{8.52}$$

である. この式から, 抵抗を流れる電流は電圧と同じ位相であることがわかる.

　このように, 振動する電流として送られる交流電気がもつ電気エネルギーについて考えよう. 電圧を 1 周期にわたって平均すると 0 になるが, この電流がする仕事の平均は 0 ではない. 交流電圧を発生する電源に R [Ω] の抵抗だけを接続したとき, 時刻 t に電流がする仕事率は $V(t)^2/R$ と表すことができる. これを 1 周期 $T = 1/f = 2\pi/\omega$ [s] にわたって平均し, 平均消費電力 $\overline{P}_{\text{AC}}$ [J/s] を求めると,

$$\overline{P}_{\text{AC}} = \frac{\omega}{2\pi} \int_0^T \frac{V^2}{R} \, \mathrm{d}t = \frac{\omega}{2\pi} \int_0^T \frac{V_0{}^2 \sin^2 \omega t}{R} \, \mathrm{d}t = \frac{V_0{}^2}{2R} = \frac{I_0{}^2 R}{2} \tag{8.53}$$

となる. ただし, 最後の式の変形では式 (8.52) を用いた. これを, 電圧 V [V] の直流電源に R [Ω] の抵抗を接続した場合の消費電力 $P_{\text{DC}} = V_{\text{DC}}{}^2/R = I_{\text{DC}}{}^2 R$ [W] と比較して, 交流電気が直流電気と同じ消費電力となるためには

$$V_{\text{DC}} = \frac{V_0}{\sqrt{2}} \qquad I_{\text{DC}} = \frac{I_0}{\sqrt{2}} \tag{8.54}$$

でなければならないことがわかる. すなわち, 交流電気がする仕事率を考えるときには, 電圧や電流の振幅ではなく, 振幅を $1/\sqrt{2}$ 倍した値をもつ直流電流がする仕事率を求めればよいことになる. このように電圧振幅を $1/\sqrt{2}$ 倍した値を**電圧の実効値**と呼び, 電流振幅の $1/\sqrt{2}$ 倍の値を**電流の実効値**という.

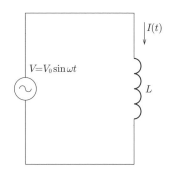

図 **8.25**　交流電源に接続されたコイル.

【**例題 13**】電圧 $V = V_0 \sin \omega t$ [V] の交流電源に接続された自己インダクタンス L のコイルが消費する電力の平均値 $\overline{P}$ を計算せよ.

解答　電圧 $V = V_0 \sin \omega t$ [V] の交流電源に自己インダクタンス L [H] のコイルを接続したとき, 流れる電流を $I(t)$ とおく. コイルによる起電力は $-L(\mathrm{d}I/\mathrm{d}t)$ であるから,

$$V_0 \sin \omega t = L \frac{\mathrm{d}I}{\mathrm{d}t}$$

が成り立つ. この式を時間 t について積分すると, コイルを流れる電流 $I(t)$ は

$$I = -\frac{V_0}{\omega L} \cos \omega t = \frac{V_0}{\omega L} \sin \left(\omega t - \frac{\pi}{2} \right) = I_0 \sin \left(\omega t - \frac{\pi}{2} \right) \quad (8.55)$$

となる. ただし, I_0 は電流振幅である. この式より電流振動の位相は $\omega t - \pi/2$ であり, 電流の位相が電圧よりも $\pi/2$ 遅れている, すなわち, 1/4 周期遅れていることがわかる. 電流振幅 I_0 と電圧振幅 V_0 の間には

$$V_0 = \omega L I_0 \quad (8.56)$$

の関係がある. これを抵抗に流れる電流と電圧の関係式 $V = RI$ と比較すると, ωL が抵抗と同様な意味をもつことがわかる. これをコイルの**リアクタンス**という. これらを用いてコイルで消費される電力を計算すると,

$$\overline{P}_{\mathrm{AC}} = \frac{\omega}{2\pi} \int_0^T V \cdot I \, \mathrm{d}t = \frac{\omega}{2\pi} \int_0^T V_0 \sin \omega t \, I_0 \sin \left(\omega t - \frac{\pi}{2} \right) \, \mathrm{d}t = 0 \quad (8.57)$$

となって, **瞬時電力**は 0 でなくても, 1 周期で時間平均をとると 0 となることがわかる.

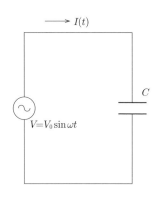

図 **8.26**　交流電源に接続されたコンデンサー.

コンデンサーに交流電源を接続するときに流れる電流について考えてみよう. 電気容量 C [F] のコンデンサーに電圧 $V = V_0 \sin \omega t$ [V] の交流電源を接続したとき, 回路に流れる電流を $I(t)$ [A] とする (図 8.26). 非常に短い時間 $\mathrm{d}t$ [s] の間にコンデンサーに流れ込む電荷の量 $\mathrm{d}Q$ [C] は, その間の電流 I を一定とみなすことができて, $\mathrm{d}Q = I \, \mathrm{d}t$ と表される. 初期 $t = 0$ [s] にコンデンサーに蓄えられていた電荷を Q_0 [C] とすると, これに t [s] までにコンデンサーに流れ込む電荷を加えて, 時刻 t におけるコンデンサーに蓄えられている電荷 Q を

$$Q = Q_0 + \int_0^t I \, \mathrm{d}t$$

のように求めることができる. このコンデンサーの両端の電圧 $V_C(t)$ [V] と蓄えられた電荷 $Q(t)$ [C] との間には $Q = CV_C$ の関係があるので,

$$V_C = \frac{Q_0}{C} + \frac{1}{C}\int_0^t I\,\mathrm{d}t$$

が成り立つ.

ところで, 電源電圧 V とコンデンサーの電圧 V_C とは等しく,

$$V = V_C$$

である. すなわち,

$$V_0\sin\omega t = \frac{Q_0}{C} + \frac{1}{C}\int_0^t I\,\mathrm{d}t$$

が得られる. この式を時間について微分すると,

$$V_0\omega\cos\omega t = \frac{1}{C}I$$

となる. したがって, コンデンサーに流れる電流 $I(t)$ は

$$I = V_0\omega C\sin\left(\omega t + \frac{\pi}{2}\right) = I_0\sin\left(\omega t + \frac{\pi}{2}\right) \tag{8.58}$$

と求められる. ここで, I_0 は電流振幅である. この式より電流振動の位相は $\omega t + \pi/2$ であり, 電流の位相が電圧よりも $\pi/2$ だけ進んでいる, すなわち, 1/4 周期進んでいることがわかる. 電流振幅 I_0 と電圧振幅 V_0 の間には

$$V_0 = \frac{1}{\omega C}I_0 \tag{8.59}$$

の関係がある. これを抵抗に流れる電流と電圧の関係式 $V = RI$ と比較すると, $1/(\omega C)$ が抵抗と同様な意味をもつことがわかる. これをコンデンサーの**リアクタンス**という.

> **問題 12** 電気容量 C [F] のコンデンサーの両端に電圧 $V_0\sin\omega t$ が加えられるとき, コンデンサーで消費される電力の平均値 $\overline{P}_{\mathrm{AC}}$ を求めよ.

> **問題 13** 抵抗を交流電源に接続したとき, 抵抗に流れる電流の振幅が I_0 [A] であった. このとき, 抵抗に 1 秒間に発生する熱量は, この抵抗に直流電流 I_0 [A] が流れている場合の何倍となるか調べよ.

8.4.2 LC 回路

図 8.27 のように, 自己インダクタンス L [H] のコイルと電気容量 C [F] のコンデンサーを直列につなぐ(**LC 回路**). 初期 $t = 0$ には, コンデンサーに Q_0 [C] の電荷が蓄えられており, スイッチは開いているとする. スイッチを閉じた後, 回路には電流 $I(t)$ [A] が流れる. コイルに生じる起電力(点 A に対する点 B の電位差)を $V_L(t)$ とし, コンデンサーの極板間電圧(点 B に対する点 A の電位差)を $V_C(t)$ とすると,

$$V_L(t) + V_C(t) = 0$$

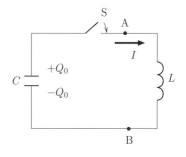

図 8.27 電気振動回路.

が成り立つ. すなわち,

$$-L\frac{\mathrm{d}I}{\mathrm{d}t} + \frac{1}{C}\left(Q_0 - \int_0^t I\,\mathrm{d}t\right) = 0$$

となる. この式の両辺を時間 t について微分すると,

$$\frac{\mathrm{d}^2 I}{\mathrm{d}t^2} = -\frac{1}{LC}I \tag{8.60}$$

となる.

コンデンサーに最初に蓄えられた正負の電荷は, 回路を流れて互いに打ち消そうとする. また, このときコイルにも電流が流れて, コイルに発生する磁場にエネルギーが蓄えられ, コンデンサーに蓄えられていたエネルギーが減少する. しかし, 流れる電流によってコンデンサーは逆向きに充電され始めて回路の電流も減少し, コイルに蓄えられたエネルギーは再び減少してコンデンサーにエネルギーが蓄えられ, 最初の状態に戻る. ただし, このときコンデンサーの各極板の電荷の符号は逆である. この過程が繰り返されて, 回路には振動する電流が流れる. 式 (8.60) はその電流の変化に対応していると考えられるので, 正弦関数形の振動電流

$$I = I_0 \sin(2\pi f t) \tag{8.61}$$

を仮定して, 式 (8.60) に代入すると, 振動電流の周波数 f [Hz] は

$$f = \frac{1}{2\pi\sqrt{LC}} \tag{8.62}$$

となることがわかる. このような電流の振動現象は, 回路に一時的な電圧や電流が加えられたときに発生し, 回路中に含まれる抵抗が小さい場合には大きな振幅で長時間観測され, 振り子の共振現象と似ていることから電気回路の**共振**と呼ばれ, 式 (8.62) の周波数を**共振周波数**という. また, この周波数 f が回路の L と C の値によって固有に決まることから, 電気回路の**固有振動**ともいわれ, 周波数 f は**固有周波数**とも呼ばれる.

このような LC 回路に振動電流が流れているときの電気エネルギーについて考えよう. コイル両端の電圧 V_L は

$$V_L = -L\frac{\mathrm{d}I}{\mathrm{d}t} = -I_0\sqrt{\frac{L}{C}}\cos\left(\frac{1}{\sqrt{LC}}\,t\right)$$

である. コンデンサー両端の電圧 V_C とコイル両端の電圧 V_L との間の関係 $V_C = -V_L$ より,

$$V_C = I_0\sqrt{\frac{L}{C}}\cos\left(\frac{1}{\sqrt{LC}}\,t\right)$$

が得られる. したがって, 振動電流が流れているときにコンデンサーに

蓄えられているエネルギー E_C は

$$E_C = \frac{1}{2}CV_C{}^2 = \frac{1}{2}LI_0{}^2 \cos^2\left(\frac{1}{\sqrt{LC}}\,t\right)$$

となる．振動電流が流れているときにコイルに蓄えられているエネルギー E_L は

$$E_L = \frac{1}{2}LI^2 = \frac{1}{2}LI_0{}^2 \sin^2\left(\frac{1}{\sqrt{LC}}\,t\right)$$

である．これらより，コンデンサーとコイルに蓄えられているエネルギーの和は

$$E_C + E_L = \frac{1}{2}LI_0{}^2 \tag{8.63}$$

となって，時間 t によらず一定であり，全電気エネルギーが保存していることがわかる．

　コイルとコンデンサーを直列につないだ回路に交流電圧源 $V = V_0\sin\omega t$ を接続し，コイルの自己インダクタンス L あるいはコンデンサーの電気容量 C を適当に変えていくと，L あるいは C がある値をもつときに回路を流れる電流値が大きくなる．これは L の値が変化してコイルのリアクタンス ωL がコンデンサーのリアクタンス $1/(\omega C)$ と等しくなって，両者のリアクタンスが打ち消し合うことにより回路全体の抵抗値が非常に小さくなることによる．このときは回路の固有周波数が交流電源による電流の周波数と一致している．このような状態を共振といい，この回路を**直列共振回路**と呼ぶ．共振回路を利用して，さまざまな周波数の混ざった交流や信号の中から，共振周波数に一致する周波数の交流や信号だけを取り出すことができる．このように，コイルの自己インダクタンス L あるいはコンデンサーの電気容量 C を変えて，回路の周波数を外部の電気振動に共振させることを**同調**という．

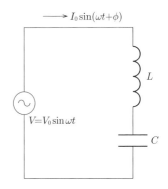

図 8.28　直列共振回路.

> **問題 14**　自己インダクタンス L のコイルと電気容量 C のコンデンサーを直列につないだ回路に振動する電流が流れている．このとき，回路に蓄えられている全電気エネルギーは一定で，その大きさを E_0 とする．時刻 t において回路に流れている電流を $I(t)$ とし，コンデンサーに蓄えられている電荷量を $Q(t)$ とするとき，次の問いに答えよ．
> (1) 全電気エネルギー E_0 を $I(t)$ と $Q(t)$ を用いて表せ．
> (2) 電流 $I(t)$ の最大値を求めよ．
> (3) コンデンサーに蓄えられる電荷の最大値を求めよ．また，電流 $I(t)$ とコンデンサーに蓄えられた電荷 $Q(t)$ の位相の差を求めよ．

8.4.3　電磁波

　電磁場の基本法則によれば，電場が時間的に変動しているところには，必ず磁場が生じている．また，電磁誘導の法則によれば，磁場が時間的に変動しているところでは，必ず電場が生じている．したがって，振動

する電場と磁場は波となって図 8.29 のように真空中（あるいは空気中）に広がっていくことが示される．この波を**電磁波**という．また，電磁波の伝わる速度は $c = 1/\sqrt{\varepsilon_0 \mu_0}$ であることも示される．ここで，ε_0 と μ_0 に実験値を代入すると，$c = 3 \times 10^8$ m/s であることがわかる．このように，電磁波の伝播速度が光の伝わる速度と一致することから，光も電磁波であることがわかる．

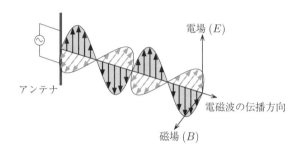

図 8.29　アンテナからの電磁波の発生．

　通常，交流回路からは電磁波が発生している．電磁波の発生をより効率よく行なうために用いられるものが**アンテナ**である．図 8.29 に示されているように交流電圧源によってつくられた，時間変化する電場は電流と同様に磁場を形成し，その磁場の時間変化が電磁誘導による電場を形成する．その結果，電場ベクトルから磁場ベクトルに向かって右ネジを回したとき，右ネジが進む向きに電磁波は伝播することになる．アンテナで生成された電磁波は光速度で伝播する．電磁波を伝える駆動力が電場や磁場であることから，電場や磁場を弱める材質の壁を設置すると電磁波の伝播を遮断することができる．このようにして電磁波が伝わらない状態にすることを**電磁遮蔽**といい，電子機器の誤動作を防ぐためなどの目的で行なわれる．

―――――――――――――― 第 8 章　演習問題 ――――――――――――――

1. xy 平面上の 4 点 $(0,0)$, $(a,0)$, $(0,a)$, (a,a) を通り，z 軸に平行な 4 本の導線がある．$(0,0)$, $(a,0)$ を通る 2 本の導線には z 軸の正の向きに電流 I が流れており，$(0,a)$, (a,a) を通る 2 本の導線には z 軸の負の向きに電流 I が流れている．次の問いに答えよ．

 (1)　原点を通る導線以外の 3 本の導線が原点につくる磁場の大きさと向きを求めよ．

 (2)　原点を通る導線に作用する単位長さあたりの力の大きさと向きを求めよ．

2. 原点 O を中心にして，xy 平面上に薄くて非常に広い導体板が置かれている．この導体板内を y 軸の正の向きに，x 軸方向の単位長さあたり i [A/m] の電流が流れている．原点の上 a [m] の点 $(0,0,a)$ における磁場の向きと大きさを求めよ．ただし，この導体板は非常に広いので，板の端の部分の影響は

無視できるものとする.

3. 10 cm あたりの巻き数 100 のソレノイドコイルがある. 次の問いに答えよ.

(1) ソレノイドの内部に大きさ 1 T の磁場をつくるのに必要な電流を求めよ.

(2) ソレノイド内を強磁性体である鉄で満たすとき, 大きさ 1 T の磁場をつくるために必要な電流を求めよ. ただし, この鉄心の透磁率は真空の透磁率の 400 倍とする.

4. 強さ B_0 [T] の一様な磁場中へ, 電荷 e [C] をもつ質量 m [kg] の電子を磁場に垂直に速度 v_0 [m/s] で入射したところ, 電子は円運動をした. 次の問いに答えよ.

(1) 円運動の半径を求めよ.

(2) 電子が半回転するのに要する時間を求めよ.

5. 頂角 $\pi/3$ [rad], 半径 R [m] の扇形の周囲に張られた導線が, その頂点を中心として xy 平面内で反時計回りに角速度 ω [rad/s] で回転している. 頂点は xy 平面の原点にあり, $x > 0$ の領域だけに z 方向正の向きの一様な大きさ B の磁場がある. 初期 $t = 0$ には, 扇形をした導線の 1 辺は x 軸と平行, 他の 1 辺は x 軸と $\pi/3$ の角をなしているとする. 次の問いに答えよ.

(1) 導線が 1 回転する間に発生する起電力の変化を求めよ. ただし, 反時計回りを正とする.

(2) この導線がもつ 1 m あたりの抵抗を ρ [Ω/m] とするとき, 導線が 1 回転する間に発生するジュール熱を求めよ.

6. 自己インダクタンス L [H] のコイルと電荷 Q_0 [C] に帯電した電気容量 C [F] のコンデンサーおよびスイッチを直列につないだ回路がある. 初期 $t = 0$ にスイッチは開いており, スイッチを閉じると振動する電流が流れた. 次の問いに答えよ.

(1) 振動する電流の周期を求めよ.

(2) スイッチを閉じてから 1/4 周期後に, コンデンサーに蓄えられている電荷とコイルに蓄えられているエネルギーを求めよ.

7. 抵抗値 R の抵抗と自己インダクタンス L のコイル, 電気容量 C のコンデンサを直列につなぎ, 起電力 $V_0 \sin \omega t$ の電源を接続する. 次の問いに答えよ.

(1) 回路に流れる電流の振幅を求めよ. また, 電源の周波数 $\omega/(2\pi)$ を変えたとき, 電流振幅が最大になるときの電源の周波数を求めよ.

(2) 電源の電圧に対して, 回路に流れる電流の位相は遅れているか進んでいるか答えよ.

第 9 章

原 子 と 原 子 核

　近代から現代にかけて科学がもたらした知識の中で，私たち現代人の常識として最も基本的な科学知識は「すべての物質は原子からできている」ということだと考えられている．この章では，物質の構成要素である原子の構造と原子を構成する要素について説明する．

9.1　原子の構造

　1803 年にドルトンは，物質が連続体ではなく一定の性質と質量をもつ**原子**からできているという説を提唱した．また，1811 年にはアボガドロが，気体反応の法則を説明するために，酸素や水素などの気体は同種の原子が結合して分子という粒子になっているという**分子**説を提唱した．原子や分子が実在することを示す現象は数多く存在するものの，それまで信じられてきた連続体説を否定することは簡単ではなく，これらの仮説が広く受け入れられるには長い年月を要した．しかし，現在では走査型トンネル顕微鏡や透過型電子顕微鏡などを用いて，原子を直接に「視る」ことができるようになった．

　原子の実在がようやく確信されるようになった 1897 年，J. J. トムソンは真空放電管の**陰極線**を研究し，電極から**電子**が飛び出してくることを発見した．また，1888 年には，金属面に光を当てると**光電子**が飛び出す**光電効果**も発見されている．物質を構成する最小の単位であると思われた原子は，さらにその内部に構造をもち，その中に電子を含んでいることが示されたことになる．そこで，トムソンは原子の中に電子が埋め込まれていると考えた．これに対して，ラザフォードは 1911 年に原子核の存在を発見し，その後，1919 年には陽子を発見した．さらに，1932 年にはチャドウィックが中性子を発見し，原子核は陽子と中性子によって構成されることが明らかとなった．

　原子は 1 個の**原子核**と Z 個の**電子**からなる．原子核の内部には Z 個の**陽子**と通常 Z 個かそれより多い**中性子**が存在し，陽子と中性子を総

称して**核子**と呼ぶ. 原子核の大きさは 10^{-14} m 以下で, 原子と比べて
きわめて小さく, 原子のおよそ 10^{-4} 倍程度の大きさである. 太陽を中
心として, そのまわりを惑星が回っている太陽系のように, 原子は原子
核を中心にして, そのまわりをいくつかの電子が回っているという描像
をラザフォードが提唱し, 原子の**太陽系モデル**と呼ばれた.

　現在では, 原子の中で電子は, 原子の太陽系モデルのように原子核を中
心に回る訳ではないことがわかっている. ただし, 電子と原子核の間に働
く静電気力が原子の状態を決定する重要な要素であることは事実である.
電子と陽子の電荷の絶対値 e は**電気素量**と呼ばれ, $e = 1.6022 \times 10^{-19}$ C
である. 電子の質量は $m_e = 9.1094 \times 10^{-31}$ kg であり, 陽子の質量
$m_p = 1.6722 \times 10^{-27}$ kg や中性子の質量 $m_n = 1.6749 \times 10^{-27}$ kg に
比べてはるかに小さい. 原子数からその原子の質量を計算する際に用い
られる**原子質量単位** $1\,u = 1.6605 \times 10^{-27}$ kg は質量数 12 の炭素原子
^{12}C 1 個の質量の 12 分の 1 であり, 陽子や中性子の質量とほぼ同じで
ある. したがって, $1\,u$ はおよそ核子 1 個分の質量に相当する.

【例題 1】　体積 $1\,\text{cm}^3$ の固体の銅には, 1 mol（アボガドロ定数の個
数）の何倍の原子が含まれているか. また, 銅の原子どうしの間隔は
およそどれほどか. ただし, **アボガドロ定数**は $N_A = 6.0221 \times 10^{23}$
mol^{-1} であり, 銅の原子量は 63.5, 密度は 8.93 g·cm^{-3} である.

解答　原子量とは 1 mol の原子の質量（単位 g）であるから, 体積
$1\,\text{cm}^3$ 中には, 原子が $8.93/63.5 = 0.141$ mol 含まれる. したがって,
銅の原子は $0.141\,N_A$ 個と見積もられる. 銅の原子 1 個が占める体積
は $1/0.141N_A = 1.18 \times 10^{-23}$ cm^3 となるから, 原子の間隔はおよそ
$(1.18 \times 10^{-23})^{1/3} = 2.28 \times 10^{-8}$ cm となる. したがって, 銅の原子ど
うしの間隔は 0.228 nm と見積もられる.

　問題 1　カリウムの原子の間隔はおよそどれほどか. ただし, カリウムの原
子量は 39.1, 密度は 0.86 g·cm^{-3} である.

　問題 2　断面積 $2\,\text{mm}^2$, 長さ 1 cm の銅線中には自由電子が何個含まれて
いるか. ただし, 銅線中には銅の原子 1 個あたり 1 個の自由電子が存在する
とする. この銅線中を 1 A の電流が流れているときの自由電子の平均速度
を求めよ.

9.1.1　プランクの放射式

　1900 年にプランクは, **黒体放射**という現象を説明するために「物質が
振動数 ν の光を吸収したり放出したりするときの熱放射（電磁波）のエ

ネルギーは，$h\nu$ という最小単位の整数倍の値しかとることができない」という**量子仮説**を導入した．ここで $h = 6.626 \times 10^{-34}$ J·s は**プランク定数**と呼ばれ，光速度 c とともに自然界における最も重要な基本定数の 1 つである．アインシュタインはこの考え方をさらに進めて，光（電磁波）は $h\nu$ というエネルギーをもった粒子的なものの集合であると考えた．

　光をよく吸収する黒体が放射する電磁波（熱放射）は，温度上昇とともに増加することが知られている．黒体が放射する電磁波のエネルギーは，その黒体の絶対温度 T の 4 乗に比例する．これを**ステファン・ボルツマンの法則**という．すなわち，黒体が単位面積あたり単位時間に放出する放射エネルギー E は

$$E = \sigma T^4, \quad \sigma = 5.67 \times 10^{-8} \text{ J/(m}^2 \cdot \text{s} \cdot \text{K}^4) \tag{9.1}$$

と表されることが知られている．

　たとえば，溶鉱炉内の温度は覗穴から外へもれてくる光の色でわかる．溶鉱炉の壁にあたる光はほぼ完全に反射するので，溶鉱炉内面を黒体表面とみなすことができる．溶鉱炉の空洞に充満する電磁波は，振動子の集まりであると考えることができ，古典物理学によると，温度が T のときには各振動子ごとに $\varepsilon = k_B T$ の平均エネルギーが分配される．ここで，k_B は**ボルツマン定数**と呼ばれ，その値は 1.38×10^{-23} J/K である．レイリーは空洞内の振動数 $\nu \sim \nu + \mathrm{d}\nu$ をもつ電磁波（熱放射）がとりうる状態にエネルギー等分配則を適用して，空洞内の熱放射スペクトル強度 $u(\nu, T)$ について

$$u(\nu, T) = \frac{8\pi}{c^3} \nu^2 k_B T \tag{9.2}$$

を得た．ここで，スペクトル強度 $u(\nu, T)$ は空洞の単位体積内で，振動数 ν の熱放射がもつエネルギー密度であり，振動数 $\nu \sim \nu + \mathrm{d}\nu$ にある放射のエネルギー $\mathrm{d}E$ は

$$\mathrm{d}E = u(\nu, T)\,\mathrm{d}\nu = \frac{8\pi}{c^3} \nu^2 k_B T\,\mathrm{d}\nu \tag{9.3}$$

となる．これを**レイリー・ジーンズの放射式**という．

　しかし，式 (9.3) では，ν が大きくなるとエネルギーは ν^2 に比例して増大し，$\mathrm{d}E$ を ν について 0 から ∞ まで積分すると積分値は発散して，物理的に矛盾するだけでなく，実験にも合わない結果となってしまう．この深刻な矛盾を解決するためにプランクは，振動数 ν の振動子の平均エネルギー ε は $k_B T$ ではなく，

$$\varepsilon = \frac{h\nu}{\exp(h\nu/k_B T) - 1} \tag{9.4}$$

であると仮定した. このとき, 空洞内で振動数 $\nu \sim \nu + \mathrm{d}\nu$ にある放射
のエネルギーは

$$\mathrm{d}E = u(\nu, T)\,\mathrm{d}\nu = \frac{8\pi}{c^3}\frac{h\nu^3}{\exp(h\nu/k_B T) - 1}\,\mathrm{d}\nu \qquad (9.5)$$

となり, 実験結果とよく一致する結果が得られた. これを**プランクの放射式**という. プランクは式 (9.4) を導出するために, 先の量子仮説を導入したのである.

式 (9.5) で $h\nu/k_B T \ll 1$ の場合はレイリー・ジーンズの式に帰着する. この式でスペクトル強度 $u(\nu, T)$ が最大となるのは $h\nu \sim 2.821 k_B T$ である. すなわち, 温度 T の黒体からは (単位振動数あたり) $h\nu \approx 3 k_B T$ 程度の光子が一番多く放出されていることになる. これは黒体の原子の振動の平均エネルギーとほぼ等しい. ここで, $\nu = c/\lambda$, $\mathrm{d}\nu = -c\,\mathrm{d}\lambda/\lambda^2$ の関係を用いて, プランクの放射式を振動数 ν のスペクトルでなく, 波長 λ のスペクトルで表すと,

$$\mathrm{d}E = u(\lambda, T)\,\mathrm{d}\lambda = \frac{8\pi hc}{\lambda^5}\frac{1}{\exp(hc/\lambda k_B T) - 1}\,\mathrm{d}\lambda \qquad (9.6)$$

となって, この式で, $u(\lambda, T)$ が最大値をもつのは $\lambda_\mathrm{m} = 0.2014 hc/k_B T$, $h\nu \approx 4.965 k_B T$ である. この関係は**ウィーン (Wien) の変位則**の式 (6.31) に対応している.

> **問題 3** 太陽は半径が 6.96×10^8 m の球で, 表面からは $T = 5780$ K の黒体放射を出している. 太陽の表面から単位時間に放出されるエネルギーを求めよ.

9.1.2 光子の粒子性

原子の構造を詳細に理解するためには, 原子の構成要素である電子と, 光の研究を通じて生まれた**量子力学**を学ぶ必要がある. 量子力学では電子も光も, 粒子と波動の両方の性質をあわせもつとして扱われる. 光は回折・干渉・偏光などの現象を示し, 波の性質をもつことが日常生活の中で理解されるが, 量子力学的な取り扱いでは粒子の性質ももっており, 光の個数を数えることができる.

アインシュタインは光が多くの光量子により構成されているとする**光量子仮説**を発展させ, 振動数 ν, 波長 λ の光子がもつエネルギー E と運動量 $\boldsymbol{p}$ の大きさ $p\,(= |\boldsymbol{p}|)$ は,

$$E = h\nu, \quad p = \frac{h}{\lambda} \qquad (9.7)$$

で与えられることを 1916 年に提唱した. プランク定数の代わりに新たな定数

$$\hbar = \frac{h}{2\pi} = 1.0546 \times 10^{-34} \text{ J} \cdot \text{s} \qquad (9.8)$$

を用いると，光子のエネルギーと運動量は，角振動数 $\omega = 2\pi\nu$ および波数 $k = 2\pi/\lambda$ によって

$$E = \hbar\omega, \quad p = \hbar k \tag{9.9}$$

と表される．この式で，$\hbar$ は**ディラック定数**とも呼ばれ，角振動数 ω と光子のエネルギーおよび波数 k と光子の運動量の間の比例係数である．運動量は向きをもつベクトル量であるから，波数も波数ベクトルと呼ばれるベクトル量で表され，波の進行方向を向いている．

　光電効果とは紫外線を金属に当てると，金属から電子が飛び出す現象をいう．このとき，1 個の紫外線（光子）を 1 個の電子が吸収してエネルギーを受け取り，運動エネルギーに変えて金属から飛び出す．金属の表面から電子が飛び出すためにはエネルギーが必要で，その最小のエネルギー W を金属の**仕事関数**という．飛び出した電子がもつ運動エネルギーの最大値 $E_{\max}$ $(= mv_{\max}^2/2)$ は

$$E_{\max} = h\nu - W \tag{9.10}$$

と表される．光子がもつエネルギー $h\nu$ が W より小さいとき，どれだけ強い光を金属に照射しても，電子は金属から飛び出さない．

　紫外線で皮膚が日焼けするのも，光の粒子性を示す現象である．光子エネルギーが小さければ日焼けしない．これに対して人間の目が光を感じるためには，光が 1 秒間に数十個以上入らなければならないといわれている．

　光の粒子性は，光子と電子との衝突により，光子の波長が変化する**コンプトン効果**によっても確認される．図 9.1 のように波長 λ の X 線を一方向から物体に当てると，散乱角 θ の方向に散乱される X 線の中に，波長が λ より長い λ' のものがあることを 1923 年にコンプトンが発見した．アインシュタインの考えに基づき，エネルギーと運動量の保存則より近似的に波長の変化を求めると，電子の質量を m として

$$\lambda' - \lambda = \frac{h}{mc}(1 - \cos\theta) \tag{9.11}$$

と表される．

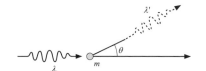

図 9.1　コンプトン効果：光子と電子の衝突．

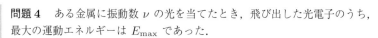

　問題 4　ある金属に振動数 ν の光を当てたとき，飛び出した光電子のうち，最大の運動エネルギーは $E_{\max}$ であった．
　(1) この金属の仕事関数はいくらか．
　(2) 限界振動数はいくらか．ただし，**限界振動数**とは，金属から光電子を発生させることができる光の最小の振動数である．

9.1.3 粒子の波動性

ド・ブロイは，質量をもたない光が波動性とともに粒子性をもつのであれば，電子のような質量をもつ粒子も波動性を合わせもつのではないかと考え，運動量 p をもつ質量 m の粒子は，波長

$$\lambda = \frac{h}{p} \tag{9.12}$$

をもつ波の性質を示すという仮説を提唱した．この波を**物質波**または**ド・ブロイ波**といい，その波長を**ド・ブロイ波長**という．

1927 年から 1928 年にかけて，デビソン，ジャーマー，菊池正史らは電子線の回折実験で，電子が実際に波の性質をもつことを確かめた．**電子回折像分析**は電子が波の性質をもつことを利用した装置である．電子だけでなく，陽子や中性子あるいはその複合体である原子核・原子・分子など，きわめて微小な粒子はすべて波動性を合わせもっている．

波の基本的な性質は，重なり合うことができることである．したがって，原子などの微小な粒子は同じ位置に重なり合い，干渉現象を起こすことができる．また，波は広がりをもつ．電子は小さく集中することもあれば，巨視的なスケールに広がることもあり，電子の広がった状態を電子雲と呼ぶことがある．

> **問題 5** 結晶の原子配列を調べるのに，原子間隔と同程度の波長をもつ電子線の回折現象を利用する．原子間隔が 1.2×10^{-9} m ($= 1.2$ nm) の結晶の原子配列を調べるには電子をおよそ何ボルトの電圧で加速しなければならないか[1].

9.1.4 ボーアの原子模型

高温の水素原子が発する**線スペクトル**の波長 λ には規則性があり，リュードベリ定数 $R = 1.0974 \times 10^7$ m^{-1} を用いて

$$\frac{1}{\lambda} = R \left(\frac{1}{n_1{}^2} - \frac{1}{n_2{}^2} \right) \tag{9.13}$$

と表される．ここで，n_1 と n_2 $(> n_1)$ は整数で，光のスペクトルの発見者に因んで $n_1 = 1$ のスペクトルをライマン系列，$n_1 = 2$ のスペクトルをバルマー系列という．また，光のスペクトルとは横軸に光の波長あるいは振動数をとり，縦軸にその放射強度を示すダイアグラムである．

1913 年にボーアは，水素原子中の電子が水素原子核のまわりの半径 r の円軌道上を運動する模型（図 9.2）を考案し，円軌道 1 周の長さは電子のド・ブロイ波長の整数倍（n 倍）で，

$$2\pi r = n \frac{h}{mv} \tag{9.14}$$

で表されるという量子条件（**ボーアの量子条件**）の仮説を提唱し，線ス

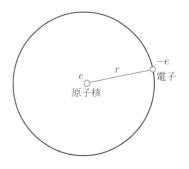

図 9.2 ボーアの原子模型.

ペクトルの波長の規則性を説明することに成功した．ここで，n を量子数という．この模型に従えば，電子の軌道半径は任意ではなく，飛び飛びの不連続な値のみが許されることになる．電子が外側の高エネルギー E' の軌道から内側の低エネルギー E の軌道に飛び移るとき，その差のエネルギーをもつ光子が放出され，光子の振動数 ν は

$$h\nu = E' - E \qquad (9.15)$$

で与えられる．

> **問題 6**　**基底状態**（最低エネルギーの状態）にある水素原子内の電子が，静止した陽子のクーロン力によって円運動をすると考える．
> (1) 水素原子の大きさはおよそ何 nm か（ヒント：量子条件から基底状態の電子の軌道半径を求めよ）．
> (2) 基底状態の水素原子を電離（**イオン化**）するのに必要なエネルギーは何 J か．また，それは何 eV か．
> (3) 水素原子が発する光のうち，ライマン α と呼ばれる $n_1 = 1$ と $n_2 = 2$ の線スペクトルの波長はいくらか．この光はどのような光の種類に分類されるか．
>
> **問題 7**　静止した基底状態の水素原子に，振動数 ν の光子（紫外線）を当てると，光子の入射方向に対して角度 θ の方向に，電子が飛び出し，原子核である陽子も別の方向に動く．
> (1) 飛び去った電子の運動エネルギーはどのように表されるか．ただし，陽子の運動エネルギーを無視して計算すること．
> (2) 陽子はおよそどの方向に動くか．

9.1.5　レーザー光

　原子の内部にある電子は離散的な値のエネルギーしかもつことができない．したがって，原子が吸収あるいは放出する光の波長はそれぞれの原子に特有の波長をもつ．この性質を利用して，単色光の強度を増大する機構をつくることができる．エネルギーが高い軌道（準位）に電子を**励起**した原子が多数個を占める原子集団中では，1 つの励起原子が低エネルギー状態に移って光子を放出すると，その光子に誘発されて他の励起原子も次々と光子を放出（**誘導放出**）し，光子放出の連鎖反応が起こる．これらの光子は，一般の自然放射による光とは異なり，互いによく位相がそろった**コヒーレント光**となり，**レーザー** (LASER: Light Amplification by Stimulated Emission of Radiation) 光と呼ばれる．

　レーザー光は光束が広がらないので，遠方まで強さが減衰しない．この性質は収束性や指向性に優れているといわれる．また，単色性が強く，しかも適切な設計をすれば鋭いパルス光をつくることができる．このため，光通信や高精度の計測，医療その他の幅広い分野で利用されている．

問題 8 振動数 ν [Hz] のレーザー光の出力が P [W] のとき，光子は毎秒何個放出されるか．このレーザー光を，**量子効率** 0.1 %（入射光子数に対する放出電子数の比）の陰極面に入射するとき，放出される電子が生み出す光電流の大きさを求めよ．

9.2 原子核

原子は正電荷をもつ原子核とそのまわりを電子が取り囲む構造をしている．9.1 節で，その中心に位置する原子核は**陽子**と**中性子**からなり，これら原子核を構成する陽子と中性子を総称して**核子**と呼ぶことを説明した．

元素は物質を構成する基本的な要素であり，化学的な性質により分類される．各元素は同じ種類の原子構造をもっている．すなわち，元素は原子の構造により区別される．原子核に含まれる陽子の数を Z とし，通常 Z と同じかそれよりも多い中性子の数を N とする．異なる元素の原子核に含まれる陽子の数 Z は異なっており，$Z=1$ から順に，水素 $_1$H，ヘリウム $_2$He，リチウム $_3$Li，ベリリウム $_4$Be，ボロン $_5$B，炭素 $_6$C，窒素 $_7$N，酸素 $_8$O と続く．$Z=26$ は鉄 $_{26}$Fe，$Z=92$ はウラン $_{92}$U である．このように，元素記号の左下に記された数字を**原子番号**といい，陽子数 Z と等しい．

元素名が陽子数のみで決まることには明確な意味がある．それは元素の示す化学的な特徴はほぼ陽子数（＝電子数）で決まるからである．それでは，中性子の数の違いは物質のどのような性質に反映されるのだろうか．たとえば，1 つの陽子に中性子 1 つを加えて重水素の原子核をつくり，これに電子を付加して酸素と反応させると重水素の水（重水素水）ができ上がる．このとき，原子核がもつ中性子の個数の差異は，原子核どうしが衝突して生じる原子核反応などにおいて，異なった性質が現れる原因となる．しかし，化学反応においては中性子数の違いは原子の質量の違いとして現れるのみである．

9.2.1 同位体

原子核中の陽子の個数 Z が等しく，中性子の個数 N が異なる元素を**同位体**（あるいは**同位元素**，アイソトープ）と呼ぶ．たとえば，水素は $N=1$ の（軽）水素と，$N=2$ の**重水素**が安定な同位体である．また，$Z=6$ の炭素には $N=6$ と 7 の安定な同位体があり，$Z=8$ の酸素には $N=8, 9, 10$ の安定な同位体がある．

原子核中の核子の数 A を原子核の**質量数**といい，

$$A = Z + N \tag{9.16}$$

である．同位体は元素記号の左上に質量数を記して区別する．たとえば，$N=7$ の炭素原子核は質量数が 13 であるから，$^{13}_{6}\mathrm{C}$ と表し，質量数 12 の $^{12}_{6}\mathrm{C}$ と区別する．炭素の陽子数は 6 なので，単に $^{13}\mathrm{C}$ と表してもよい．

　原子核は中性子や陽子あるいは他の原子核と衝突した際に融合反応を起こして，別の原子核になることがある．2つの原子核が融合するとき，新しい原子核の原子番号と質量数は元の原子核の原子番号と質量数それぞれの和となる．このような原子核を変化させる核反応によって人工的にも元素をつくることができ，同位体を含めると，現在約 3000 種類の元素が発見されている．

> **問題9**　静止した炭素原子核 $^{12}\mathrm{C}$ にヘリウム原子核 $^{4}\mathrm{He}$ を衝突・融合させたい．
> (1) クーロン力に打ち勝って衝突を起こすためには，$^{4}\mathrm{He}$ を何 V の電圧で加速しなければならないか（2個の核間距離を 10^{-14} m 以内まで接近させるとする）．
> (2) この衝突・融合で生じる可能性がある原子核は何か．

9.2.2　放射線

　同位元素の中には，安定な元素と不安定な元素がある．自然界に存在するほとんどの元素は安定であるが，少数の不安定な元素は自然に**放射線**を出して異なる元素に変わる．この現象を**放射性崩壊**（または壊変）といい，このような不安定な元素を**放射性同位体**（あるいは**放射性同位元素**，ラジオアイソトープ）という．たとえば，水素の同位元素で $N=3$ の3重水素は水素の不安定な同位体である．3重水素は放射線として電子を放出し，ヘリウムの同位体 $^{3}\mathrm{He}$ に変化する．

　3重水素の場合に見られるように，原子核中の中性子数が陽子数に比べて多すぎると，中性子は陽子に変わり，同時に電子（β 粒子あるいは β 線）を放出する（β **崩壊**）．逆に，陽子数が多すぎると，陽子は中性子に変わり，同時に陽電子を放出する（β^{+} **崩壊**）．陽電子とは電子の反粒子であり，質量は電子と同じで電荷は $+e$ である．質量数の大きな原子核の中には，陽子2個と中性子2個からなるヘリウム原子核 $^{4}\mathrm{He}$（α 粒子あるいは α 線とも呼ばれる）を放出するものもある（α **崩壊**）．また，これらの壊変直後に，高エネルギーの光子（γ 線）を放出する場合もある．

　α 線は物質を透過する性質は弱く，紙でも遮られるほどである．放射線が物質中を通過すると，その原子内の電子を跳ね飛ばしてイオン化する．これを電離作用という．α 線の電離作用は放射線のうちで最も大き

い. β 線は質量が小さいので, 磁場から受ける力によって曲がりやすく, 物質を透過する能力は γ 線の次に大きく, 厚さ数 mm 程度のアルミニウム板で遮られる. また, 電離作用は α 線に次いで大きい. γ 線は磁場内で力を受けずに直進し, 物質を透過する能力は最も大きく, 厚さ数 cm の鉛板でなければ遮られない. 逆に, 電離作用は最も弱い.

放射線を出す原子核を含む物質を**線源**という. 線源の強さを表す単位としてベクレル (Bq) が用いられる. 1 Bq とは 1 秒間に 1 個の原子核が崩壊する強度である. ラジウム 1 g の放射能を 1 キュリー (Ci) といい, $1\,\mathrm{Ci} = 3.7 \times 10^{10}$ Bq である. 放射線の種類やエネルギーによって物質に与える影響は大きく異なる. 照射した放射線のエネルギーが 1 kg の物質に 1 J の割合で吸収されるとき, 1 グレイ (Gy) の吸収線量という. 生物に与える影響は吸収された放射線量だけでは決まらない. 人体などへの影響を表すのに, 吸収線量に線質係数を掛けた量である線量当量も用いられ, その単位はシーベルト (Sv) である. 線質係数は無次元の量で, X 線・γ 線・β 線が 1, 中性子線はそのエネルギーの範囲により異なり 5 〜 20, α 線が 20 である.

9.2.3 原子核の寿命と半減期

一般に, 重い元素には不安定な同位体が存在する. ウランは原子番号 92 の元素であり, 自然界に質量数 235 と質量数 238 の同位体が存在する. このうち, ^{235}U は自然に 2 つの原子核に分裂し, 同時にエネルギーを発生する. また, ^{238}U は中性子を取り込むと分裂反応を起こす. ウランよりもさらに重い原子核は, 電磁的に原子核にエネルギーを与える加速器という装置を用いて, 原子核どうしを衝突させてつくり出すことができる. 今日では, **超ウラン元素**である $Z = 93$ から $Z = 113$ までの元素の存在が確認されており, Z がさらに大きい元素も発見されつつある. 発見された超ウラン元素はすべて極めて短寿命である.

原子核の寿命とは, 原子核が壊変する時間と考えてよく, 壊変率 λ と逆数の関係にある. 壊変率 λ は単位時間あたりに 1 つの原子核が壊変する割合を示す量であり, N 個の放射性元素の原子があるとき, 時間 Δt の間に壊変する原子数 ΔN は

$$\Delta N = -\lambda N \Delta t \tag{9.17}$$

と表される. ここで, $\Delta t \to 0$ の極限を考えると, 式 (9.17) は

$$\frac{\mathrm{d}N}{\mathrm{d}t} = -\lambda N \tag{9.18}$$

となり, 式 (1.55) と同じ形の微分方程式が得られる. その解は積分定数を C とすると $N = Ce^{-\lambda t}$ と表される. すなわち, 放射性元素の原子数 N は時間 t に対して指数関数の形で変化する. 時間 $\tau = 1/\lambda$ だけ経

過すると原子の数は最初の $1/e$ ($\fallingdotseq 0.37$) 倍になっている．これに対して，原子の数が最初の $1/2$ になるまでの時間を半減期と呼び，τ の代わりに半減期が用いられることの方が多い．ここで，**半減期 T** は，初めに ($t = 0$) N_0 個あった放射性原子核のうちの半数が壊変するのに必要な時間として定義され，時間 t の後にまだ壊変していない個数 N は，

$$N = N_0 \left(\frac{1}{2}\right)^{t/T} = N_0 2^{-t/T} = N_0 e^{-(\log 2)t/T} = N_0 e^{-t/\tau} \tag{9.19}$$

と表される．したがって，τ と T の間には $\tau = T/\log 2$ の関係がある．

不安定な原子核から飛び出す α 線（^{4}He）や β 線（電子・陽電子）あるいは γ 線（光子）などの放射線は，通常の電子や光子などと比べてきわめて大きいエネルギーを有するため，被曝すると非常に危険であり，1 年間に 1 人の人に許容される被曝限度が国際放射線防護委員会で定められている．人間に対して危険な放射線の他に，β^+ 崩壊ではニュートリノという粒子，β 崩壊では反ニュートリノと呼ばれる粒子が同時に放出されることも明らかになった．これらの粒子は人体にほとんど影響を与えることはないとされている．目に見えず，障害を起こす原因とされる放射線は，X 線写真など医学診断などに用いられることも多い．放射性同位体は，外部からその元素が発する放射線を検出することにより，その元素が物体のどの部分に存在するのかを調べるトレーサーや物質の年代測定などに広く利用されている．

【例題 2】 原子核中の中性子数が多い放射性炭素 ^{14}C は，崩壊するときどのような放射線を出し，何に変わるか．

解答 電子と反ニュートリノを放出して中性子は陽子に変わり，^{14}C は ^{14}N に変わる．

> **問題 10** 1 g の天然ウランは 1 年間で何個が崩壊するか．ただし，天然ウランは半減期 45 億年の ^{238}U が大部分を占める．半減期 7.0 億年の ^{235}U も存在するが，組成比が 0.7% に過ぎないので考慮しなくてよい．

9.2.4 質量とエネルギーの等価性

1905 年にアインシュタインが発見した特殊相対性理論によれば，静止した質量 m の物質は

$$E = mc^2 \tag{9.20}$$

のエネルギーをもつ．ここで，$c = 2.99792458 \times 10^8$ m/s は**光速度**である．

原子核の質量は，原子核を構成する個々の核子の質量の総和より Δm

だけ小さい．この Δm を**質量欠損**という．この質量欠損に相当するエネルギー Δmc^2 を原子核の**結合エネルギー**という．

　原子番号 Z が小さく軽い原子核は，高温状態で融合してより重い原子核になると，融合後の原子核の質量は融合前の原子核の質量の和よりも小さくなる．すなわち，結合エネルギーがより大きくなり，その結合エネルギーの差（質量の差）が**核融合エネルギー**として放出される．一方，原子番号 Z が大きいウランなどの放射性元素は，分裂して複数個のより軽い原子核になると，分裂後の原子核の質量の和は分裂前の原子核の質量よりも小さくなる．すなわち，やはり結合エネルギーが大きくなり，その結合エネルギーの差が**核分裂エネルギー**として放出される．

> **【例題3】**　　1 kg の物質の静止エネルギーを代表的な原子力発電所で 1 年間に発電されるエネルギー 3×10^{16} J と比較せよ．

解答　式 (9.20) より，1 kg の物質がもつエネルギーは $1 \times (3 \times 10^8)^2 = 9 \times 10^{16}$J であり，原子力発電所の 1 年間の発電量の 3 倍である．

> **問題11**　太陽は水素の核融合でヘリウムを形成しつつ，毎秒 4×10^{26} J のエネルギーを宇宙空間に放出している．
> (1) この核融合で，太陽は毎秒どれだけの質量欠損を生じているか．
> (2) 太陽の全質量 2×10^{30} kg が仮に石油であり，その燃焼で太陽エネルギーを生じているとすると，太陽は何年で燃え尽きることになるか．ただし，酸素は別に豊富にあるとする．

9.3　素粒子と宇宙の始まり

　ド・ブロイの考えを発展させて，物質波の伝わり方を記述する**波動方程式**を導出したのはシュレーディンガーである．この方程式は**シュレーディンガー方程式**と呼ばれ，古典力学におけるニュートンの運動方程式に相当し，ミクロの粒子とくに電子の振る舞いを記述する基礎方程式である．しかし，シュレーディンガーの理論では相対性理論は取り入れられていなかった．ディラックは相対性理論を取り入れて，光速度に近い電子の運動にも適用できる理論を導いた．それによると，電子の質量を m として，真空中の 1 点に $2mc^2$ より大きいエネルギーを与えると，電子を取り出すことができ，それと同時に電子と同じ質量 m をもち，正電荷 e をもつ陽電子が**対生成**される．逆にまた，電子と陽電子が衝突すると両方とも**対消滅**し，γ 線光子が放出される．これらの現象は実験でも確かめられている．電子と陽電子のような関係は他の粒子にもあり，粒子・反粒子の関係にあるという．

電磁力が光子によって伝えられるのと同様に，核力を伝える粒子が存在すると考えた湯川は，核力の到達距離からその粒子の質量を電子の200倍くらいと算出した．湯川の予言した粒子**パイオン**（π**中間子**）は後に発見された．さまざまな核を高エネルギー粒子で叩いて破砕すると，新しい粒子が次々と出現し，それまで**素粒子**と考えられていたものも実は複合粒子と捉える方が自然であることも明らかになった．このため，素粒子の基本要素として**クォーク**が導入された．現在，素粒子はレプトン，ハドロン，ゲージ粒子の3種類に分類されている．

「宇宙は一様に膨張しつつある」という**ハッブルの法則**が確立されたのは 1929 年であるが，膨張の過程を逆にたどれば，宇宙は高温高密度の状態から爆発的に広がったということになる．宇宙の 25 ％ の重量比を占めるヘリウム (He) の起源を研究していたガモフは，1948 年にこのような**ビッグバン (Big Bang) 宇宙論**を提唱した．宇宙の始まりの瞬間がどのようであったかは現在の理論ではまだわかっていない．

始まりから百億分の 1 秒経った頃，宇宙は温度が 10^{15} K という超高温のためクォーク，レプトン，光子などが飛び回っていたと推測される．1 億分の 1 秒経った頃には温度は 10^{14} K 程度になり，クォークは結合して陽子や中性子などのハドロンが形成されて飛び回っており，陽子などの重い粒子の対生成や対消滅が絶えず起こっていたと思われる．始まりから 1 万分の 1 秒経った頃の温度は 10^{12} K 程度で，重い粒子の対生成は起こらなくなり対消滅で生き残った核子は少数派となり，光子の他にはレプトンやパイオンなどとその反粒子が主に飛び交っていた．1 秒経った頃の温度は 10^{10}K 程度で，中性子と陽子の相互転換は，重い中性子から少し軽い陽子への方が起こりやすく，中性子が陽子の 1/3 くらいに減ったと考えられている．

3 分経って温度が 9 億 K 程度になると，残っていた陽子と中性子が結合して原子核を形成し，軽い元素の核ができ始める．たくさんの He 核はこの数分間にできたと考えられている．38 万年くらい経つと温度は 3000 K 程度に下がり，原子核と電子が結合し原子が形成され始める．この 3000 K の放射がそのまま膨張・冷却（波長が伸びる）したものが，現在の宇宙に絶対温度 3 K の黒体放射として残っており，この宇宙背景放射が 1965 年に発見され，ビッグバン宇宙論の裏づけとなった．

─────────── 第 9 章　演習問題 ───────────

1. プランクの放射式 (9.6) によれば，波長 λ で表したときの温度 T の黒体か
らの放射による光のスペクトル強度は，振動数 $\nu = 4.96 k_B T/h$ で最大とな
る（ヴィーンの変位則，式 (6.31)）．太陽の表面温度が 5800 K であるとき，
太陽の光のスペクトル強度が最大となる光の波長 λ_m を求めよ．

2. レーザーは単色の強い光を一方向に発生する装置で，定常的な出力として
数 10 W を放射するものが存在する．出力 20 W のアルゴンレーザーの波長
が 515 nm（緑色）の単色光であるとして，1 秒あたりに放出される光子の数
を求めよ．

3. 電子顕微鏡は微細な物体の観測のために利用され，その解像度（像の精密
さ）は電子の物質波としての波長により決まる．20 kV の電源で電子を加速
する電子顕微鏡における電子の波長を求めよ．

4. ボーアの原子模型で電子の円軌道半径（量子数 $n = 1$）が 0.0529 nm で
あったとする．電子がこの円軌道を 1 周するのに要する時間 T はいくらか．
また，円運動の振動数に対応するエネルギー E はいくらか．

5. 高温の水素原子が出す光の線スペクトルにおいて，電子が $n_2 = 4$ の状態
から $n_1 = 2$ の状態へ遷移するときに発する光は目に見える．この光の波長
を計算し，人間の目にはどのような色として感じられるか述べよ．

6. 地上に太陽エネルギーをもたらす夢のエネルギーとして，国際協力によっ
て原子核融合の研究が行なわれている．比較的低温で核融合エネルギーを
取り出すため，水素の同位体である 3 重水素 T と重水素 D を衝突させて
D+T→n+^{4}He で表される核融合反応を定常的に維持する．1 回の反応あた
り 17.6 MeV のエネルギーが生まれ，そのすべてが中性子 n とアルファ粒子
^{4}He に運動エネルギーとして与えられるとする．このエネルギーは中性子 n
とアルファ粒子 ^{4}He にどのように分配されるか計算せよ．ただし，最初の D
と T はほぼ静止していたと仮定する．

付録 A

次　元

　物理学は天体の運動を初めとする自然現象や物質の性質および物質を構成する要素などについて考える学問である．第1章で説明したように物理学では数学を道具として利用するだけでなく，物理学から新しい数学が生まれることもある．また，化学と物理学との共通性も多く，どこまでが物理学でどこからが化学であるかその境界も不明確である．したがって，これらの学問には共通の考え方も多く，その共通する特徴は複雑な現象の枝葉を取り去って，基本的・普遍的な本質を明らかにすることにある．この章では物理学の考え方について説明し，物理量とその次元および単位について説明する．特に物理量の単位の決め方は重要である．

A.1　物理学の考え方

　古代から，われわれの身の回りには不思議な現象が多く観測されてきた．また，生活をしていく必要上からいろいろな現象が生じる法則を見つけて，生活に役立ててきた．しかし，それらの現象には多くの要素が関連していて，複雑な現象となっていることが多い．一方，人間がそれらの現象を理解しようとするときには，その現象が生じるのに不可欠な数少ない要素を取り出して，その本質を単純な法則として理解することを望む．その理由は，人間が一度に考えることができる要素の数が少ないことと，少数の要素から基本的な法則を見つけることが美しく思えるということにも関係している．

　たとえば，長さ ℓ の糸の先につけられた質量 m の物体の振り子運動を考えるときも，物体が小さいときにはその大きさを無視し，その運動も1つの鉛直平面内で起こることを仮定することが多い．このように仮定すれば，物体の並進運動だけを議論することができて，その重心まわりの回転運動を考慮する必要がなくなり，1つの平面内で振動していることから，その運動は糸が鉛直線となす角度 θ のみで記述することが可

能となる．また，物体や糸に及ぼされる空気からの力については無視するのが普通である．このように，物理学ではある現象についてその本質を把握しようとするときには，常にその現象に関わる要素を少なくし，単純化して考える．このことが物理学を初めて学ぶ人たちに混乱を与えていることも少なくない．したがって，物理学を学ぶときには，自分が考えようとしている現象をどのように理想化して考えているのかはっきりと認識しておく必要がある．

【例題 1】　　長さ ℓ が一定の糸の一端を固定し，他端に質量 m の物体を取り付けてその振り子運動を考えるとき，糸の長さが一定であるという仮定によって，物体の運動はどのような運動となるかを述べよ．

解答　糸の長さが一定であるから，固定端から物体までの距離が微小ながら変化することは無視されて，物体は半径 ℓ の円周上を動くことになる．

問題 1　物体が滑らかな斜面上を滑る運動を調べるとき，滑らかな斜面という仮定は具体的に何を無視するのか．

A.2　物理量の次元

　物理学では**次元**という概念が大切である．この次元という言葉には 2 通りの異なる使われ方がある．1 つは物体の運動やつり合い状態を表すのに十分なだけの座標の数を**自由度**というが，この自由度という意味で次元という言葉が使われる．

　直線上や曲線上を動く物体の自由度は 1 であり，たとえば，ある鉛直面内で振り子が揺れる運動を 1 次元運動という．また平面内や曲面上を動く物体の自由度は 2 であり，2 次元運動といい，平面や曲面は 2 次元空間であるという．またこの宇宙は 3 次元空間であり，時間を含めると，この宇宙は 4 次元時空である，というように次元という言葉が使われる．この章の以下で述べる次元は自由度とは異なる概念であり，すべての物理量にはそれぞれ固有の**次元**があるというときの次元である．たとえば，質量の次元，長さの次元，時間の次元，力の次元，エネルギーの次元，電荷の次元というように，物理量には数多くの異なる次元がある．この次元の概念は非常に重要であるから，どのような問題を考える場合でも，まず考えている物理量の次元が何であるかを念頭において，次元という概念に慣れ親しむことが大切である．また物理量には多くの

定数や係数があるが，これらの数にもそれぞれ固有の次元がある.

　物理量には数多くの異なる次元があると述べたが，適当な少数の次元を選ぶと，その少数の次元で他の物理量の次元を表すことができる. 少数の次元の例としては慣習的に質量，長さ，時間の次元が用いられ，それぞれ [M], [L], [T] と表される.

　他の物理量の次元は，これら 3 つの次元のべき乗の積，すなわち $[M^{\alpha}L^{\beta}T^{\gamma}]$ のように表すことができる. たとえば，速度の次元は $[LT^{-1}]$ であり，エネルギーの次元は $[ML^2T^{-2}]$ である. また物理量の中には次元がないものがあり，これらの物理量は**無次元**であるという. たとえば，角度は代表的な無次元の物理量である（ただし無次元の物理量にも次節で述べる単位はある）. 他の例として，摩擦係数は無次元であるが，ばね定数には次元があり $[MT^{-2}]$ である.

【例題 2】　　物体の運動量 p の次元を調べよ.

解 答　質量 m の物体が速度 v で運動しているときの運動量 p は mv に等しく，質量と速度の積である. したがって，その次元は $[MLT^{-1}]$ である.

問題 2　物体が半径 r の円周上を運動するときの角速度の次元を調べよ.

　べき関数以外の正弦関数 $\sin X$ などの三角関数，指数関数 e^X，対数関数 $\log X$ などの関数 $f(X)$ は，無次元の量 X に対して定義される無次元量であることに注意しよう. たとえば，正弦波を距離 x の関数として表す場合は，$A\sin kx$ のように，$X = kx$ を無次元にするために，$[L^{-1}]$ の次元をもつ定数係数 k を x にかける必要がある. あるいは時間 t の関数として表す場合は，$A\sin \omega t$ のように，$X = \omega t$ を無次元にするために次元が $[T^{-1}]$ の定数係数 ω が必要である.

　関数の引数 X が無次元でなければならない理由は，関数をテイラー展開した式 (1.88)〜(1.91) を見るとわかる. もし，X が次元をもつなら，これらの右辺は異なる次元を足し合わせた無意味な式になってしまう.

　物理法則は一般に式で表される. 式には加減乗除の演算記号が含まれるが，同じ次元の量同士でなければ加減算を行なうことはできないから，加減算の項の次元には注意する必要がある. また，式の左辺と右辺や，それぞれの項は同じ次元でなければならない. これを**次元の斉次性の原理**，あるいは**同次元の法則**と呼ぶ.

　式の中で使われる変数や定数は文字で表されており，それらの次元は

文字の中に隠れているので，誤って異なる次元の物理量の加減算をしてもただちには気づきにくいから，同次元の法則を十分念頭において式を表す必要がある．もちろん，係数，定数や変数にも無次元量のものもあることはいうまでもない．式の演算をする途中で間違えると，たいていの場合には同次元の法則に反する無意味な式になる．したがって，次元を常に考えることは煩わしいように思えるが，物理量に次元があるために，式が間違っている場合は即座に発見できることが多いのである．

【例題3】　　次の式の次元が正しいかどうかを調べるためには，どの量とどの量の次元が等しいことを調べればよいかを示せ．

$$y = a\left(\frac{A-B}{C}x - b\right) + d\sin\left(\frac{D}{E+F}x\right)$$

解答　　(1) $[A]=[B]$　　(2) $[Ax]=[Cb]$　　(3) $[y]=[ab]$

(4) $[y]=[d]$　　(5) $[E]=[F]$　　(6) $[Dx]=[E]$

問題3　　次の式の次元が正しいかどうかを調べるためには，どの量とどの量の次元が等しいことを調べればよいかを示せ．

$$y = \log\left(\frac{A}{B-x}x^2 + a\right) + b$$

付録B

物理量の単位

　一般に，物理量は計測によって求められる．質量は上皿天秤やばね秤などによって計測し，長さは物差しや巻き尺で計測し，時間は時計によって計測する．物理量を計測するためにはそれぞれの物理量について単位となる量が必要である．ひとたび単位の量が決められれば，その物理量を測定して単位となる量の何倍であるかを求めればよいのである．

　単位となる物理量として，たとえば，長さについては地球の赤道から北極までの子午線の長さが18世紀末に6年間にわたって測定され，その1万分の1を1 km，さらにその千分の1を1 mと定めて，メートル原器がつくられた．質量については圧力が1気圧で温度が4℃のときの水について，1辺が10 cmの立方体の体積をもつ水の質量を1 kgと定めて，キログラム原器がつくられた．また，時間については平均太陽日（太陽が南中してから次に南中するまでの時間の平均値）の1/24の1/3600を1秒と定めた．ただし，現在ではそれぞれの単位量について，より厳密な定義がなされている．

　すべての物理量には単位がある．物理量に単位をつける方法には国や時代によっていろいろな方法があるが，現在では科学論文や文献では**SI単位系**（国際単位系）を用いる．SI単位系は従来の**MKSA単位系**の4つの**基本単位**である長さm，質量kg，時間s（秒），電流A（アンペア）を拡張し，温度の単位K（ケルビン），光度の単位cd（カンデラ）および物質量の単位mol（モル）を基本単位としてつけ加えた単位系である．

表 **B.1**　次元とSI単位系.

物理量	次元	SI組立単位	SI基本単位表示
力	$[MLT^{-2}]$	N（ニュートン）	$kg{\cdot}m/s^2$
圧力	$[ML^{-1}T^{-2}]$	Pa（パスカル）	$kg/m{\cdot}s^2$
仕事，熱量	$[ML^2T^{-2}]$	J（ジュール）	$kg{\cdot}m^2/s^2$
仕事率	$[ML^2T^{-3}]$	W（ワット）	$kg{\cdot}m^2/s^3$

これらの基本単位を組み合わせると**誘導単位**（組立単位）が得られる．たとえば，N（ニュートン）や J（ジュール）などは基本単位により

$$\mathrm{N = kg \cdot m/s^2}, \quad \mathrm{J = kg \cdot m^2/s^2} \tag{B.1}$$

と表される．表 B.1 はいくつかの物理量の次元およびその組立単位を SI 基本単位で表した例である．

これらの基本単位のほかに**補助単位**として角度の単位 rad（ラジアン）などがある．また，SI 単位の補助として表 B.2 に示されているように M（メガ，10^6），k（キロ，10^3），m（ミリ，10^{-3}），μ（マイクロ，10^{-6}），n（ナノ，10^{-9}）などの SI 接頭語が用いられる．

なお，何を基本単位とし何を補助単位や誘導単位とするかという区別は便宜上設定されたものであり，あまり重要なことではない．また，問題とする物理量がもつ次元を常に念頭におくことは大切であるが，次元を [M], [L], [T] などを用いて表すか，それとも他の次元を用いて表すかはあまり重要なことではない．たとえば，コンデンサーの容量の次元は真空の誘電率 ε_0 の次元を使えば $[\varepsilon_0 L]$ と見やすく表されるというように，それぞれの問題に応じて便宜的に見やすい表記法を用いてもよい．

表 B.2 SI 接頭語

倍　数	接頭語	記　号	倍　数	接頭語	記　号
10^{12}	テ　ラ	T	10^{-2}	センチ	c
10^9	ギ　ガ	G	10^{-3}	ミ　リ	m
10^6	メ　ガ	M	10^{-6}	マイクロ	μ
10^3	キ　ロ	k	10^{-9}	ナ　ノ	n
10^2	ヘクト	h	10^{-12}	ピ　コ	p
10	デ　カ	da	10^{-15}	フェムト	f
10^{-1}	デ　シ	d	10^{-18}	ア　ト	a

【例題 4】 物体の運動量 p の単位を基本単位で表せ．

解答 物体の運動量は質量と速度の積であるから，単位は kg·m/s である．

問題 4 物体が半径 r の円周上を運動するときの角速度の単位を調べよ．

物理量の計測の精度は，取り扱う現象や考える問題にもよるが，多くの場合に**有効数字**3 桁程度の精度で行なう．このときは，物理量の計測を有効数字 4 桁で行ない，途中の計算も 4 桁で行なう．得られた 4 桁の数字の 4 桁目を四捨五入することにより，有効数字 3 桁の結果を得る．物理量の数値が 2345000 であるときは，2.345×10^6 のように表し，

0.002345 のときは 2.345×10^{-3} のように表す．これは指数を用いた数の科学的表記法である．この表記法を用いて物理量を表すと有効数字が明瞭になる．2345000 という表記ではどこまでの数字が有効数字なのか明確ではない．物理量の数値が 12000 であり，この数値の有効桁数が 3 桁であるときには 1.20×10^4 と表し，同様に 0.0120 の有効数字が 3 桁のときは 1.20×10^{-2} と表す．

【例題 5】　　円管の密度を求めるために，体積と質量を測定した．円管の内径は 9.84 cm，外径は 10.18 cm，長さは 6.20 cm，また質量は 0.357 kg であった．有効数字を考えてこの円管の密度を算出せよ．

解答　測定精度がどれもほぼ有効数字 3 桁であるから，円管の体積を求める式中の π も 3 桁で 3.14 として計算すればよい．円管の体積は $\pi(10.18 + 9.84)(10.18 - 9.84) \times 6.20 = 132.5$ である．密度は $0.357 \div 132.5 = 0.00269$ であるから，答えは $2.69\ \mathrm{kg/m^3}$ と有効数字 3 桁で表せばよいように見える．しかし，体積の計算中の $10.18 - 9.84 = 0.34$ は有効数字が 2 桁しかない．したがって，密度も 2 桁の精度しかなく，測定結果は $2.7\ \mathrm{kg/m^3}$ と表さなければならない．密度を有効数字 3 桁で算出するためには，円管の外径と内径との差をもっと精度を上げて計測する必要がある．

> **問題 5**　幅 40.5 cm，奥行き 18.5 cm，高さ 2.1 cm の直方体の体積を有効数字を考えて算出せよ．

B.1　次元解析

　ある物理現象がどのような法則に基づいて発生しているのかが未知であるとしよう．このとき，**次元解析**と呼ばれる方法で未知の法則を推測することがある．この方法を使うためには，まずその物理現象が生じる原因として，どのような物理量が関わっているのかを明確に見抜くことが必要である．その物理現象にいくつもの物理量が関与しているような場合は，その物理量から未知の法則を推測することは難しい．しかしごく少数の，たとえばわずか 2 個の物理量でその現象が本質的に決まっている場合は，次元解析の方法が威力を発揮することがある．

　法則は式で表される．そして式の両辺は同じ次元でなければならない．ただそれだけのいわば自明の原理に基づいて，現象に関与する物理量の次元を調べることによって，未知の法則が予測できる場合がある．

【例題6】　津波の速さ v を知りたい．地球の重力がばね振り子の
ばねの張力と同様の働きをして，水の波の振動を引き起こしている
から，重力加速度が水の波の現象に関与しているはずである．また，
波が海岸に近づくと波の速さが遅くなることから，海底の深さが波
の速さと関係していることが推測される．そこで重力加速度の大き
さ g と水深 h とで津波の速さが決まるとして，次元解析によって v
を g と h の関数として表せ．

解答　c を無次元の比例定数として，津波の速さが $v = cg^\alpha h^\beta$ と表さ
れるとして，α および β の数値を求めよう．式の左辺の速さ v の次元は
$[\mathrm{LT}^{-1}]$ である．また重力加速度の次元は $[\mathrm{LT}^{-2}]$ であり，水の深さ h の
次元は $[\mathrm{L}]$ であるから，式の右辺の次元は $[\mathrm{L}^\alpha \mathrm{T}^{-2\alpha} \mathrm{L}^\beta]$ である．式の両
辺の次元は一致しなければならないから，$\alpha + \beta = 1$, $-2\alpha = -1$ とな
る．したがって，$\alpha = 1/2$, $\beta = 1/2$ である．無次元の比例定数 c の値
は次元解析では決定できないが，詳しい考察によれば $c = 1$ であり，津
波の速さ v は

$$v = \sqrt{gh} \tag{B.2}$$

と表される．津波に限らず一般に，浅水波（水面を伝わる波の波長と比
べて水の深さが浅い波をいう）の速さは式 (B.2) で表される．

【例題7】　弦を張って両端を固定し，弦を弾いて音を出す．この
とき基調音（最も波長が長く，弦の両端以外に振動の節がない振動）
の高さは弦の横波の速さに比例する．その横波の速さ v は次元解析
によりどのような式で表されるかを見いだせ．基調音の高さは，弦
を強く引っ張るほど高くなり，弦の単位長さあたりの質量が大きい
ほど低くなることに注目せよ．

解答　題意により横波の速さ v は弦の張力 F と弦の単位長さあたりの質
量 σ の関数 $v = f(F, \sigma)$ である．c を無次元の比例定数とし，$v = cF^\alpha \sigma^\beta$
とおいて，α および β の数値を求めよう．F の次元は $[\mathrm{MLT}^{-2}]$, σ の
次元は $[\mathrm{ML}^{-1}]$ であるから，式の右辺の次元は $[\mathrm{M}^{\alpha+\beta} \mathrm{L}^{\alpha-\beta} \mathrm{T}^{-2\alpha}]$ で
ある．この次元が左辺と同じく速さの次元 $[\mathrm{LT}^{-1}]$ であるためには，
$\alpha + \beta = 0$, $\alpha - \beta = 1$, $-2\alpha = -1$ でなければならない．したがって，
$\alpha = 1/2$, $\beta = -1/2$ であり，弦の横波の速さ v は

$$v = c\sqrt{\frac{F}{\sigma}} \tag{B.3}$$

と表される．無次元の比例定数 c の数値まではこのような次元解析から

は求められないが，1 よりあまり大きくも小さくもない数値であろうと予想される．弦の横波の場合は，詳しい考察によれば，$c = 1$ であることが知られている．

問題 6   長さ ℓ の糸の一端が固定され，糸の他端に結ばれた質量 m のおもりが鉛直面内で小さく揺れている．この揺れの周期 T が，糸の長さ ℓ と重力加速度 g だけで決まるとして，周期 T を表す式を次元解析により求めよ．

付録 C

基 礎 物 理 定 数

名称	数値 (記号, 計算式)	単位
標準重力加速度	$9.80665\ (= g)$	$[\mathrm{m/s^2}]$
万有引力定数	$6.674 \times 10^{-11}\ (= G)$	$[\mathrm{N \cdot m^2/kg^2}]$
標準大気圧	1.01325×10^{5}	$[\mathrm{Pa}]$
0 ℃の絶対温度	273.15	$[\mathrm{K}]$
気体定数	$8.31455\ (= N_\mathrm{A} k_\mathrm{B} = R)$	$[\mathrm{J/(K \cdot mol)}]$
理想気体 1 モルの 体積 (0°C, 1 atm)	2.24140×10^{-2}	$[\mathrm{m^3/mol}]$
アボガドロ数	$6.02214 \times 10^{23}\ (= N_\mathrm{A})$	$[\mathrm{1/mol}]$
ボルツマン定数	$1.38065 \times 10^{-23}\ (= k_\mathrm{B})$	$[\mathrm{J/K}]$
熱の仕事当量	4.18605	$[\mathrm{J/cal}]$
真空中の光速度	$2.99792458 \times 10^{8}\ (= c)$	$[\mathrm{m/s}]$
電気素量	$1.60218 \times 10^{-19}\ (= e)$	$[\mathrm{C}]$
電子の質量	$9.10938 \times 10^{-31}\ (= m_\mathrm{e})$	$[\mathrm{kg}]$
陽子の質量	$1.67262 \times 10^{-27}\ (= m_\mathrm{p})$	$[\mathrm{kg}]$
原子質量単位	$1.66054 \times 10^{-27}\ (= u)$	$[\mathrm{kg}]$
真空中の誘電率	$8.85419 \times 10^{-12}\ (= 10^7/4\pi c^2 = \varepsilon_0)$	$[\mathrm{F/m}]=[\mathrm{C^2/(N \cdot m^2)}]$
真空中の透磁率	$1.25664 \times 10^{-6}\ (= 4\pi/10^7 = \mu_0)$	$[\mathrm{H/m}]=[\mathrm{N/A^2}]$
真空中の クーロン力の定数	$8.98755 \times 10^{9}\ (= c^2/10^7 = k)$	$[\mathrm{N \cdot m^2/C^2}]$
プランク定数	$6.62607 \times 10^{-34}\ (= h)$	$[\mathrm{J \cdot s}]$

ギリシャ文字

大文字	小文字	英語スペル	読み方
A	α	alpha	アルファ
B	β	beta	ベータ
Γ	γ	gamma	ガンマ
Δ	δ	delta	デルタ
E	$\varepsilon\ (\epsilon)$	epsilon	エプシロン
Z	ζ	zeta	ゼータ（ツェータ）
H	η	eta	エータ
Θ	$\theta\ (\vartheta)$	theta	テータ
I	ι	iota	イオータ
K	κ	kappa	カッパ
Λ	λ	lambda	ラムダ
M	μ	mu	ミュー
N	ν	nu	ニュー
Ξ	ξ	xi	グザイ（クシー）
O	o	omicron	オミクロン
Π	$\pi\ (\varpi)$	pi	パイ（ピー）
P	ρ	rho	ロー
Σ	$\sigma\ (\varsigma)$	sigma	シグマ
T	τ	tau	タウ
Υ	υ	upsilon	ユープシロン
Φ	$\phi\ (\varphi)$	phi	ファイ（フィー）
X	χ	chi	カイ（クヒー）
Ψ	ψ	psi	プサイ（プシー）
Ω	ω	omega	オメガ

章末問題解答（略解）

第 1 章

1. $|\boldsymbol{x} - \boldsymbol{a}| = R$.

2. 略.

3. $y = -\dfrac{g}{2v_0{}^2\cos^2\theta}\left(x - \dfrac{v_0{}^2\sin\theta\cos\theta}{g}\right)^2 + \dfrac{v_0{}^2\sin^2\theta}{2g} = -\dfrac{g}{2v_0{}^2\cos^2\theta}x'^2 + \dfrac{v_0{}^2\sin^2\theta}{2g}$.

4. $t = \ln 2/a = 5.78 \times 10^3$ 年.

5. 略.

6. $\cos\dfrac{\pi}{4} \simeq 0.70711$, テイラー展開：$\cos x \sim 1 - \dfrac{1}{2}x^2$ $\left(x = \dfrac{\pi}{4}$ で 0.69158, 相対誤差 2.2%$\right)$. ラグランジュ補間：$\cos x \simeq 1 - \dfrac{4}{\pi^2}x^2$ $\left(x = \dfrac{\pi}{4}$ で 0.75, 相対誤差 6.4%$\right)$.

7. $f(x) = e^{ix} = \cos x + i\sin x$.

第 2 章

1. 加速時に前輪が受ける摩擦力の向きは前方であり，後輪が受ける摩擦力は後方．減速時には前輪にも後輪にもブレーキが働くので，受ける摩擦力はともに後方．等速運転時には前後輪が受ける摩擦力はほぼ 0 である.

2. 略.

3. 略.

4. 水平初速度を v_0 とすると，飛行時間 T は $T = 2v_0/(\sqrt{3}g) = 20\sqrt{3}/g \sim 3.54$ s. 水平距離は $v_0 T = 2v_0{}^2/(\sqrt{3}g) = 600\sqrt{3}/g \sim 106$ m.

5. 引っ張るのに必要な力の最小値 F は $F = \mu mg$. 力を加える辺の下端まわりの力のモーメントを考えて，傾く条件は $aF > amg/2$. したがって，$\mu > 1/2$.

6. ヒント：剛体に働く力を作用線に沿って平行移動したとき，(1) 力の大きさと方向は不変であるから，(2) 任意の点のまわりのモーメントは不変であることを示せばよい.

7. 2 つの偶力 $\boldsymbol{F}$ と $-\boldsymbol{F}$ の作用点をそれぞれ P_1 および P_2 とし，それぞれの位置ベクトルを $\boldsymbol{r}_1$ および $\boldsymbol{r}_2$ とする. 点 P_0 $(\boldsymbol{r}_0)$ まわりの力のモーメント $\boldsymbol{N}$ は $\boldsymbol{N} = (\boldsymbol{r}_1 - \boldsymbol{r}_0) \times \boldsymbol{F} - (\boldsymbol{r}_2 - \boldsymbol{r}_0) \times \boldsymbol{F}$ であり，これは $\boldsymbol{N} = \boldsymbol{r}_1 \times \boldsymbol{F} - \boldsymbol{r}_2 \times \boldsymbol{F}$ となって，点 P_0 の位置ベクトル $\boldsymbol{r}_0$ にはよらず一定.

8. 剛体に働く 3 つの力がつり合う条件は，合力が 0 であることと，3 つの力 $\boldsymbol{F}_3$ のモーメントの和が 0 であることである. 仮に 2 つの力の作用線の交点 P_{12} を 3 つ目の力の作用線が通らないと仮定する. その作用線と 点 P_{12} との距離を r_0 とすれば，3 つの力のモーメントの和は $|\boldsymbol{F}_3| r_0 = F_3 r_0$ であり，0 ではない有限の値となる. したがって，3 つの力が働いてつり合うためには，$r_0 = 0$ でなければならない.

9. ヒント：質量が m_1 と m_2 の 2 つの質点の位置ベクトルをそれぞれ $\boldsymbol{r}_1$ および $\boldsymbol{r}_2$ とすると，それら 2 つの質点の重心 $\boldsymbol{R}_2$ は $\boldsymbol{R}_2 = (m_1\boldsymbol{r}_1 + m_2\boldsymbol{r}_2)/(m_1 + m_2)$ となることを示した後に，$n-1$ 個の質点の重心の位置ベクトル $\boldsymbol{R}_{n-1}$ が

$$\boldsymbol{R}_{n-1} = \frac{\displaystyle\sum_{i=1}^{n-1} m_i \boldsymbol{r}_i}{\displaystyle\sum_{i=1}^{n-1} m_i}$$

であるとき，n 番目の質点をつけ加えたときの重心が $\boldsymbol{R}$ となることを示せばよい.

第 3 章

1. 運動量の保存則より，$mv = \Delta m(v - u) + (m - \Delta m)(v + \Delta v)$. したがって，$\Delta v = \Delta m u/(m - \Delta m)$. $m \gg \Delta m$ のときは，$\Delta v = \Delta m\, u/m$ と近似できる.

2. 力がした仕事は 500 J. 物体の質量を M, 移動した距離を ℓ, 重力による加速度を g, 動摩擦係数を μ' として，摩擦がした仕事は $-\mu' Mg\ell \sim -490$ J. 物体がもつ運動エネルギーは 10 J.

3. 等速度運動は直線の軌道を描く. 物体の運動量を p_0 とし，その軌道と任意に選んだ点との間隔を r_0 とすると，その点のまわりの角運動量は $p_0 r_0$ で一定.

4. 時刻 t での角速度を $\omega(t)$ とすると，質点の角運

動量は $m\ell^2\omega(t)$ であり，その時間変化率はトルクに等しいことより，$m\ell^2(\mathrm{d}\omega/\mathrm{d}t) = \ell F/2$. 回転角速度 $\omega(t) = Ft/(2m\ell)$.

5. 平衡点 $x_0 = \sqrt[6]{2b/a}$. x_0 近傍での力の近似式 $F(x) \simeq -18(a^2/b) \times \sqrt[3]{a/2b}\ (x - x_0)$.

6. 略.

第 4 章

1. ばね定数 k_1 のばねの長さを x_1，ばね定数 k_2 のばねの長さを x_2 とすると，2 つのばねの張力は等しいので，$k_1(x_1 - \ell) = k_2(x_2 - \ell)$. 2 つのばねの長さの和は 2.5ℓ なので，$x_1 + x_2 = 2.5\ell$. これらより，$x_1 = \ell + 0.5\ell k_2/(k_1 + k_2)$. $x_2 = \ell + 0.5\ell k_1/(k_1 + k_2)$.

2. 2 つの小球の中心（重心）は不動. それぞれの小球は重心を中心として角速度 $\sqrt{2k/m}$，振幅 0.1ℓ の単振動をする. 2 つの小球の振動の位相は π 異なる（重心に近づくときはともに近づき，遠ざかるときはともに遠ざかる）. その周期は $2\pi\sqrt{m/(2k)}$.

3. 略.

4. 小球の質量を m，振動振幅を a，振動角速度を ω とすると，$\overline{K} = \overline{U} = ma^2\omega^2/4$. ただし，ばね定数 k は $k = m\omega^2$ であることを用いる.

5. それぞれの小球のつり合い位置からの変位を x_1 および x_2 とすると，それらの運動方程式は $\mathrm{d}^2x_1/\mathrm{d}t^2 = -2kx_1 + kx_2$ および $\mathrm{d}^2x_2/\mathrm{d}t^2 = -2kx_2 + kx_1$ となる. これらより，2 つの小球の重心 $(x_1 + x_2)/2$ と間隔 $x_2 - x_1$ についての運動方程式を導く. 2 つの小球の重心は振動角速度 $\sqrt{k/\omega}$ で単振動をし，2 つの小球の間隔は振動角速度 $\sqrt{3k/\omega}$ で変化する. それぞれの小球の運動はこれら 2 つの振動角速度での振動の和で表される.

6. 振動周期は 1 つの小球が振動するときと同じ $2\pi\sqrt{\ell/g}$. 振幅角（ふれ角の最大値）は $\cos\theta' = (3 + \cos\theta)/4$ となる角 θ'. $\theta \ll 1$ のとき，$\theta' = \theta/2$. 衝突によりエネルギーは保存しないことに注意.

7. 初速度を v_0 とし，円運動の最高点での小球の速度を v，糸の張力を T とすると，$T = mv^2/\ell - mg > 0$. エネルギー保存の式より，$mv_0{}^2/2 = 2mg\ell + mv^2/2$. これらより，$\sqrt{5g\ell}$ よりも大きな初速度が必要.

第 5 章

1. 電熱器の発熱量は $Q_0 = 3 \times 10^5$ [J] $= 7.14 \times 10^4$ [cal]. 水と氷を加熱するのに使われた熱量は $Q_1 = 3.8 \times 10^4$ [cal]. $Q_1/Q_0 = 0.532$. 有効に使われた熱は 53.2%.

2. シャルルの法則（圧力一定のもとでは，気体の体積

は絶対温度に比例する）より，$2 \times 473.15/300.15 \simeq 3.15\ell$.

3. 理想気体が断熱変化をするとき，温度 T [K] と体積 V [m^3] の間には $TV^{\gamma-1} =$ 一定（γ は比熱比で単原子分子のときは $5/3$）の関係がある. これより，圧縮後の気体の温度は $293.15 \times (0.2/0.15)^{(2/3)} \simeq 355.13\mathrm{K} \simeq 82^\circ\mathrm{C}$.

4. 2 つの球形容器中の気体のモル数を n とすると，$2p_0V = nRT_0$. 加熱後の温度 T_1 の容器中の気体のモル数を n_1，温度 T_0 の気体のモル数を n_2 とし，圧力をともに p_1 とすると，$p_1V = n_1RT_1$，$p_1V = n_2RT_0$. $n = n_1 + n_2$ より，容器中の圧力 p_1 は $2T_1p_0/(T_1 + T_0)$.

5. 断熱変化においては，気体の圧力 p と絶対温度との間には $p^{(1-\gamma)/\gamma}T =$ 一定 の関係がある. 空気の場合は 2 原子分子であるとして，$\gamma = 7/5$ とする. これより，圧縮後の気体の温度は $293.15 \times 2^{2/7} \simeq 357\,\mathrm{K} = 84^\circ\mathrm{C}$. 空気に加えられた仕事は空気の内部エネルギーの増加に等しいので $\frac{5}{2}R \times 0.5 \times (84 - 20) = 667$ [J]. あるいは，圧縮前の空気の温度と体積および圧力をそれぞれ T_1，V_1，p_1 とし，圧縮後の空気の圧力を p_2 とすると，$V_1 = 0.5RT_1/p_1$. ピストンが空気にした仕事は $0.5RT_1/(1 - \gamma) \times ((p_2/p_1)^{(\gamma-1)/\gamma} - 1) = 667$ [J].

6. おもりを載せた後の空気の圧力を p_1，体積を V_1 とすると，$p_1 = p_0 + Mg/S$. 等温変化なので，$p_1V_1 = p_0V_0$ より，空気の体積は $V_1 = \dfrac{p_0S}{p_0S + Mg}V_0$. 気体の温度は不変で，内部エネルギーも不変. 外部からの仕事がすべて外へ放出される熱量となり，その大きさは $p_0V_0\log\left(1 + \dfrac{Mg}{p_0S}\right)$.

7. 気体が外部にした仕事は $\dfrac{3}{2}p_2V_1\left\{1 - \left(\dfrac{p_1}{p_2}\right)^{2/5}\right\}$. 熱サイクル効率は $\dfrac{p_2}{p_2 - p_1}\left\{1 - \left(\dfrac{p_1}{p_2}\right)^{2/5}\right\}$.

第 6 章

1. P 波と S 波の速さの差と初期微動時間の積が震源までの距離になる. $(7.8 - 4.4) \times 10 = 34$ km.

2. 津波の伝わる速さは $v = \sqrt{gh} = 210\,\mathrm{m/s} = 756\,\mathrm{km/h}$. 新幹線のおよそ 2.5 倍の速度.

3. (1) 波が点 A を通って入射し，反射面上で反射した後に点 B を通るとする. フェルマーの原理によれば，反射点を C とすると，距離 ACB は反射面上の他の点 C$'$ で反射する場合と比べて極値（この場合

は最小値）になっている．これを証明するには，反射面に対して点 B と対称な点を B′ とすると，距離 ACB′ は距離 ACB と等しいから，距離 ACB′ が最小であること，すなわち直線になることを示せばよい．反射の法則を用いると，直線であることが示される．(2) 波が点 A を通って入射し，境界面上の点 C で屈折した後に点 B を通るとする．点 A, B, C を含む平面を xy 平面として，x 軸を境界面にとり，点 A, B, C の座標をそれぞれ $(0, h_A)$, $(L, -h_B)$, $(x_C, 0)$ とする．また，点 A 側と点 B 側の媒質の屈折率をそれぞれ n_A, n_B とし，入射角を θ，屈折角を ϕ とする．フェルマーの原理によれば，光学距離 ACB は境界面上の他の点 $C' = (x, 0)$ で屈折する場合と比べて極値（この場合も最小値）になっている．光学距離 AC′B は x の関数 $\ell(x)$ であり，

$$\ell(x) = n_A \sqrt{x^2 + {h_A}^2} + n_B \sqrt{(L-x)^2 + {h_B}^2}$$

と表される．$x = x_C$ のとき $\ell(x)$ が極値になることを証明するには，$\mathrm{d}\ell/\mathrm{d}x$ が $x = x_C$ のとき 0 になることを示せばよい．$\ell(x)$ を微分した式は，$x = x_C$ のとき，$\mathrm{d}\ell/\mathrm{d}x = n_A \sin\theta - n_B \sin\phi$ と表すことができるから，屈折の法則を用いると，$x = x_C$ のとき $\mathrm{d}\ell/\mathrm{d}x = 0$ となる．

4. 人間の最大可聴周波数と最小可聴周波数との比はおよそ 1000．1 オクターブの差は周波数にすると 2 倍異なる．$2^n = 1000$ より $n \simeq 9.966$．約 10 オクターブ異なる．

5. (1) 斜めから見たとき，水底のコインから出た光線は入射角 ϕ，屈折角 θ で空気中へ屈折して進み，目に入る．この光線によって生じる虚像の位置を求めるため，この光線とわずかに異なる入射角 $\phi + \mathrm{d}\phi$，屈折角 $\theta + \mathrm{d}\theta$ で空気中へ屈折して進むもう 1 つの光線を考える．この 2 つの光線によって生じる虚像の位置を作図すると，$h'[\tan(\theta + \mathrm{d}\theta) - \tan\theta] = h[\tan(\phi + \mathrm{d}\phi) - \tan\phi]$ であることがわかる．$\mathrm{d}\phi$ および $\mathrm{d}\theta$ を微小量とすると，$h' \mathrm{d}\theta/\cos^2\theta = h\,\mathrm{d}\phi/\cos^2\phi$．屈折の法則 $\sin\theta = n \sin\phi$ より $\cos\theta\,\mathrm{d}\theta = n \cos\phi\,\mathrm{d}\phi$ であるから，$h' = (h/n)(\cos\theta/\cos\phi)^3 = (h/n)[(1 - \sin^2\theta)/(1 - (1/n^2)\sin^2\theta)]^{3/2}$．例として，真上からコインを見下ろしたときは $\theta = 0$ より $h' = h/n$．(2) θ が大きいほど h'/h は小さくなることが (1) の結果からわかる．

6. 略．

7. 光は電磁波で横波である．空気分子に光が当たると分子は電磁波の電場の向きに分極する．電磁波の振動に合わせて，分極の向きが変化し振動するために，分子を波源として素元波（電磁波）が生じて四方に広がる．素元波が広がる方向は主として分極の方向に対して垂直である．これが光の散乱と呼ばれる状態である．たとえば，太陽から出る光が x 方向に進むとする．光は横波だから，この光の電場の向きは yz 平面内にある．電場が y 方向に振動している場合と z 方向に振動している場合とに分けて考える．まず，y 方向に振動している光が空気分子に衝突して生じる散乱波（素元波）は y 方向にはあまり出ないで，主として xz 平面内を四方に広がる．z 方向に進む光の先に人がいて，太陽の方角（x 方向）に対して直角の方向（z 方向）の空を眺めていると，この光が目に入り，この散乱光は y 方向に振動している．次に，z 方向に振動している光が空気分子に衝突して生じる散乱波（素元波）は z 方向（この人のいる方向）にはあまり出ず，この人の目には入らない．その結果，この人の目に入る光は y 方向に偏光していることになる．

8. 物体を凸レンズの焦点距離より近い所に置くと，物体から出る光線がつくる虚像が焦点距離より遠い所に生じる．像の倍率はレンズから像までの距離とレンズから物体までの距離の比に等しいから，この虚像の倍率は 1 以上になり，物体は拡大されて見える．

9. 遠景の距離は球面鏡の焦点距離よりはるかに大きい（遠い）から，鏡に映る遠景の虚像の倍率は 1 よりはるかに小さい．したがって，小さなサイドミラーでも広い範囲の遠景を見ることができる．

10. 放物面鏡の焦点に光源を置くと，光源から出た光は放物面鏡で反射して，平行光線となって出て行く．したがって，望遠鏡の口径の全範囲に入射する 1 つの星の光（平行光線）を 1 点に集めるには，放物面鏡が適している．球面鏡では平行光線は 1 点に集まらない．

11. 略．

第 7 章

1. 電界中で荷電粒子は常に電気力線に沿った方向に力を受け，その方向に加速度をもつが，運動の方向すなわち速度ベクトルと電気力線は一般に平行ではない．

2. $1.6 \times 10^{-19} \times 1.5 \times 10^2 = 2.4 \times 10^{-17}$ [J].

3. 小球 A に働く力の大きさはクーロンの法則より 5.4×10^{-2} [N]，向きは A から B に向かう方向．小球 A が中点 C に生じる電界の大きさは 7.2×10^4 [N/C]，向きは A から B に向かう方向．小球 B が中点 C に生じる電界の大きさは 10.8×10^4 [N/C]，向きは A から B に向かう方向．したがって，これらの和より，中点 C での電界の大きさは 1.8×10^5 [N/C]，向きは A から B に向かう方向．

4. 略．

5. 抵抗での消費電力 W, 抵抗値 R, 電圧 V とすると, $W = V^2/R$ の関係がある. これより, $R = 12^2/10 = 14.4\ \Omega$. 2 個の抵抗を直列につなぐと 1 個の抵抗の電圧は 1/2 の 6 V であり, その消費電力の和は $2 \times W = 2 \times 6^2/14.4 = 5$ W.

6. $10/20 = 5.0 \times 10^{-1}$ [V/m].

7. 導体棒の抵抗を R, 両端の電圧を V とすると発熱量 Q は $Q = V^2/R$ であり, 抵抗値 R に反比例する. 長さを 2 倍にすると抵抗値は 2 倍となり, 発熱量は 1/2 倍. 断面積を 2 倍にすると抵抗値は 1/2 となり, 発熱量は 2 倍.

8. 平行板の間隔 d が大きくなると電気容量 C は d に反比例して小さくなる. 電圧 V が不変で C が小さくなると, コンデンサーに蓄えられるエネルギーは C に比例して $\varepsilon\ (= CV^2(d'-d)/(2d'))$ だけ減少する. 一方, 電池に蓄えられるエネルギーは 2ε だけ増加する. これらの結果, エネルギーの和は ε だけ増加する.

9. (1) 電池を接続した状態では, 誘電体を挿入するときに斥力が働く. (2) 電池から離された状態では, 誘電体を挿入するときに引力が働く.

第 8 章

1. (1) 原点における磁場の強さは $\dfrac{\sqrt{10}\mu_0}{4\pi a}I$ [T], 磁場の方向は z 軸に垂直（xy 平面内）で x 軸と角度 $\dfrac{3}{4}\pi + \tan^{-1}2\ (=\pi + \tan^{-1}\dfrac{1}{3})$ をなす方向. (2) 力の大きさは $\dfrac{\sqrt{10}\mu_0}{4\pi a}I^2$ [N/m], 力の方向は z 軸に垂直で x 軸と $\dfrac{5}{4}\pi + \tan^{-1}2\ (=\dfrac{3}{2}\pi + \tan^{-1}\dfrac{1}{3})$ をなす方向.

2. x 軸と y 軸に垂直に z 軸をとる. y 軸に平行に流れる電流がつくる磁場は y 軸に垂直であり, x 成分と z 成分をもつが, たとえば, 原点の上方の点においては, $x = x_1$ を通る電流がつくる磁場と $x = -x_1$ を通る電流がつくる磁場は z 成分が同じ大きさで逆符号なので, 両者の和は z 成分が 0 となり, x 成分のみをもつ. 原点の上方でないときも同様に, z 成分は打ち消し合う. このような系の対称性より, 全空間で磁場は x 成分のみをもつ. $x = \pm 1/2$ と $z = \pm a$ でつくられる矩形の領域を考えて, アンペールの法則を適用すると, $B \times 1 + 0 + (-B) \times (-1) + 0 = \mu_0 i$ となる. これより, 原点の上方 a での磁場の強さは $\mu_0 i/2$ と求められる. 磁場の方向は $z > 0$ の領域では x 軸正方向, $z < 0$ の領域では x 軸負方向.

3. (1) 1 m あたりのコイルの巻き数は $n = 1000$. コ

イル内の磁場の強さを $B = 1$ T とすると, 真空（空気中）の透磁率は $\mu_0 = 1.257 \times 10^{-3}$ N/A^2 であるから, 電流は $I = B/(\mu_0 n) = 796$ A. (2) 透磁率が 400 倍なので, 電流は 1/400 であり, 1.99 A.

4. (1) 円運動の半径を $r_{\mathrm L}$ とすると, ローレンツ力と遠心力のつり合いより, $mv_0^2/r_{\mathrm L} = ev_0 B$. この式より, 半径は $mv_0/(eB)$ [m]. (2) 円運動の周期は $2\pi r_{\mathrm L}/v_0$ なので, 電子が半回転するのに要する時間はその 1/2 であり, $\pi m/(eB)$ [s].

5. (1) n を整数として, 起電力 V は, 次の 4 つの時刻帯で不連続に変化する. (i) $\dfrac{2\pi}{\omega}n - \dfrac{\pi}{2\omega} \le t \le \dfrac{2\pi}{\omega}n + \dfrac{\pi}{6\omega}$ では, $V = 0$, (ii) $\dfrac{2\pi}{\omega}n + \dfrac{\pi}{6\omega} < t < \dfrac{2\pi}{\omega}n + \dfrac{\pi}{2\omega}$ では, $V = \dfrac{1}{2}\omega B R^2$, (iii) $\dfrac{2\pi}{\omega}n + \dfrac{\pi}{2\omega} \le t \le \dfrac{2\pi}{\omega}n + \dfrac{7\pi}{6\omega}$ では, $V = 0$, (iv) $\dfrac{2\pi}{\omega}n + \dfrac{7\pi}{6\omega} < t < \dfrac{2\pi}{\omega}n + \dfrac{3\pi}{2\omega}$ では, $V = -\dfrac{1}{2}\omega B R^2$. (2) 発生するジュール熱の大きさは $\dfrac{\pi\omega B^2 R^3}{2(6+\pi)\rho}$ [J].

6. (1) $2\pi\sqrt{LC}$ [s]. (2) コンデンサーに蓄えられているエネルギーは 0. コイルに蓄えられているエネルギーは $Q_0^2/(2C)$.

7. (1) 回路に流れる電流 I を $I = I_0 \sin(\omega t - \phi)$ とおくと, $I_0 = \dfrac{V_0}{\sqrt{R^2 + (\omega L - 1/(\omega C))^2}}$, $\tan\phi = \dfrac{\omega L - 1/(\omega C)}{R}$ となる. 振幅が最大となる周波数は $1/(2\pi\sqrt{LC})$ [1/s]. (2) 位相 ϕ だけ遅れている.

第 9 章

1. $h = 6.63 \times 10^{-34}$ J·s, $k_B = 1.38 \times 10^{-23}$ J/K, $c = 3.00 \times 10^8$ m/s. $\lambda_{\mathrm m} = 5.01 \times 10^{-7}$ m（緑色）.

2. 波長 $\lambda = 515$ nm の光子 1 個がもつエネルギー $h\nu = 6.63 \times 10^{-34} \times 3.00 \times 10^8/(515 \times 10^{-9}) = 3.862 \times 10^{-19}$ J. 1 秒間に発生する光子数 $n = 20.0/(3.862 \times 10^{-19}) = 5.18 \times 10^{19}$.

3. 電子の質量を m, 電荷を e, 加速電圧を V とすると, 電子がもつエネルギーは eV, 運動量は $p = \sqrt{2meV}$. $\lambda = h/p$ より, $\lambda = h/\sqrt{2meV}$. $h = 6.626 \times 10^{-34}$ J·s, $m = 9.109 \times 10^{-31}$ kg, $e = 1.602 \times^{-19}$ C, $V = 2.000 \times 10^4$ V を代入して $\lambda = 8.67 \times 10^{-12}$ m.

4. 電子の質量を m, 軌道半径を r, 速度の大きさを v とするとき, $v = h/(2\pi mr)$, 1 周するのに必要な時間 $T = 2\pi r/v = 4\pi^2 mr^2/h$. $h = 6.626 \times 10^{-34}$

J·s, $m = 9.109 \times 10^{-31}$ kg, $r = 5.29\times^{-11}$ m を代入して，$T = 1.52 \times 10^{-16}$ s, エネルギー: $h\nu = h/T = 4.37 \times 10^{-18}$ J.

5. 式 (9.13) に $n_1 = 2$, $n_2 = 4$, $R = 1.0974 \times 10^7$ m^{-1} を代入，$\lambda = 4.86 \times 10^{-7}$ m, 青色.

6. 反応前の中性子 n とアルファ粒子の運動量は 0 と仮定. 運動量の保存則を用いる. 反応後の中性子とアルファ粒子がもつ運動量は反対方向で同じ大きさ. 中性子とアルファ粒子の質量と速度の大きさをそれぞれ m, M, v, V とすると，$mv = MV$. 運動エネルギーの比は $(1/2mv^2)/(1/2MV^2) = M/m$ （中性子のエネルギーはアルファ粒子の 4 倍）. 中性子のエネルギーは $17.6 \times 4/5 = 14.1$ MeV, アルファ粒子のエネルギーは $17.6 \times 1/5 = 3.52$ MeV.

参考図書

　ここでは，本書で説明した内容を別の角度から説明した本やさらに詳しい説明をしている本などを紹介する．

1. 基礎物理学（第 3 版），原康夫著（学術図書出版社，2006 年発行）：この本が想定している読者は本書と同様に，高校で物理学を選択しなかった人や，学んだがまだ自分の理解度に不安をもつ人たちである．取り扱っている内容は本書とほぼ同じだが，より親しみやすい説明をしている．色彩豊かな図やカラー写真が多く，説明も丁寧であり，読みやすい．本書に比べて少し高度で広範な内容も含んでいる．本書を学び終えた人が次の段階へ進むときにも適している．

2. 物理学の基礎 [1] 力学，[2] 波・熱，[3] 電磁気学，ハリディ・レスニック・ウォーカー共著，野崎光昭監訳（培風館，2002 年発行）：この本の原書は非常にページ数の多い 1 冊の本であるが，翻訳では 3 冊からなっている．本書に比べて取り扱われている話題も多く，説明もきわめて詳しい．本書を読んでいろいろな疑問を感じたとき，この本に答えが見いだせる可能性もある．また，図や写真もカラーで美しい．

索　引

著者所属

粕谷　俊郎　同志社大学理工学部教授

高岡　正憲　同志社大学理工学部教授

成田　真二　同志社大学理工学研究所名誉教授

水島　二郎　同志社大学理工学部名誉教授

和田　　元　同志社大学生命医科学部教授

大学生のための物理入門 第2版

2008 年 9 月 10 日	第 1 版　第 1 刷	発行
2020 年 3 月 20 日	第 1 版　第 8 刷	発行
2024 年 3 月 20 日	第 2 版　第 1 刷	印刷
2024 年 3 月 30 日	第 2 版　第 1 刷	発行

著　者　　粕谷　俊郎　高岡　正憲
　　　　　成田　真二　水島　二郎
　　　　　和田　　元

発 行 者　　発田和子

発 行 所　　株式会社　学術図書出版社

〒113-0033　東京都文京区本郷 5 丁目 4 の 6
TEL 03-3811-0889　振替 00110-4-28454

印刷　三松堂（株）

定価はカバーに表示してあります.